中等职业教育土木工程大类规划教材

施工组织设计与概预算

（下册）

朱凤兰　主　编

文海英　副主编

中国铁道出版社

2017年·北京

内 容 简 介

《施工组织设计与概预算》为中等职业教育土木工程大类规划教材之一，分为上、下两册。本书为下册，共设 6 个项目，27 个任务，详细阐述了工程造价基础知识、工程定额认知、铁路工程概（预）算编制、公路工程概（预）算编制办法、铁路工程清单计量与计价、工程验工计价与价款结算等方面的知识和内容。

本教材可作为中等职业学校工程管理、土木工程专业的教材，也可供铁路及公路施工、招标与投标、预算、监理等相关人员参考。

图书在版编目（CIP）数据

施工组织设计与概预算. 下册/朱凤兰主编. —北京：
中国铁道出版社，2017.6
中等职业教育土木工程大类规划教材
ISBN 978-7-113-15354-0

Ⅰ. ①施…　Ⅱ. ①朱…　Ⅲ. ①建筑工程－施工组织－设计－中等专业学校－教材②建筑概算定额－中等专业学校－教材③建筑预算定额－中等专业学校－教材　Ⅳ. ①TU721②TU723.3

中国版本图书馆 CIP 数据核字（2017）第 012508 号

书　　名：施工组织设计与概预算（下册）
作　　者：朱凤兰　主编

责任编辑：刘红梅　　　编辑部电话：010-51873133　　　电子信箱：mm2005td@126.com
封面设计：王镜夷
责任校对：苗　丹
责任印制：郭向伟

出版发行：中国铁道出版社（100054，北京市西城区右安门西街 8 号）
网　　址：http://www.tdpress.com
印　　刷：三河市航远印刷有限公司
版　　次：2017 年 6 月第 1 版　　2017 年 6 月第 1 次印刷
开　　本：787 mm×1 092 mm　1/16　印张：19.75　字数：499 千
书　　号：ISBN 978-7-113-15354-0
定　　价：38.00 元

版权所有　侵权必究

凡购买铁道版图书，如有印制质量问题，请与本社读者服务部联系调换。电话：(010)51873174（发行部）
打击盗版举报电话：市电(010)51873659，路电(021)73659，传真(010)63549480

前　言

　　施工组织设计与概(预)算是基本建设计划、工程招标与投标、工程设计、工程施工、工程监理等各项管理工作的基础,也是基本建设投资、拨款、贷款,银行监督,实行投资包干,签订承发包合同的主要依据,特别是随着我国科学技术的高速发展,施工机械化水平的不断提高,新的施工工艺、施工方法、施工技术、施工材料的不断涌现以及以市场自主定价为导向的工程造价改革的深入发展,新一轮概(预)算编制办法的颁布、实施等等,在客观上都要求广大工程技术人员与管理工作者,紧跟工程造价改革步伐,不断更新观念,掌握和理解施工组织设计与概(预)算的新知识、新方法,提高自身业务能力。

　　本书分为上、下两册。上册详细、系统地阐述了工程施工组织设计的基本概念、施工组织设计的程序和编制的方法、施工过程组织原理、机械化施工组织设计和网络计划技术。下册详细、系统地阐述了工程造价有关的基础知识,工程定额,铁路及公路工程概(预)算编制的原理、程序和方法,工程清单计量与计价,工程验工计价与价款结算等方面的知识和内容。特别在铁路工程概(预)算部分,详细介绍了现行《铁路基本建设工程设计概(预)算编制办法》的相关原理,并通过大量的示例介绍了具体的使用方法;依据《铁路工程量清单计价指南》,介绍了铁路工程量清单的编制及应用原理,对铁路拆迁工程、路基工程、桥涵工程、隧道及明洞工程、轨道工程、站后工程及大临工程的构造和工程量计算规则作了较为详细的介绍。公路工程概预算部分以现行《公路工程基本建设项目概算预算编制办法》和《公路工程量清单计量规则》为依据,全面介绍了公路工程概预算编制原理和各分类工程量清单计量规则与方法。

　　本书在编写的过程中遵循学生的认知规律,由浅入深,本着"简明扼要、综合性强、实践性强、强调行业特色"的宗旨,广泛吸收新工艺、新方法、新规范、新标准,着重突出职业性、实用性、创新性,使之具有结构新颖、图文并茂、内容全面、通俗易懂、案例丰富的特点。本教材可作为工程管理、土木工程专业相关课程的教材,也可供铁路、公路施工、招标与投标、预算、监理等相关人员参考。

　　本书由齐齐哈尔铁路工程学校朱凤兰主编、合肥铁路工程学校文海英副主编。编写人员分工如下:项目 1、项目 2、附录 C 由合肥铁路工程学校文海英、刘西锋编写,项目 3、附录 A、附录 B 由朱凤兰编写,项目 4 由合肥铁路工程学校文海英、崔艳阳编写,项目 5 由贵阳铁路工程学校谭健编写,项目 6 由文海英、朱凤兰编写,附录 D 由崔艳阳编写。在本书的编写过程中,参考和引用了众多专家、学者的著作,在此表示衷心的感谢。

由于本书涉及的内容广泛,许多方面在我国仍属于需要研究和探索的课题,加之作者水平有限,难免存在错误和不足之处,希望得到广大专家和读者的指正。

编　者
2017 年 3 月

目录

项目1 工程造价基础知识

 项目描述

基本建设的不同阶段对应不同的造价文件,本项目通过介绍基本建设的概念、内容、程序,基本建设项目的划分及基本建设造价文件的分类,引出基本建设程序与各阶段投资测算体系之间的关系。通过本项目学习掌握基本建设相关概念;熟悉基本建项设目划分体系,会对基本建设项目分类,以适应当代经济建设和经济发展的需要。

 拟实现的教学目标

知识目标

1. 了解基本建设、基本建设的分类、作用及特点;
2. 熟悉工程造价及其计价特点;
3. 掌握基本建设内容;
4. 掌握基本建设程序;
5. 掌握建设项目投资控制测算体系。

技能目标

1. 具备在不同的工程情况下,正确认识基本建设内容;
2. 具备依据不同的工程情况,正确区分建设项目、单项工程、单位工程、分部工程、分项工程能力;
3. 具备正确运用基本建设程序的能力;
4. 具备熟练运用建设项目投资控制测算体系的能力。

素质目标

1. 树立正确的学习态度,具有拓展学习的能力;
2. 具有很强的团队精神和协作意识;
3. 具备吃苦耐劳,严谨求实的工作作风;
4. 具备一定的协调、组织管理能力。

典型工作任务 1 基本建设相关知识认知

1.1.1 工作任务

掌握基本建设相关概念;熟悉基本建项设目划分体系,会对基本建设项目分类;了解铁路与公路基本建设的特点。

1.1.2　相关配套知识

1. 基本建设的概念

1)含义：基本建设是国民经济各部门为了扩大再生产而进行的增加(包括新建、扩建、改建、恢复、添置等)固定资产以及与之相联系的建设工作。具体来讲，就是把一定的建筑材料、设备等，通过购置、建造和安装等活动，转化为固定资产的过程，诸如铁路、公路、港口、学校等工程的建设，以及机具、车辆、各种设备等的添置和安装，如图1.1所示。

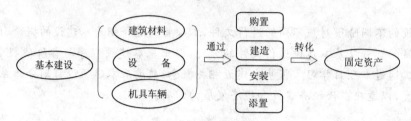

图1.1　基本建设含义

(1)铁路工程基本建设是铁路企业为了扩大再生产而进行增加(包括新建、改建、扩建、恢复以及添置等)固定资产以及与之相关的建设工程。

(2)公路基本建设是指公路建筑业有关固定资产的建筑、购置、安装与其相关的其他工作，是公路交通运输为了扩大再生产而进行的增加固定资产的建设工作。

2)实质：形成新的固定资产的经济活动。

3)表现：最终成果表现为固定资产的增加。

2. 基本建设的内容

1)铁路基本建设是一种宏观的经济活动，是实现扩大再生产的重要手段，它为国民经济各部门的发展和人民物质文化生活水平的提高建立物质基础。一般由以下内容组成，如图1.2所示。

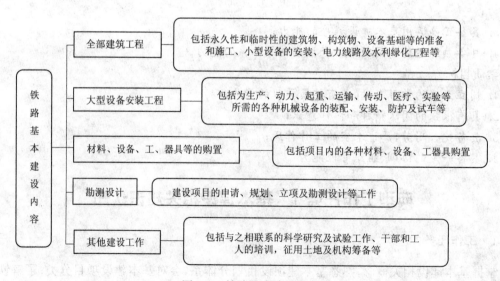

图1.2　铁路基本建设内容

2)公路基本建设是公路建设业新增固定资产的一项综合性的经济活动，是公路交通运输业为了扩大再生产(即提高运输能力)而进行的增加固定资产的建设工作。一般由以下内容组成,如图1.3所示。

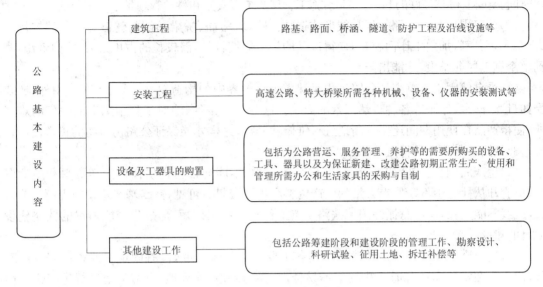

图 1.3　公路基本建设内容

3. 基本建设的作用及特点

1)基本建设的作用

(1)基本建设是为国民经济各部门建立固定资产,提供生产能力,扩大再生产,促进国民经济发展的重要手段。

(2)基本建设是提高国民经济技术装备水平的手段。基本建设一方面直接增加了新的生产能力,通过基本建设,增加国民经济各部门的固定资产,提高劳动者技术装备程度,提高生产的机械化、自动化水平;另一方面也通过基本建设用新的技术装备武装各部门,使新的科学技术转化为生产能力。

(3)基本建设是有计划地调整旧的部门结构,建立新的部门结构的重要物质基础。通过基本建设投资在国民经济中正确分配,可以改变不符合发展需要的生产比例,建立新的合理的生产部门,促进国民经济按比例的协调发展。

(4)基本建设是合理分布生产力的重要途径。通过基本建设,使各生产部门和产品数量在地区分布上保持协调比例。

(5)为了改善和提高人民的物质文化生活创造物质条件。基本建设提供的生产性固定资产,可扩大生产能力,促进生产提高,逐步改善人民的物质文化生活,而它提供的非生产性固定资产,直接为满足人民的物质文化生活需要服务。

2)公路基本建设的特点

(1)施工流动性大。公路工程的产品都是固定性的构造物,即固定于一定的地点不能移动。由于公路线长点多,不仅施工面狭长,而且工程数量的分布也不均匀。因此,公路工程的施工流动性很大,要求各类工作人员和各种机械围绕这一固定产品在不同的时间和空间进行施工,工程所需的人工、材料、机械设备必须合理调配,施工队伍要不断地向新的施工现场转移。

(2)施工管理工作量大。公路工程因技术等级及所处的环境不同,使得公路的组成结构千差万别,复杂多样。公路工程不仅类型多,工序复杂,而且不同的施工条件具有不同的要求,每项工程也都有不同的施工方法,甚至要个别设计、个别施工。因此,公路工程的施工自始至终都要求设计、施工、材料、运输等各部门必须密切配合,有条不紊地把各环节组织起来,使人力、物力资源在时间、空间上得到最好的利用。因此,施工管理的统筹安排和科学管理是十分重要的。

(3)施工周期长。公路工程是线形构造物。路基、路面、桥梁、涵洞、隧道等工程的体形庞大,又不可分割,加之工作面狭长,使得产品的生产周期较长,需较长的占用人力、物力资源,直到整个施工周期结束,才能出产品。

(4)受自然因素影响大。公路工程是裸露于自然界中的构造物,除承受行车作用外,还要受如日光、雨水、冰胀等各种自然因素的影响。这些气候条件,除对工程施工造成一定的难度外,使得产品在使用期间还要不断地进行维修和养护,这样才能保证公路构造物的正常使用。

3)铁路基本建设的特点

(1)生产周期长。铁路基本建设在较长时间内,不能向社会提供任何生产资料和生活资料;但它却从社会中不断取走大量的生产资料和生活资料。可见,铁路基本建设的规模不能过大,战线不能太长,应注意抓好国家铁路重点工程和一些工期短、形成生产能力快的铁路建设项目的建设。

(2)生产流动性大。铁路基建生产的各个要素都是流动的,没有固定生产条件和生产对象,使生产在空间布局和时间排列上不易合理,要均衡地、连续地、有节奏地进行生产比较困难,劳动强度都比较大。

(3)生产具有不可中断性。它的生产过程要持续一个相当长的阶段,每个工作日的生产成果只能是产品的一个局部,而不可能是完整的产品,只有当这种过程持续相当长的时期后,才能生产出具有完整使用价值的产品。这个生产过程一旦中断,就会使已经消耗的大量劳动白白浪费掉。这一方面有大量的经验教训。因此,基本建设必须有周密计划,严格程序,良好的组织,以保证不间断地进行生产。

(4)工程施工的标准性。铁路施工企业承担路基、桥梁、隧道、轨道以及房屋建筑、通信、信号、电力装备安全等工程,任务不是千篇一律,在一个标准上设计、施工的。工程施工的标准,主要根据沿途范围内客货运量的大小,以及采用的牵引动力等综合决策。施工企业在接受任务的同时,必须明确工程项目的施工标准,据以组织安排一系列施工准备工作。当然,铁路施工企业作业标准必须遵照施工有关规程,按照一系列设计文件所确定的标准施工,同时明确上级或业主的原则、目的、要求和整个工程的进程、工期等具体规定。

(5)既有线改造工程施工的特殊性。既有线改造工程属于特殊性工程,它不仅有新线建设工程的一般要求,而且工程施工有其特有的困难,不能较大的干扰正常运输秩序,影响运输生产能力,施工条件受限制,难以集中人力和物力等。因此,既有线改造工程应做到:施工组织要按运输的需要和可能安排,无论运料车辆的运行和运料车辆区间的装卸等,均应统筹规划,合理安排,按照计划实行,既不干扰运输,也不影响施工作业进度。工程施工受到行车的干扰较多,施工单位应与运输单位有关部门共同协调,互相支持,确保运输和施工作业安全。为了提高运输能力,一般应安排运输能力紧张的区间与站场优先施工,先难后易、分段施工,力争一次交付使用,迅速见效。

4. 基本建设的分类

建设项目是指在一个总体设计或初步设计范围内,由一个或若干个单项工程所组成,经济上实行统一核算,行政上实行统一管理的基本建设单位。如一个工厂、一所学校、一条铁路等。基本建设包括的内容十分广泛,可以从不同的角度划分,如图 1.4 所示。

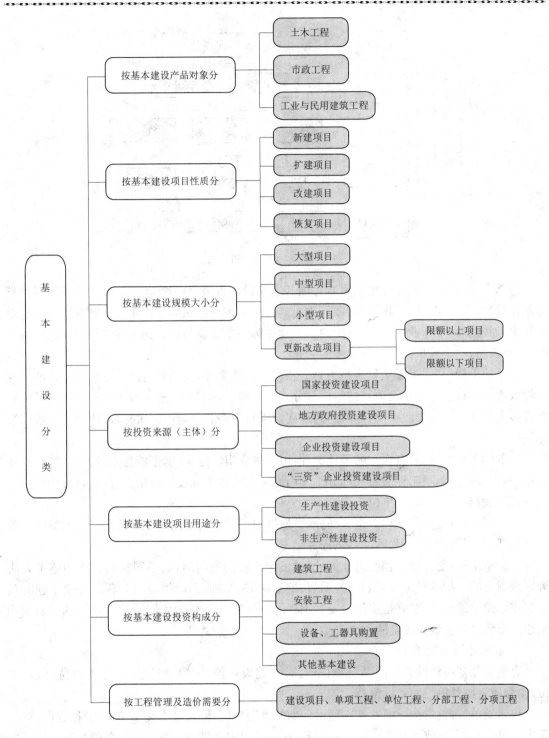

图 1.4 基本建设的分类

5. 基本建设项目的组成

每项基本建设工程,就其实物形态来说,都由许多部分组成。为了便于编制各种基本建设的施工组织设计和概、预算文件,必须对每项基本建设工程进行项目划分。基本建设工程可依次划分为:基本建设项目、单项工程、单位工程、分部工程和分项工程,如图 1.5 所示。

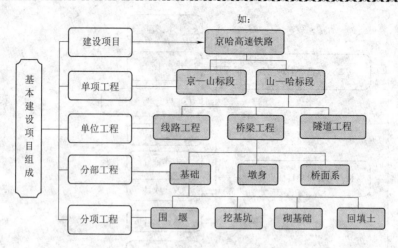

图 1.5　基本建设项目的组成

1)基本建设项目(简称建设项目):每项基本建设工程就是一个建设项目。建设项目是指有总体设计,经济实行独立核算,行政管理上具有独立组织形式的建设单元。在我国基本建设工作中,通常以一个企业单位、或一个独立工程作为一个建设项目。如运输建设方面的一条公路、一条铁路、一个港口。

2)单项工程(又称工程项目):是指具有独立的设计文件,竣工后可以独立发挥生产能力或工程效益的工程。它是建设项目的组成部分。一个建设项目可以是一个单项工程,也可以包括许多个单项工程,如北京—哈尔滨的高铁建设项目中的北京至山海关标段、山海关至哈尔滨标段等。

3)单位工程:是指具有独立的设计文件,可以独立组织施工,但不能独立发挥生产能力(或效益)的工程。是单项工程的组成部分。如山海关至哈尔滨标段的单项工程,可以分为线路工程、桥梁工程和隧道工程等单位工程。

4)分部工程:是单位工程的组成部分,一般按单位工程的不同施工部位划分。如桥梁工程可分为基础工程、墩身工程、桥面系工程等。

5)分项工程:是分部工程的组成部分,是按照工程的不同结构、不同材料和不同施工方法等因素划分的。如基础工程可划分为围堰、挖基、砌筑基础、回填等分项工程。分项工程的独立存在是没有意义的,它只是建筑或安装工程的一种基本的构成因素,是为了组织施工及为确定建筑安装工程造价而设定的一个产品。

6. 基本建设基层单位

直接参与基本建设工作的基层单位有六个:建设单位、勘察设计单位、施工单位、监理单位、工程质量监督单位和建设银行。

1)建设单位:负责执行国家基本建设计划的基层单位,称为基本建设单位(简称建设单位、业主或甲方)。它行政上有独立的组织形式,在经济上独立进行核算。建设单位是基本建设投资的支配人,也是基本建设的组织者、监督者,它对国家负有一定的政治和经济责任。建设单位的主要工作包括:提供设计所需的基础资料;编制年度建设计划和财务计划;在中国人民银行开设账户;办理土地征用的有关手续;组织施工、监理招标与投标的有关事宜;同施工单位签订工程合同,同监理单位签订监理合同;购置设备和进行各项其他建设工作;办理工程交工验收、编制竣工决算等。

2)勘察设计单位:设计院、设计所、设计室、设计公司等设计机构统称设计单位。设计单位应持有上级主管发证机关颁发的设计许可证,设计单位受建设单位或主管部门的委托,按照一定的设计要求为建设工程进行勘察和设计工作,编制设计文件。

3)施工单位:它是承担建筑安装工程施工的机构。施工企业是独立的经济核算单位,它通过投标竞争获取施工任务,编制与执行施工计划和财务计划;它有权与其他经济核算单位签订经济合同,办理往来结算;它独立经营业务,组织施工,办理工程交工,结算工程价款,独立计算盈亏。

4)监理单位:它是指承担公路工程监理任务的单位。监理单位必须持有主管机关颁发的资格证书,与建设单位签订委托与被委托合同,负责对基本建设工程实施"三控两管一协调"("三控"即质量、进度、资金的控制;"两管"即合同管理和信息管理;"一协调"即协调业主与承包商以及各方之间的关系)。监理单位既维护业主的利益,又不损害承包商的合法权益,按照合同文件规定的职责、权限、独立公正地为工程建设服务。

5)工程质量监督单位:它是各级政府授权管理工程质量,监督工程质量的部门。

6)建设银行(中国人民建设银行):它是管理基本建设资金的支出、预算和财务,办理基本建设资金拨款、结算和放款,进行财政监督的我国国家专业银行。

7. 其他相关的基本概念

1)资产:根据《企业会计准则》,资产是企业拥有或控制的,能以货币计量的包含有可能的未来经济利益的经济资源。企业的资产一般可分为固定资产、流动资产、无形资产(如债权、商誉)等。如图 1.6 所示 资产的分类。

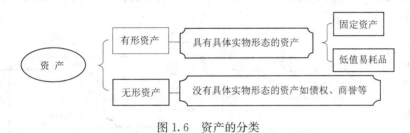

图 1.6   资产的分类

2)固定资产:是指使用期限在一年以上,单位价值在国家或各主管部门规定的限额以上并在生产过程中保持原有实物形态的资产。不具备上述条件的有形资产称为低值易耗品。固定资产包括生产性固定资产(如厂房、机器设备;铁路的路基、桥梁等劳动资料)和非生产性固定资产(如住宅、教室、医院、剧院和其他生活福利设施等)。

固定资产在生产过程中保持原有实物形态,直到磨损陈旧而报废。它本身的价值随着磨损程度的不断加重而逐渐减少,一点一点转移到产品成本中去,它和生产中使用的原料、燃料等流动资产有着明显的不同。

3)流动资产:是指可以在 1 年或者超过 1 年的一个营业周期内变现或耗用的资产,主要包括现金、银行存款、短期投资、应收及预付款项、待摊费用、存货(如原料、燃料、辅助材料)等。它在一个生产周期中就全部消耗掉,并把它的价值全部转移到产品中去,其原有的形态也不复存在了。

4)投资:是指投资主体为了特定的目的,以达到预期收益的价值垫付行为。广义的投资是指投资主体为了特定的目的,将资源投放到某项目以达到预期效果的一系列经济行为。其资源可以是资金也可以是人力、技术等。狭义的投资是指投资主体在经济活动中为实现某种预定的生产、经营目标而预先垫付资金的经济行为。

5)固定资产投资:是以货币形式表现的计划期内建造、购置、安装或更新生产性和非生产性固定资产的资金数额（工作量）。在我国，固定资产投资包括基本建设投资（50％～60％）、更新改造投资（20％～30％）、房地产开发建设投资（20％左右）和其他固定资产投资 4 部分。

6）基本建设投资：是以货币形式表现的基本建设的资金数额（工作量），是反应基本建设规模的综合指标。

典型工作任务 2　学习基本建设程序

1.2.1　工作任务

掌握基本建设程序的相关概念；熟悉铁路与公路工程的基本建设程序。

1.2.2　相关配套知识

1. 基本建设程序的概念

基本建设程序是指建设项目从设想、选择、评估、决策、设计、施工到竣工验收、投入生产整个建设过程中，各项工作必须遵循的先后顺序。这个顺序是由基本建设进程的客观规律（包括自然规律和经济规律）决定的。按照建设项目发展的内在联系和发展过程，建设程序分成若干阶段，这些发展阶段有严格的先后次序，不能任意颠倒、违反它的发展规律。

2. 基本建设程序

在我国按现行规定，基本建设程序一般可分为决策、设计、准备、实施及竣工验收五个阶段。如图 1.7 所示。

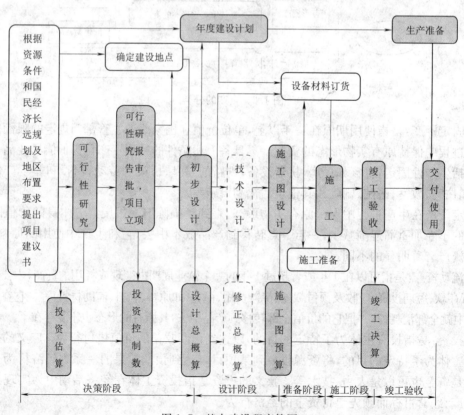

图 1.7　基本建设程序简图

1)决策阶段

这个阶段包括建设项目建议书、可行性研究报告等内容。

(1)项目建议书

根据国民经济和社会发展长远规划,结合行业和地区发展规划的要求,提出项目建议书。项目建议书是要求建设某一项目的建议文件,是投资决策前对拟建项目的轮廓设想。项目建议书的主要作用是对建议建设的项目提供一个初步说明,主要阐述其建设必要性、条件的可行性和获利的可能性,供建设管理部门选择并确定是否进行下一步工作。

项目建议书经批准后,可以进行详细的可行性研究工作,但并不是说明项目非上不可,只是表明项目可以进行详细的可行性研究工作。它不是项目的最终决策。项目建议书按要求编制完成后,按照建设总规模和限额划分审批权限,报批项目建议书。

(2)可行性研究

可行性研究是对项目在技术上是否可行和经济上是否合理进行科学的分析和论证,必须在项目建议书批准后着手进行的。通过对建设项目在技术、工程和经济上的合理性进行全面分析论证和多种方案比较,提出评价意见,写出可行性报告。凡是经过可行性研究未通过的项目,不得进行下一步工作。

可行性研究包括以下内容:①项目提出的背景和依据;②建设规模、产品方案、市场预测和确定的依据;③技术工艺、主要设备、建设标准;④资源、原材料、燃料供应、动力、运输、供水等协作配合条件;⑤建设地点、布置方案、占地面积;⑥项目设计方案,协作配套工程;⑦环保、防震要求;⑧劳动定员和人员培训;⑨建设工期和实施进度;⑩投资估算和资金筹措方式,经济效益和社会效益。

(3)编制可行性研究报告

编制可行性研究报告是在可行性研究通过的基础上,选择经济效益最好的方案进行编制,它是确定建设项目、编制设计文件的重要依据。

(4)审批可行性研究报告

可行性研究报告的审批是国家发改委或地方发改委根据行业归口主管部门和国家专业投资公司的意见以及有资格的工程咨询公司评估意见进行的。可行性研究报告经批准后,不得随意修改和变更。如果在建设规模、产品方案、建设地区、主要协作关系等方面有变动,以及突破投资控制限额时,应经原批准机关同意。经过批准的可行性研究报告是初步设计的依据。可行性研究报告的批准,意味着项目立项。

(5)组建建设单位

按现行规定,大中型和限额以上项目可行性研究报告经批准后,项目可根据实际需要组成筹建机构,即建设单位。目前建设单位的形式很多,有董事会或管委会、工程指挥部、原有企业兼办、业主代表等。有的建设单位到竣工投产交付使用后就不再存在,也有的建设单位待项目建成后即转入生产,不仅负责建设过程,而且负责生产管理。

2)设计阶段

设计文件是指工程图及说明书,它一般由建设单位通过招标投标或直接委托设计单位编制。编制设计文件时,应根据批准的可行性研究报告,将建设项目的要求逐步具体化为可用于指导建筑施工的工程图及其说明书。对一般不太复杂的中小型项目采用两阶段设计,即扩大初步设计(或称初步设计)和施工图设计;对重要的、复杂的、大型的项目,经主管部门指定,可采用三阶段设计,即初步设计、技术设计和施工图设计。

（1）初步设计。是根据可行性研究报告的要求所做的具体实施方案，目的是为了阐明在指定的地点、时间和投资控制数额内，拟建项目在技术上的可能性和经济上的合理性，并通过对工程项目所做出的基本技术经济规定，编制项目总概算。

初步设计由主要投资方组织审批，其中大中型和限额以上项目要报国家发改委和行业归口主管部门备案。初步设计文件经批准后，总平面布置、主要工艺过程、主要设备、建筑面积、建筑结构、总概算均不得随意修改和变更。如果初步设计提出的总概算超过可行性研究报告确定的总投资估算额的5％以上或其他主要指标需要变更时，需报可行性研究报告原审批单位同意。

（2）技术设计。技术设计是在初步设计的基础上，进一步确定建筑、结构、设备、防火、抗震等的技术要求。解决初步设计中的重大技术问题，如工艺流程、建筑结构、设备选型及数量确定等，以使建设项目的设计更具体、更完善，技术经济指标更好。

（3）施工图设计。施工图设计是在前一阶段的基础上进一步形象化、具体化、明确化，完成建筑、结构、水、电、气、工业管道等全部施工图纸以及设计说明书、结构计算书和施工图设计概（预）算等。它具有详细的构造尺寸、确定的各种设备的型号、规格及各种非标准设备的制造加工图。在施工图设计阶段（或施工准备阶段）应编制施工图预算。

3）建设准备阶段

为了保证工程按期开工并顺利进行，在开工建设前必须做好各项准备工作。这一阶段的准备工作包括：征地、拆迁和"三通一平"（水、电、路通和场地平整）；报批开工报告，落实建设资金；组织准备和主要材料的招标或订货；组织施工招标，择优选定施工单位。

4）建设施工阶段

建设项目经批准新开工建设后，项目便进入了建设施工阶段。建设施工阶段是将设计方案变成工程实体的阶段。施工前要落实好施工条件，做好各项生产准备工作包括：①组织管理机构，制定管理制度和有关规定。②招收并培训生产人员，组织生产人员参加设备的安装、调试和工程验收。③签订原料、材料、协作产品、燃料、水、电等供应及运输的协议。④进行工具、器具、备品、备件等的制造或订货。⑤其他必须的生产准备。

施工过程中，严格按照设计要求、施工程序和顺序、合同条款、预算投资、施工组织设计等要求合理组织施工，确保工程质量、工期、成本计划等目标的实现。建设项目达到竣工标准要求，经过验收合格后，移交给建设单位。

5）竣工验收、交付使用阶段

按批准的设计文件和合同规定的内容建成的工程项目，其中生产性项目经负荷试运转和试生产合格，并能够生产合格产品的，非生产性项目符合设计要求，能够正常使用的，都要及时组织验收，办理移交手续，交付使用。

竣工验收前，建设单位或委托监理单位组织设计、施工等单位进行初验，向主管部门提出竣工验收报告，系统整理技术资料，绘制竣工图，并编好竣工决算，报有关部门审查。

竣工验收、交付使用阶段是建设全过程的最后一道程序，是投资成果转入生产或使用的标志，是建设单位、设计单位和施工单位向国家汇报建设项目的生产能力或效益、质量、成本、收益等全面情况及交付新增资产的过程。竣工验收对促进建设项目及时投产，发挥投资效益及总结建设经验，都有重要作用。通过竣工验收，可以检查建设项目实际形成的生产能力或效益，也可避免项目建成后继续消耗建设费用。

6)项目后评价阶段

项目后评价是在项目建成投产或交付使用并运行一段时期后,对项目取得的经济效益、社会效益和环境效益进行的综合评价。项目竣工验收是工程建设完成的标志,不是项目建设程序的结束。项目是否达到投资决策时所确定的目标,只有经过生产经营或使用后,根据取得的实际效果进行准确判断。只有经过项目后评价,才能反映项目投资建设活动所取得的效益和存在的问题。因此,项目后评价也是项目建设程序中的重要环节。

3. 铁路工程基本建设程序

铁路大中型建设工程应在项目决策阶段开展预可行性研究和可行性研究,在设计阶段应开展初步设计和施工图设计。小型项目或工程简易的项目,可适当简化。如图 1.8 所示铁路工程基本建设程序简图。

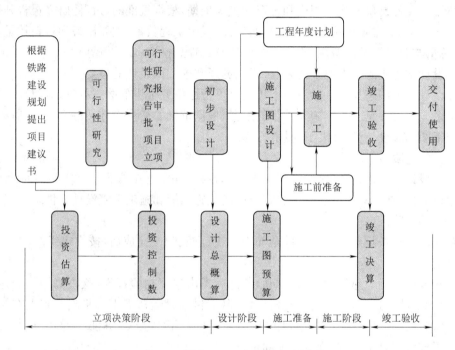

图 1.8　铁路工程基本建设程序简图

1)立项决策阶段

依据铁路建设规划,对拟建项目进行预可行性研究,编制项目建议书;根据批准的铁路中长期规划或项目建议书,在初测基础上进行可行性研究,编制可行性研究报告。项目建议书和可行性研究报告按国家规定报批。

工程简易的建设项目,可直接进行可行性研究,编制可行性研究报告。

预可行性研究报告是项目立项的依据,根据国家批准的铁路中长期规划,收集相关资料,进行社会、经济和运量调查、现场踏勘,系统研究项目在路网及综合交通运输体系中的作用和对社会经济发展的作用,初步提出建设方案、规模和主要技术标准,对主要工程、外部环境、土地利用、协作条件、项目投资、资金筹措、经济效益等初步研究后编制,论证项目建设的必要性和可能性,并编制投资预估算。

可行性研究文件是项目决策的依据,根据国家批准的铁路中长期规划或项目建议书开展初测,进行社会、经济和运量调查,综合考虑运输能力和运输质量,从技术、经济、环保、节能、土地利用等方面进行全面深入的论证,对建设方案、建设规模、主要技术标准等进行比较分析后,提出推荐意见,进行基础性设计,提出主要工程数量、主要设备和材料概数、拆迁概数,用地概数和补偿方案,施工组织方案,建设工期和投资估算,进行经济评价后编制,论证建设项目的可行性,并编制投资估算。

可行性研究的工程数量和投资估算要有较高的准确度,环境保护、水土保持和使用土地设计工作应达到规定的深度。

2)设计阶段

根据批准的可行性研究报告,在定测基础上开展初步设计。初步设计经审查批准后,开展施工图设计。

工程简易的建设项目,可根据批准的可行性研究报告,直接进行施工图设计。

初步设计文件是确定建设规模和投资的主要依据,根据批准的可行性研究报告开展定测、现场调查,通过局部方案比选和比较详细的设计,提出工程数量、主要设备和材料数量、拆迁数量、用地总量与分类及补偿费用、施工组织设计及工程总投资(设计概算)。

初步设计文件应满足主要设备采购、征地拆迁和施工图设计的需要。

初步设计概算静态投资一般不应大于批复可行性研究报告的静态投资。

施工图设计文件是工程实施和验收的依据,根据审批的初步设计文件进行编制,为工程建设提供施工图、表、设计说明和工程投资检算。

3)工程实施阶段

在初步设计文件审查批准后,组织工程招标投标、编制开工报告。开工报告批准后,依据批准的建设规模、技术标准、建设工期和投资,按照施工图和施工组织设计文件组织建设。

4)竣工验收阶段

铁路建设项目按批准的设计文件全部竣工或分期、分段完成后,按规定组织竣工验收,办理资产移交。

建设管理单位确认建设项目达到初验条件后提出申请初验报告,验收机构认为达到初验标准后,组织对项目进行初验;初验合格后,方可交付临管运营。正式验收原则上在初验一年后进行。验收机构认为建设项目达到正式验收标准后,组织验收。验收合格后交付正式运营。建设项目正式验收合格后,按规定办理固定资产移交工作。

工程验交后,按合同责任期进行用后服务与保修,提供技术咨询,进行工程回访,负责必要的维修工作。工程施工承包企业应对保修范围和保修期限内发生的质量问题,按规定履行保修义务,并对造成的损失承担赔偿责任。

4. 公路工程基本建设程序

公路工程基本建设程序主要内容包括:进行可行性研究,编制设计任务书;设计和编制概算;列入年度基本建设计划;施工建设;竣工验收,交付使用。如图1.9所示。

1)公路建设项目可行性研究

可行性研究是在公路建设项目决定之前,对建设项目和与项目有关的各项主要问题,进行比较细致地调查分析,然后提出多种比较方案,从技术、经济、资源、物资设备等不同方面,对各方案进行准确的计算、比较,在分析、研究、比较的基础上,选出最佳方案,提出可行性报告。

可行性研究是建设项目决策的基础和依据,是科学地进行建设,加快工程进度,缩短工期,提高效益的重要手段。国外比较发达的国家,都重视公路建设工程的可行性研究,并把可行性研究作为公路建设工程首要环节。

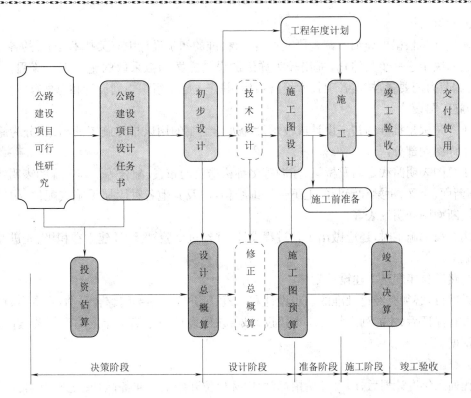

图 1.9　公路工程基本建设程序简图

2）公路建设项目设计任务书

设计任务书是确定基本建设项目，编制设计文件的主要依据。在可行性研究后，即可根据可行性报告，编报设计任务书。公路工程设计任务书一般包括如下内容：①建设目的和依据。②建设规模，包括路线、桥梁长度、建设标准等。③要求达到的技术水平和经济效益。④水文、地质、材料、燃料、动力、运输等协作条件。⑤需占用的土地。⑥防震要求。⑦建设工期。⑧投资控制数及投资来源。⑨有关附件。

3）公路工程设计

公路工程设计，按照单项投资的多少和技术繁简程度不同，可分为：①一阶段设计，即只进行扩大初步设计；②二阶段设计，包括初步设计和施工图设计；③三阶段设计，就是在初步设计和施工图设计之间，增加一个技术设计阶段。

公路大、中修工程和小型新、改建工程，一般均采用一阶段设计。大中型工程，采用二阶段设计。只有重大项目，由审批部门指定，才采用三阶段设计。

（1）初步设计

初步设计是设计工作的第一阶段，是根据批准的设计任务书的要求，对建设项目进行概略的计算和初步的规定。其主要内容包括：设计指导思想和依据，线型或桥梁结构方案，总体布置，主要辅助设施，建设材料和施工设备需要量，劳动力需要量，临建设施，占地面积和征地数量，建设工期，主要技术经济指标，施工组织规划设计，总概算等，既有设计图表，又有文字说明。

初步设计批准后，即可要求列入年度基本建设或公路改建工程计划，并开始进行下一阶段设计。

（2）技术设计

技术设计是根据更详细的调查研究资料,对批准的初步设计中有关技术、经济的各项初步规划和技术决定进一步具体化,提出较为详细的设计方案和拟采取的施工工艺流程,校正材料,设备和劳力需要量,核实各项技术经济指标,并修正施工组织规划设计和总概算。

（3）施工图设计

施工图是根据批准的初步设计或技术设计进行绘制的用以指导施工的图纸,分为施工总图和施工详图两部分。

施工总图表明路线走向及桥梁、涵洞等多种构造物的布置、配合等。施工详图表明线的纵断面、横断面、交叉、桥梁和涵洞的上下部详细结构,以及其他各种附属设施或配件、构件的尺寸,联结,断面图和明细表等。

采用新技术施工时,还应做出工艺过程设计,并经过试验,把设计建立在积极、先进而又可行的基础上。

4）公路项目年度基本建设计划

建设项目,必须有经过批准的初步设计和总概算,并经计划部门综合平衡,在资金、材料和施工力量有保证后,才能列入年度基本建设计划;该建设计划是确定年度建设任务,进行建设拨款的依据。

5）公路工程施工与竣工

工程列入年度计划后,即可开始招标,由中标单位开始施工准备;如果公路部门自己施工,列入年度计划后,即可开始施工准备,在施工图批准和准备就绪后开工。设计规定的内容完成后,能正常交付使用时就可进行验收。

正式验收之前,建设单位要组织设计、施工单位进行交工验收,也就是初验。初验后,要提交交工验收报告。经过交工验收,符合设计要求后,即可绘制竣工图表,编制竣工决算,然后进行竣工验收,并办理交接手续。

典型工作任务 3　学习建设项目投资控制测算体系

1.3.1　工作任务

掌握建设项目投资测算体系的概念;熟悉建设项目投资控制测算体系的构成;了解建设项目投资控制测算体系的作用于特点。

1.3.2　相关配套知识

投资控制就是为尽可能好地实现建设项目既定的投资目标而进行的一系列工作。

投资是一项复杂的活动,尤其对工程项目投资是一个涉及面广、影响因素众多的动态系统。要对这个动态的过程进行有效的控制,一方面应全面了解它的运动变化规律和特征,另一方面应对投资活动的变化发展进行量化。这个量或指标就是投资额,如总投资、全部投资、固定资产投资、流动资产投资、技术更新改造投资和设备投资等等。

目标值的确定是控制的一个关键工作。投资本身是一个逐步开展和不断深化的过程,因此,在其运动过程的不同阶段便有不同的测算工作,形成不同的投资额和不同的测算种类。随着投资活动的不断深化,要求对投资额进行不同深度和精度的测算,相应的形成了一个完整地反映投资在数量变化上的投资额测算体系,即从项目决策到竣工交付使用的整个过程中,根据在不同阶段投资额的作用和精度要求的不同,形成了投资估算、设计概算、施工图预算(投资检算)、施工预算、标底、投标报价、结算和决算等 8 种测算方式,并由此构成了建设项目投资额的测算体系,如图 1.10 所示投资进程与投资控制测算体系。

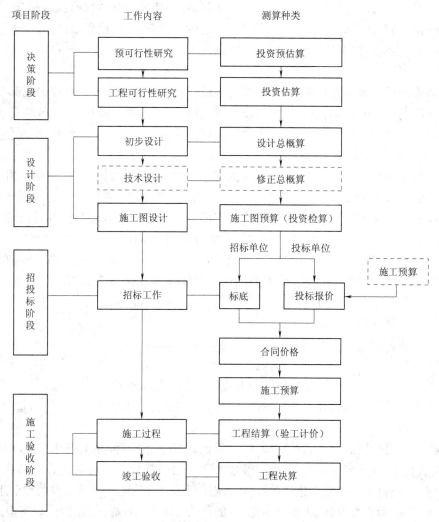

图 1.10　投资进程与投资控制测算体系

1. 投资估算

投资估算是指在整个投资决策过程中,依据现有的资料和一定的方法,对拟建项目的投资数额进行的估测计算。

整个项目的投资估算总额,是指从筹建、施工直至建成投产的全部建设费用,包括的内容视项目的性质和范围而定,通常包括工程费用,工程建设其他费用(建设单位管理费、征地费、勘察设计费、生产准备费等),预备费(设备、材料价格差,设计变更、施工内容变化所增加的费用及不可预见费),协作工程投资、调节税和贷款利息等。投资估算是可行性研究、设计方案比较、编制概算和进行施工预测的基础。具体而言,其主要作用有:

1)是决定拟建项目是否继续进行的依据;

2)是审批项目建议书的依据;

3)是批准设计任务书、控制设计概算和整个工程造价最高限额的重要依据;

4)是编制投资计划、进行资金筹措及申请贷款的主要依据;

5)是编制中长期规划、保持合理比例和投资结构的重要依据。

在编制工程项目可行性研究报告的投资估算时,应根据可行性研究报告的内容、国家颁布的估算编制办法等,以估算时的价格进行投资估算,并合理地预测估算编制后直至工程竣工期间的工程价格、利率、汇率等动态因素的变化,打足建设资金,不留投资缺口。投资估算精度较差,一般应控制在实际投资造价的-10%~30%。

2. 设计概算

设计概算包括总概算或修正总概算,是初步设计或技术设计文件的重要组成部分,根据设计要求和相应的设计图纸,按照概算定额或预算定额,各项取费标准,建设地区的自然、技术经济条件和设备预算价格等资料,预先计算和确定建设项目从筹建到竣工验收、交付使用的全部建设费用,即项目的总成本。

设计概算是编制预算、进行施工预测和批准投资的基础。设计概算应控制在批准的建设项目可行性研究报告投资估算允许浮动幅度范围内。一经批准,它所确定的工程概算造价便成为控制投资的最高限额,一般不允许突破。初步设计概算静态投资与批复可行性研究报告静态投资的差额一般不得大于批复可行性研究报告静态投资的10%。因特殊情况而超出者,须报原可行性研究报告批准单位批准。已批准的初步设计进行设计施工总承包招标的工程,其标底或造价控制值应在批准的总概算范围内。具体而言,设计概算的主要作用有:

1)是确定和控制建设项目、各单项工程及各单位工程投资额的依据;

2)是编制投资计划的依据;

3)是进行拨款和贷款的依据;

4)是实行投资包干和招标承包的依据;

5)是考核设计方案的经济合理性和控制施工图预算的依据;

6)是基本建设进行核算和"三算"(设计概算,施工图预算、竣工决算)对比的基础。

3. 施工图预算

施工图预算是指在施工图设计阶段,当工程设计基本完成后,在工程开工前,根据施工图纸、施工组织设计、预算定额、费用标准以及地区人工、材料、机械台班的预算价格和技术经济条件等资料,对项目的施工成本进行的计算。施工图预算是施工图设计文件的重要组成部分。

编制施工图预算时要求有准确的工程数据,如详细的外业调查资料、施工图、设备报价等,要求精度较高。施工图预算是批准投资、审核项目、进行投标报价和成本控制的基础,其主要作用有:

1)是考核施工图设计进度的依据,也是落实或调整年度基本建设计划的依据;

2)在委托承包时,是签订工程承包合同的依据,以及办理财务拨款、工程贷款和工程结算的依据;

3)是实行招标、投标的重要依据;

4)是加强承包商企业实行经济核算的依据。

施工图预算与设计概算都属于设计预算的范畴,二者在费用的组成、编制表格、编制方法等方面基本相同,只是编制定额依据、设计阶段和作用不同,施工图预算是对设计概算的深化和细化。施工图预算应当按已批准的初步设计和概算进行,一般不允许突破。

4. 招标标底编制

实行招标的工程项目,一般由招标单位对发包的工程,按发包工程的工程内容(通常由工程量清单来明确)、设计文件、合同条件以及技术规范和有关定额等资料进行编制。标底是一项重要的投资额测算,是评标的一个基本依据,也是衡量投标人报价水平高低的基本指标,在招投标工作的起着关键作用。其编制一方面应遵守国家的有关规定和要求,另一方面应力求准确。标底一般以设计概算和施工图预算为基础编制,以其中的建筑安装工程费为主,且不超过批准的设计概算。

5. 投标报价

报价是由投标单位根据招标文件及有关定额(有时往往是投标单位根据自身的施工经验与管理水平所制定的企业定额),并根据招标项目所在地区的自然、社会和经济条件及施工组织方案、投标单位的自身条件,计算完成招标工程所需各项费用的经济文件。报价是投标文件最重要的组成部分,是投标工作的关键和核心,也是决定能否中标的主要依据。报价过高,中标率就会降低;报价过低,尽管中标率增大,但可能无利可图,甚至承担工程亏本的风险,因此,能否准确计算和合理确定工程报价,是施工企业在投标竞争中能否获胜的前提条件。中标单位的报价,将直接成为工程承包合同价的主要基础,并对将来的施工过程起着严格的制约作用。承包单位和业主均不能随意更改报价。

报价与标底有着极为密切的关系,标底同概(预)算的性质很相近,编制方式也相同,都有较为严格的要求。报价则比标底编制要灵活,虽然二者有着很明显的差别,并且从不同角度来对同一工程的价值进行预测,计算结果很难相同,但又有极密切的联系。随着我国投标体制的进一步改革(如项目业主责任制的推行),招投标制度的进一步完善和施工监理制度的推广,将会进一步加强和完善标底与报价这两种测算工作,也必然会使各方和更多的人们认识这两种测算工作的重要性,从而把他们做得更好。

6. 施工预算

施工预算是施工单位在投标时或其基层单位(如项目经理部)在合同签订后,按企业实际定额水平编制的预算。是在施工图预算的控制下,根据施工图计算分项工程量、施工定额、实施性施工组织设计或分部分项工程施工过程的设计及其他有关技术资料,通过工料机分析,计算和确定完成一个工程项目或一个单位工程或其中的分部分项工程所需的人工、材料、机械台班消耗量及其他相应费用的经济文件。施工预算所采用的定额为企业定额,取费依据为投标策略或内容管理水平或实际项目赢利期望值,是施工企业对具体项目测算的实际成本,是施工企业进行成本控制与成本核算的依据,也是进行劳动组织与安排,以及进行材料和机械管理的依据,对施工组织和施工生产有着极其重要的作用。

7. 工程结算

工程项目的建设是一个复杂的过程,涉及的单位都是一些相对独立的经济实体,有着各自的经济利益,在项目建设过程中承担着不同的工程内容,因此,无论工程项目采用何种方式进行建设,在建设过程中,各经济实体之间必然会发生货币收支行为。这种在项目建设过程中由于器材采购、劳务供应、施工单位已完工程点的移交和可行性研究、设计任务的完成等经济活动而引起的货币收支行为,就是项目结算。在社会主义商品经济条件下,基本建设项目的建设过程也是一种商品的生产过程,其间所发生的一系列工作和活动最后都要通过结算来做最后的评价。项目结算的作用主要体现在:

1)是国家在建设经济活动中,及时掌握经济活动信息,实现固定资产再生产任务的重要手段。

2)是加速资金周转、加强经济核算,促进建设任务的完成,保证建设项目顺利进行的法宝。

3)是加强对项目建设过程的中财政信用监督手段。

4)是协助建设单位有计划地组织一切货币收支活动,使各企业、各单位的劳动耗能及时得到补偿的途径。

项目结算的主要内容包括货物结算、劳务供应结算、工程(费用)结算及其他货币资金的结算等。货物结算是指建设单位同其他经济建设单位之间,由于物资的采购和转移而发生的结算;劳务供应结算是指建设单位同其他单位之间,由于互相提供劳务而发生的结算;工程费用结算指建设单位同施工单位之间,由于拨付各种预付款和支付已完工程等费用而发生的结算;其他货币资金结算是指基本建设各部门、各企业和各单位之间由于资金往来以及它们同建设银行之间,因存、贷款业务而发生的结算。

工程费用结算习惯上又称为工程价款结算即验工计价,是项目结算中最重要和最关键的部分,也是项目结算的主体内容,占整个项目结算额的 75%～80% 左右。工程价款结算,一般以实际完成的工程量和有关合同单价以及施工过程中现场实际情况的变化资料(如工程变更通知,计日工使用记录等)计算当月应付的工程价款。目前,建设工程价款结算可以根据《建设工程价款结算办法》,依据不同情况采取多种方式:(1)按月计算;(2)竣工后一起结算;(3)分段结算;(4)约定的其他方式结算方式。而实行 FIDIC 条款的合同,则明确规定了计量支付条款,对结算内容、结算方式、结算时间、结算程序给了明确规定,一般是按月申报,集中支付,分段结算,最终清算。

8. 竣工决算

竣工决算,对业主而言,是指在竣工验收阶段,当建设项目完工后,由业主编制的建设项目从筹建到建成投产或使用的全部实际成本;对承包商而言,是根据施工过程中现场实际情况的记录、设计变更、现场工程更改、预算定额、材料预算价格和各项费用标准等资料,在概算范围内和施工图预算的基础上对项目的实际成本开支进行的核算,是承包商向业主办理结算工程价款的依据。

竣工决算统计、分析项目的实际开支,为以后的成本测算积累经验和数据,是工程竣工验收、交付使用的重要依据,也是进行建设财务总结、银行对其实行监督的必要手段。特别是对承包商,是其企业内部成本分析、反映经营效果、总结经验、提高经营管理水平的手段。

在以上 8 种测算方式中,工程概(预)算具有特别重要的意义和作用,是基本建设工程投资管理的基本环节。概(预)算是编制建设工程经济文件的主要依据,也是其他测算方式(投资估算除外)的基础。

典型工作任务 4　学习工程造价

1.4.1　工作任务

掌握工程造价相关概念;熟悉工程造价计价特点;了解计价依据。

1.4.2　相关配套知识

1. 工程造价的概念

工程造价是指进行某项工程建设所花费的全部费用。工程造价是一个广义概念,在不同的场合,工程造价含义不同。

第一种含义:建设工程造价是指建设项目从立项开始到竣工验收交付使用预期花费或实

际花费的全部费用,即该建设项目有计划地进行固定资产再生产和形成相应的无形资产、递延资产和铺底流动资金的一次性费用总和。

即从业主角度,为获得一项具有生产能力的固定资产所需的全部建设成本(COST),包括建筑工程、安装工程、设备工器具购置、其他费用、预留费用,与建设项目总概算范围大体一致。从这个意义上说,工程造价就是指工程价格。即为建成一项工程,预计或实际在土地市场、设备市场、技术劳务市场,以及承包市场等交易活动中所形成的建筑安装工程的价格和建设工程总价格。

第二种含义:建设工程造价是指工程价格。即为建成一项工程,预计或实际在土地市场、设备市场、技术劳务市场,以及承包市场等交易活动中所形成的土地转让价格、设备价格、建筑安装工程的价等,强调的是在工程的建造过程中而形成的价格(price),与招投标阶段的标底、投标价、中标价范围大体一致。建设工程造价是在建筑市场通过招投标,由需求主体投资者和供给主体建筑商共同认可的价格。

由于研究对象不同,工程造价有建设工程造价,单项工程造价,单位工程造价以及建筑安装工程造价等等。

【特别提示】工程造价的两种含义是从不同角度把握同一种事物的本质。

(1)从建设工程投资者来说,市场经济条件下的工程造价就是项目投资,是"购买"项目要付出的价格,同时也是投资者在作为市场供给主体"出售"项目时定价的基础。

(2)对承包商、供应商和规划、设计等机构来说,工程价格是他们作为市场供给主体出售商品和劳务的价格总和,或者是特指范围的工程造价,如建筑安装工程造价。

2. 工程造价计价的特点

建设工程的生产周期长、规模大、造价高,可变因素多,因此工程造价具有下列特点:

1)单件计价

工程建设产品生产的单件性决定了其产品计价的单件性。每个工程建设产品都有专门的用途,都是根据业主的要求进行单独设计并在指定的地点建造的,其结构、造型和装饰、体积和面积、所采用的工艺设备和建筑材料等各不相同。即使是其用途相同的建设工程也会因工程所在地的风俗习惯、气候、地质、地震、水文等自然条件的不同,而使建设工程的实物形态千差万别。因此,建设工程就不能像工业产品那样按品种、规格、质量成批的定价,只能通过特殊的程序(编制估算、概算、预算、合同价、结算价及最后确定竣工决算价等),就各个工程项目计算工程造价,即单件计价。

2)多次性计价与动态计价

建设工程的生产过程是按照建设程序逐步展开,分阶段进行的。为满足工程建设过程中不同的计价者(业主、咨询方、设计方和施工方)各阶段工程造价管理的需要,就必须按照设计和建设阶段多次动态地进行工程造价的计算,以保证工程造价确定与控制的合理性,其过程如图1.11所示。

(1)投资估算

投资估算是在编制项目建议书和可行性研究阶段或称为投资决策阶段,由业主或其委托的具有相应资质的咨询机构,对工程建设支出进行预先测算的文件。投资估算是决策、筹资和控制造价的主要依据。

(2)设计概算

设计概算是设计单位在初步设计阶段由设计单位编制的建设工程造价文件,是初步设计的组成部分。与投资估算相比,准确性有所提高,但要受到估算额的控制。

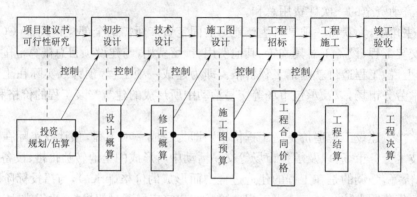

图 1.11　多次计价与动态计价过程

(3)修正概算

修正概算是指在技术设计阶段,由设计单位编制的建设工程造价文件,是技术设计文件的组成部分。修正概算对初步设计概算进行修正调整,比设计概算准确,但要受到概算额的控制。

(4)施工图预算

施工图预算是指在施工图设计阶段由设计单位编制的建设工程造价文件,是施工图设计文件的组成部分。它比设计概算或修正概算更为详尽和准确,但同样要受到设计概算或修正概算的控制。

(5)合同价

合同价是指业主与承包方对拟建工程价格进行洽商,达成一致意见后,以合同形式确定的工程承发包价格。它是由承发包双方根据市场行情共同议定和认可的成交价格。

(6)结算价

结算价是指在工程结算时,按合同调价范围和调价方法,对实际发生的工程量增减、设备和材料价差等进行调整后计算和确定的业主应向承包商支付的工程价款额,反映该承发包工程的实际价格。

(7)竣工决算价

竣工决算价是指在整个建设项目或单项工程竣工验收合格后,业主的财务部门及有关部门,以竣工结算等为依据编制而成的,反映建设项目或单项工程实际造价的文件。

从投资估算、设计概算:施工图预算到招标投标合同价,再到工程的结算价和最后在结算价基础上编制的竣工决算,整个计价过程是一个由粗到细、由浅到深,最后确定建设工程实际造价的过程。计价过程各环节之间相互衔接,前者制约后者,后者补充前者。

3)组合计价

建设项目的组合性决定了计价的过程是一个逐步组合的过程。

其计算过程和计算程序是:

(1)分部分项工程;

(2)单价单位工程造价;

(3)单项工程造价;

(4)建设项目总造价

铁路、公路路线长,其中铁路包括路基、桥涵、隧道及明洞、轨道、通信及信号、电力及电力牵引供电、房屋、其他运营生产设备及建筑物等。公路工程包括路基、路面、桥梁、隧道、涵洞、通道、排水系统等,结构复杂,每次计价都不是能够用简单而直接办法计算出来的,必须将整个建设工程分解到最小的工程部位,直至对计量和计价都相对准确和相对稳定的程度。例如公路工程项目可分解为路基工程、路面工程、桥梁工程、隧道工程等等,路基工程又被分解为土方工程、石方工程……土方工程又分解为挖方工程、填方工程……挖方又分为机械挖方、人工挖方……机械挖方又分为推土机挖土、挖掘机挖……挖掘机挖又可针对不同土质、机械规格进一部细分。不论哪一个建设项目,只要确定了最小工程结构部位,就可以通过人工或机械的工效定额和材料消耗定额,以及人工、材料、机械台班单价,计算出它的单位工程数量所需要的费用(工料机费用或全费用),然后再按照它的工程数量计算出此部位的费用,最后,按照设计要求,将各部位的费用加以组合计算,就可确定出全部工程所需要的费用。任何规模庞大、技术复杂的工程都用这种方法计算其全部造价。如图 1.12 所示组合计价的特点。

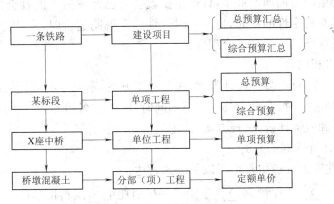

图 1.12　组合计价的特点

4)计价方法的多样性与计价依据的复杂性

工程的多次计价有各不相同的计价依据,每次计价的精确度要求也各不相同,与此相适应的计价方法具有多样性。例如,编制概、预算的方法有工料单价法、实物法和综合单价法;投资估算的方法有设备系数法、生产能力指数估算法等。

3. 工程造价计价原则

在建设的各阶段要合理确定其造价,为造价控制提供依据,应遵循以下的原则。

1)符合国家的有关规定

工程建设投资巨大,涉及到国民经济的方方面面,因此国家对投资规模、投资方向、投资结构等必须进行宏观调控。在造价编制过程中,应贯彻国家在工程建设方面的有关法规,使国家的宏观调控政策得以实施。

2)保证计价依据的准确性

合理确定工程造价是工程造价管理的重要内容,而造价编制的基础资料的准确性则是合理确定造价的保证。为确保计价依据的准确性,应注意以下几个方面:

(1)正确计算工程量,合理确定工、料、机单价。工程量及工、料、机单价的合理与否,直接影响到造价中最为重要、最为基本的直接费的准确性,进而影响整个造价的准确性。

(2)正确选用工程定额。为适应建设各阶段确定造价的需要,铁道部、交通部编制颁发了铁路、公路工程估算指标、概算定额、预算定额等工程定额。在编制造价时应根据建设阶段以及编制办法的规定,合理选用定额,才能准确地编制各阶段造价。

(3)合理使用费用定额。编制铁路工程造价,取费必须按《铁路基本建设工程投资预估算、估算编制办法》或《铁路基本建设工程设计概预算编制办法》中规定的计算方法和费率进行;编制公路工程造价时,除直接工程费以外的其他多项取费,均按《公路基本建设工程投资估算编制办法》或《公路基本建设工程概算预算编制办法》中规定的计算方法及费率进行计算。各项费率应根据工程的实际情况取定。

目前铁路投资估算采用原铁道部铁建设〔2008〕10 号文公布的《铁路基本建设工程投资预估算、估算编制办法》,该办法自 2008 年 2 月 1 日起施行;铁路概算和预算采用原铁道部铁建设〔2006〕113 号文公布的《铁路基本建设工程设计概预算编制办法》,该办法自 2006 年 7 月 1 日起施行。公路概算和预算采用交通部 2007 年第 33 号文公布的《公路工程基本建设项目概算预算编制办法》(JTG B06—2007),该办法自 2008 年 1 月 1 日起施行。

(4)注意计价依据的时效性。计价依据是一定时期社会生产力的反映,而生产力是不断向前发展的,当社会生产力向前发展了,计价依据就会与已经发展了的社会生产力不相适应,因而,计价依据在具有稳定性的同时,也具有时效性。在编制造价时,应注意不要使用过时或作废的计价依据,以保证造价的准确合理性。

3)技术与经济相结合

完成同一项工程,可有多个设计方案、多个施工方案,不同方案消耗的资源不同,因而其造价也不相同。编制造价时,在考虑技术可行的同时,应考虑各可行方案的经济合理性,通过技术比较、经济分析和效果评价,选择方案,确定造价。

4. 工程造价计价依据的分类

任何工程的建安工程造价都可用以下公式表达:

$$建安工程费用 = \sum 工程量 \times \sum [定额工料机消耗量 \times 工料机单价 \times (1 + 综合费率)]$$

即建安费用由工程量、工料机消耗量标准(计价定额)、工料机单价和综合费率四大要素组合而成,对这四大要素产生直接或间接影响的就是工程造价计价依据。

1)工程造价计价依据的分类

(1)按用途分类

工程造价的计价依据按用途分类,概括起来可以分为 7 大类 18 小类。

①第一类,规范工程计价的依据

国家标准《建设工程工程量清单计价规范》。

②第二类,计算设备数量和工程量的依据

a. 可行性研究资料。

b. 初步设计、扩大初步设计、施工图设计图纸和资料。

c. 工程变更及施工现场签证。

③第三类,计算分部分项工程人工、材料、机械台班消耗量及费用的依据

a. 概算指标、概算定额、预算定额。

b. 人工单价。

c. 材料预算单价。

d. 机械台班单价。

e. 工程造价信息。

④第四类,计算建筑安装工程费用的依据

a. 间接费定额。

b. 价格指数。

⑤第五类,计算设备费的依据

设备价格、运杂费率等。

⑥第六类,计算工程建设其他费用的依据

a. 用地指标。

b. 各项工程建设其他费用定额等。

⑦第七类,和计算造价相关的法规和政策

a. 包含在工程造价内的税种、税率。

b. 与产业政策、能源政策、环境政策、技术政策和土地等资源利用政策有关的取费标准。

c. 利率和汇率。

d. 其他计价依据。

(2)按使用对象分类

第一类,规范建设单位(业主)计价行为的依据:国家标准《建设工程工程量清单计价规范》。

第二类,规范建设单位(业主)和承包商双方计价行为的依据:包括国家标准《建设工程工程量清单计价规范》;初步设计、扩大初步设计、施工图设计图纸和资料;工程变更及施工现场签证;概算指标、概算定额、预算定额;人工单价;材料预算单价机械台班单价;工程造价信息;间接费定额;设备价格、运杂费率等;包含在工程造价内的税种、税率;利率和汇率;其他计价依据。

5. 现行工程计价依据体系

按照我国工程计价依据的编制和管理权限的规定,目前我国已经形成了由国家、省、直辖市、自治区和行业部门的法律法规、部门规章相关政策文件以及标准、定额等相互支持、互为补充的工程计价依据体系。

1)铁路工程造价计价依据(图 1.13)

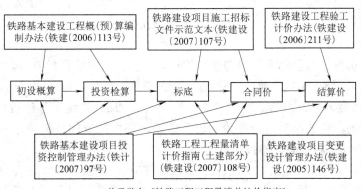

关于发布《铁路工程工程量清单计价指南》
(四电部分)的通知(铁建设〔2009〕126号)

图 1.13　铁路工程造价计价依据

(1)有关工程造价的经济法规、政策

有关工程造价的经济法规、政策包括与建筑安装工程造价相关的国家规定的建筑安装工程营业税率、城市建设维护税税率、教育费附加费费率,与进口设备价格相关的设备进口关税税率、增值税税率,与工程建设其他费中土地补偿相关的国家对征用各类土地所规定的各项补偿费标准等。

(2)编制办法

铁路基本建设工程各阶段计价的编制和取费应依据国家颁布的费用编制办法进行。编制办法规定了工程建设项目在编制工程造价中除人工、材料、机械消耗以外的其他费用需要量计算的标准,包括其他直接费定额、间接费定额、设备工具器具及家具购置费定额、工程建设其他费用中各项指标和定额。

目前铁路投资估算采用原铁道部铁建设〔2008〕10 号文公布的《铁路基本建设工程投资预估算、估算编制办法》,该办法自 2008 年 2 月 1 日起施行;铁路概算和预算采用原铁道部铁建设〔2006〕113 号文公布的《铁路基本建设工程设计概(预)算编制办法》,该办法自 2006 年 7 月 1 日起施行。公路概算和预算采用交通部 2007 年第 33 号文公布的《公路工程基本建设项目概算预算编制办法》(JTG B06—2007),该办法自 2008 年 1 月 1 日起施行。

(3)工程定额

工程定额是指在正常施工条件下,完成规定计量单位的符合国家技术标准、技术规范(包括设计、施工、验收等技术规范)和计量评定标准,并反映一定时间施工技术和工艺水平所必需的人工、材料、施工机械台班消耗量的额定标准。在建筑材料、设计、施工及相关规范等没有突破性的变化之前,其消耗量具有相对的稳定性。工程定额包括施工定额、预算定额、概算定额及估算指标等。

(4)设计图纸资料

设计图纸资料在编制造价时其作用主要表现在两个方面:一是提供计价的主要工程量,这部分工程量一般是从设计图纸中直接摘取;二是根据设计图纸提出合理的施工组织方案,确定造价编制中有关费用的基础数据,计算相应的辅助工程和辅助设施的费用。

(5)基础单价

基础单价是指工程建设中所消耗的劳动力、材料、机械台班以及设备、工器具等单位价格的总称。

①劳动力的工日单价。是指建筑安装生产工人日工资单价,由生产工人基本工资、辅助工资、特殊地区津贴及地区生活补贴、工资性补贴、职工福利费等组成,具体标准可按照编制办法规定计算。

②材料单位价格。习惯称为材料的预算价格,是指材料(包括原材料、构件、成品、半成品、燃料、电等)从其来源地(或交货地点)到达施工工地仓库后的出库价格。目前铁路工程建设材料价格基期(2005 年)采用原铁道部 2006 年 129 号文公布的《铁路工程建设材料基期价格》,编制期主要材料的价格采用当地调查价。公路预算定额中基价的材料费单价按北京市 2007 年价格记取,编制期材料预算价格按实计取。

③施工机械台班单价。是指列入概、预算定额的施工机械按照相应的铁路、公路施工机械台班费用定额分析的单价。目前铁路施工机械定额采用原铁道部 2006 年 129 号文公布的《铁路工程施工机械台班费用定额》,公路施工机械定额采用交通部 2007 年 33 号文公布的《公路工程机械台班费用定额》(JTG/T B06-033—2007)。施工机械台班费用定额规定了机械台班中折旧费、大修理费、经常修理费、安装拆卸费标准以及人工、燃油动力消耗标准等其他费用标准。

④设备费单价。是指各种进口设备、国产标准设备和国产非标准设备从其来源地(或交货地点)到达施工工地仓库后的出库价格。

(6)施工组织计划

施工组织计划是对工程施工的时间、空间、资源所作的全面规划和统筹安排,它包括施工方案的确定、施工进度的安排、施工资源的计划和施工平面的布置等内容。以上这些内容均涉及到造价编制中有关费用的计算,如:对同一施工任务可采用不同的施工方法,其工程费用会不相同;资源供应计划不同,施工现场的临时生产和生活设施就不会相同,相应的费用也不会相同;施工平面布置中堆场、拌和场的位置不同,则材料运距不同,其运费也不相同等等。由此可知,施工组织设计是造价编制中不可忽略的重要计价依据之一。

(7)工程量计算规则

工程量计算规则是计量工作的法规,它规定工程量的计算方法和计算范围。在铁路、公路工程中,工程量计算规则都是放在工程定额的说明中。若采用工程量清单编制概预算时,其工程量计算规则依据铁路、公路工程量清单计价指南中规定执行。在铁路、公路工程设计文件中列有各分部分项工程的工程量,在编制造价时,对设计文件中提供的工程量进行复核,检查是否符合工程量计算规则,否则应按工程量计算规则进行调整。

(8)其他资料

包括有关合同、协议以及用到的其他一些资料,如某种型号钢筋的每米质量、土地平整中土体体积计算时的棱台公式、标准构件的尺寸等,需要从一些工具书或标准图集中查阅。

2)公路工程造价计价依据

(1)公路工程施工图预算计价依据

①国家发布的有关法律、法规、规章、规程等。

②现行《公路工程预算定额》、《公路工程机械台班费用定额》及《公路工程基本建设项目概算预算编制办法》。

③工程所在地省级交通主管部门发布的补充计价依据。

④批准的初步设计文件等有关资料。

⑤施工图纸等设计文件。

⑥工程所在地的人工、材料、设备预算价格等。

⑦工程所在地的自然、技术、经济条件等资料。

⑧工程施工组织设计或施工方案。

⑨有关合同、协议等。

⑩其他有关资料。

(2)公路工程量清单计价依据

①《公路工程国内招标文件范本》或《公路工程国际招标文件范本》中的工程量清单、计量支付规则、设计图纸等。

②现行《公路工程预算定额》、《公路工程机械台班费用定额》及《公路工程基本建设项目概算预算编制办法》。

③工程所在地省级交通主管部门发布的补充计价依据。

④施工图纸等设计文件。

⑤工程所在地的人工、材料、设备预算价格等。

⑥工程所在地的自然、技术、经济条件等资料。

⑦工程施工组织设计或施工方案。

⑧有关合同、协议等。

⑨其他有关资料。

项目小结

本项目全面叙述了基本建设的概念、项目组成、参与的基层单位、作用以及特点,重点讲述了工程造价的含义、计价原则、特点及计价依据,明确了基本建设的项目组成以及铁路和公路的基本建设程序与特点,为后续课程的学习奠定了扎实的基础。

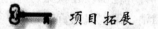
项目拓展

投标报价与施工预算的区别

投标报价同施工预算比较接近,但不同于施工预算;报价的费用组成和计算方法同概(预)算类似,但编制体系和要求均不同于概(预)算,特别是目前实行工程招投标,在招投标工作中,采用的是单价合同,使报价时的费用分摊与概(预)算的费用计算方式存在很大的差别。具体体现在如下几方面,见图 1.14 所示。

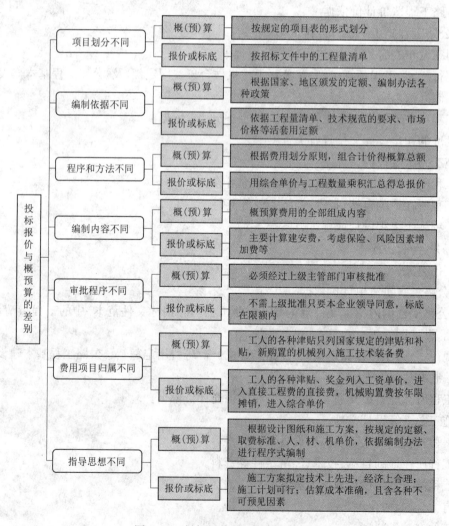

图 1.14　投标报价与概预算的区别

说明:概(预)算是一种计划行为,强调的是合法性;报价是投标人按着"统一量、市场价、竞争费"的原则,强调的是合理性,是一种市场行为。

项目训练

1. 何谓固定资产、固定资产投资?

2. 工程造价的含义是什么? 工程造价计价特点有哪些?

3. 基本建设的程序有什么作用? 简述基本建设程序。

4. 铁路基本建设的特点是什么? 公路基本建设的特点是什么?

5. 工程造价计价的依据有哪些?

6. 简述建设项目投资控制测算体系的组成。

7. 某新建中职院校,工程位于某市郊,按照中职院校的规模,设有教学楼 4 栋、培训楼 4 栋、宿舍楼 6 栋、学生公寓 1 栋,并设有图书馆、体育馆、风雨操场、食堂、后勤办公室各 1 栋。请对该建设项目进行项目分解。

项目 2　工程定额认知

项目描述

定额是一切企业实行科学管理的基础,是工程造价的计价依据。工程建设定额是诸多定额中的一种,它研究的是工程建设产品生产过程中的资源消耗标准,它能为工程造价提供可靠的基本管理数据,同时它也是工程造价管理的基础和必备条件;在造价管理的研究工作和实际工作中都必须重视定额的确定。本项目着重介绍定额、制定定额的基本方法、定额的分类;掌握施工定额、预算定额、概算定额与概算指标、投资估算指标的概念及它们之间的联系和区别,重点掌握定额的应用及其构成。

拟实现的教学目标

知识目标

1. 了解定额的概念、作用以及特点,了熟悉定额的分类;

2. 熟悉制定定额的基本方法(劳动定额、材料消耗定额、机械台班使用定额);

3. 掌握定额的基本内容;

4. 掌握铁路与公路定额的构成及应用。

技能目标

1. 具备熟练运用定额基本方法的能力;

2. 具备熟知定额基本内容的能力;

3. 具备熟练运用定额换算的能力;

4. 具备正确使用定额的能力。

素质目标

1. 具有正确的学习态度和拓展学习的能力;

2. 具有很强的团队精神和协作意识;

3. 养成吃苦耐劳,严谨求实的工作作风;

4. 具备一定的协调、组织管理能力;

5. 具备理论与实际相结合的能力。

典型工作任务 1　学习定额基础知识

2.1.1　工作任务

了解定额的概念,熟悉定额的特点与作用。

2.1.2　相关配套知识

1. 定额的含义

定额,顾名思议就是规定的标准额度或限额,是一个综合概念,是工程建设中各类定额的总称。定额含义如图 2.1 所示。

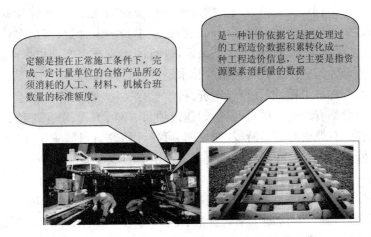

定额是指在正常施工条件下,完成一定计量单位的合格产品所必须消耗的人工、材料、机械台班数量的标准额度。

是一种计价依据它是把处理过的工程造价数据积累转化成一种工程造价信息,它主要是指资源要素消耗量的数据

图 2.1　定额的含义

注:所谓正常施工条件是指生产工艺过程符合规范要求,施工条件完善,劳动组织合理,机械运转正常,材料符合一定规格且储备充裕。所谓一定计量单位是指某一工程或其中某一分部分项工程的量,如桥梁工程墩台混凝土浇注 10 m³,挖掘机挖运普通土 100 m³。所谓合格产品是指建筑产品必须符合国家技术标准、技术规范(包括设计、施工、验收等技术规范)和计量评定标准,不合格产品的生产是无效的生产,是对人、财、物的浪费。

定额水平是指在一定时期内,定额的劳动力、材料、机械台班消耗量的变化量。通常说的定额水平偏高,是指在定额规定内的人工、材料、机械消耗量偏低;相反定额水平偏低,是指这些项目相应的消耗量偏高。定额水平反应一定时期社会必要劳动时间李量的水平,它在一定时期内具有相对的稳定性,也就是说应保持一定的定额水平。但定额水平也并非长期不变,随着社会生产力的发展,新材料、新工艺、新技术的普遍应用以及工程质量标准的变化和施工企业组织管理人员素质的提高等,也会使定额水平不断地变化和提高,原有的定额水平将逐渐地不再适应,这就需要对其进行补充、修订或重新编制,以适应社会生产发展的需要。

定额水平时一定时期社会生产力水平的反映,它不是一成不变的,而是会随着生产力水平的变化而变化的。一定时期的定额水平,必须坚持平均先进和先进合理地原则。所谓平均先进,是指在执行定额的时间内,大多数人员经过努力可以实现定额或超过定额,是先进指标值中的平均值。所谓先进合理,是指定额指标虽然也是先进的,但不一定是平均值,而且一般是比平均值要低得合理指标。

2. 定额的特点

1)定额的科学性

定额的科学性包括两重含义。一重含义是指定额必须和生产力发展水平相适应,反映出工程建设中生产消费的客观规律;另一重含义是指定额管理在理论、方法和手段上应满足现代科学技术和信息社会发展的需要。

定额的科学性,首先表现在用科学的态度制定定额,尊重客观实际,力求定额水平合理;其次表现在制定定额的技术方法上,利用现代科学管理的成就,形成一套系统的、完整的、在实践

上行之有效的方法;第三表现在定额制定和贯彻的一体化。制定是为了提供贯彻的依据,贯彻是为了实现管理的目标,也是对定额的信息反馈。

2)定额的系统性

定额是相对独立的系统,它是由多种定额结合而成的有机整体。它的结构复杂,有自身的层次,有明确的目标。

定额的系统性是工程建设的特点决定的。按照系统论的观点,工程建设就是庞大的实体系统。定额是为这个实体系统服务的。因而工程建设本身的多种类、多层次就决定了为它服务的定额多种类、多层次。从整个国民经济来看,进行固定资产生产和再生产的工程建设,是一个有多项工程集合体的整体。其中包括农林水利、轻纺、机械、煤炭、电力、石油、冶金、化工、建材工业、交通运输、邮电工程,以及商业物资、科学教育文化、卫生体育、社会福利和住宅工程等。这些工程的建设都有严格的项目划分,如建设项目、单项工程、单位工程、分部分项工程;在计划和实施过程中有严密的逻辑阶段,如规划、可行性研究、设计、施工、竣工交付使用以及投入使用后的维修。与此相适应必然形成土木工程定额的多种类、多层次。

3)定额的统一性

定额的统一性主要是由国家对经济发展有计划的宏观调控职能决定的。为了使国民经济按照既定的目标发展,就需要借助于某些标准、定额、参数等,对工程建设进行规划、组织、调节、控制。而这些标准、定额、参数必须在一定的范围内是一种统一的尺度,才能实现上述职能,才能利用它对项目的决策、设计方案、投标报价、成本控制进行比较选择和评价。

定额的统一性按照其影响力和执行范围区分,有全国统一定额、地区统一定额和行业统一定额等;按照定额的制定、颁布和贯彻使用内容区分,有统一的程序、统一的原则、统一的要求和统一的用途。

在生产资料私有制的条件下,定额的统一性是很难想象的,充其量也只是工程量计算规则的统一和信息提供。我国土木工程定额的统一性和工程建设本身的巨大投入及巨大产出,对国民经济的影响不仅表现在投资的总规模和全部建设项目的投资效益等方面,而且往往还表现在具体建设项目的投资数额及其投资效益方面,因而需要借助统一的土木工程定额进行社会监督。这一点和工业生产、农业生产中的工时定额、原材料定额是不同的。

4)定额的权威性

定额具有很高的权威性,这种权威性在一些情况下具有经济法规的性质。权威性反映统一的意志和统一的要求,也反映信誉和信赖程度以及反映定额的严肃性。

定额权威性的客观基础是定额的科学性。只有科学的定额才具有权威。但是在社会主义市场经济条件下,它必然涉及各有关方面的经济关系和利益关系。赋予定额以一定的权威性,就意味着在规定的范围内,对于定额的使用者和执行者来说,不论主观上愿意不愿意,都必须按定额的规定执行。在当前市场不规范的情况下,赋予定额以权威性是十分必要的。但是在竞争机制引入工程建设的情况下,定额的水平必然会受市场供求状况的影响,从而在执行中可能产生定额水平的浮动。

应该指出的是,在社会主义市场经济条件下,对定额的权威性不应该绝对化。定额毕竟是主观对客观的反映,定额的科学性会受到人们认识能力的局限。更为重要的是,随着投资体制的改革和投资主体多元化格局的形成,随着经营机制的转换,企业都可以根据市场的变化和自身的情况,自主地调整自己的决策行为。因此在这里,一些与经营决策有关的定额的权威性特征就弱化了,工程定额也由指令性过渡到指导性。

量价合一 ━━━▶ 量价分离,即"控制量、市场价(指导价)、竞争费" ━━━▶ 工程实体性消耗和施工措施性消耗相分离 ━━━▶ 企业在统一项目划分、工程量计算规则和基础定额基础上,编制企业(投标)定额,按个别成本报价,和国际惯例完全接轨。

5)定额的稳定性与时效性

定额中的任何一种都是一定时期技术发展和管理水平的反映,因而在一段时间内都表现出稳定的状态。稳定的时间有长有短,一般在 5～10 年之间。保持定额的稳定性是维护定额的权威性所必需的,更是有效地贯彻定额所必要的。如果某种定额处于经常修改变动之中,那么必然造成执行中的困难和混乱,使人们感到没有必要去认真对待它,容易导致定额权威性的丧失。土木工程定额的不稳定也会给定额的编制工作带来极大的困难。但是土木工程定额的稳定性是相对的。当生产力向前发展了,定额就会与已经发展了的生产力不相适应,这样,它原有的作用就会逐渐减弱以至消失,需要重新编制或修订定额。

6)定额的群众性

定额的制定过程由定额技术管理人员(具有理论和技术的专门人员)主持,有熟练工人和技术人员参加,以科学手段和方法进行分析、测定和实验,消除资源(包括人力和时间)的浪费和不合理的现象,树立合理的操作方法及其新的标准时间、新的材料和机具消耗指标(即新的定额)。由于新的定额是在工人群众的参与下产生的,群众易于掌握和推广,因此,定额具有广泛的群众性。

3. 定额的作用

在工程建设中,项目的投资必须要依靠定额来进行计算,定额的作用包括以下几方面。

1)定额是完成规定计量单位分项工程计价所需的人工、材料、施工机械台班的消耗量标准。

2)定额是编制工程量计算规则、项目划分、计量单位的依据。

3)定额是确定工程造价的依据。工程造价是由设计内容决定的,而设计内容又是由工程所需的劳动力、材料、机械设备等的消耗来决定,因此,定额是确定基本建设投资和工程造价的重要依据。

4)定额是编制计划的基本依据。在工程管理计划中,需要编制相应的施工进度计划、年度计划、月旬作业计划以及下达的生产任务单等,都要按照定额,合理地平衡调配人力、物力及财力等各项资源,从而保证和提高企业的经济效益。

5)定额是提高生产效率的工具。企业以定额作为促使工人节约社会劳动、提高劳动效率、加快工作进度的手段,将社会劳动的消耗控制在合理的限制范围内,同时也是项目投资者合理有效地利用社会资源、实现资源优化配置的重要基础。

典型工作任务 2　学习定额的制定方法

2.2.1　工作任务

了解施工过程的种类、工作时间的划分;熟悉额定编制的原则、依据;掌握定额制定的方法。

2.2.2　相关配套知识

定额是指在正常的施工条件和合理的劳动组织条件下,完成一定计量单位合格的建筑产品所需的人工、材料、施工机械台班的数量或费用消耗数量的标准额度。它所研究的对象是生产消耗过程中各种要素的消耗数量标准,即生产一定单位的合格产品,劳动者的体力、脑力、生产工具和物质条件,各种材料的消耗数量或费用标准是多少,而不同的施工过程,人工、材料、机械消耗数量的多少也不同,因此要制定定额就必须了解施工过程的分类。

1. 施工过程

1)根据各阶段工作在产品形成过程中所起作用分为:施工准备过程、基本施工过程、辅助施工过程和施工服务过程。

2)按生产要素分类:要进行任何施工过程都离不开劳动力、劳动对象、劳动手段三要素,而且施工过程的最终结果都要生产一定的产品。三要素和产品的变化对劳动、机械效率和材料消耗很大,因此研究定额就要很好地研究三要素和产品。

3)按生产特点和组织的复杂程度分类:任何施工过程按其组织上的复杂程度,即按工人与工人、机械与机械、工人与机械、工人与原材料的结合方式可分为工序、工作过程和综合工作过程。

4)按使用工具、设备和机械化程度分为:人力施工、机械施工、人工与机械配合施工、机械与机械配合施工。

通过对施工过程的组成部分的分解,按其不同的劳动分工、不同的工艺特点、不同的复杂程度,来区别和认识施工过程的性质和内容,以使我们在技术上采用不同的现场观察方法,研究工时和材料消耗的特点,进而取得编制定额所必需的精确资料。

任何工程结构物的施工过程(或生产过程)可以分为:动作、操作、工序、操作过程和综合过程五个程序。而前一程序为后一程序的组成部分。例如工序是由若干个操作所组成,而操作又可划分为若干动作等等。

动作是指劳动时一次完成的最基本的活动。例如,转身取工具或材料,动手开动机械等等。若干个细小动作就组成所谓操作,以安装模板时"将模板放在工作台上"这一操作为例,可大致划分为:①取部分模板;②走至工作台处;③将模板放在工作台上等三个动作。显然,动作和操作并不能完成产品,在技术上亦不能独立存在。

工序是指在施工组织上不可分开和施工技术上相同的过程,它由若干个操作所组成。此时劳动者、劳动对象和劳动工具三者固定。以"预制钢筋混凝土构件"为例,其中包括:①安装模板;②安置钢筋;③浇灌混凝土;④捣实;⑤拆模,⑥养生等若干工序。其中"安装模板"这一工序由"将模板放在工作台上"和"拼装模板"等操作组成。从技术操作和施工组织观点来看,工序是最基本的施工单位,编制施工定额时,工序是基本组成单位,只有在某些复杂的工序为了更精确起见,才以操作作为基本组成单位。

操作过程由若干技术相关的工序所组成。操作过程中各个工序,是由不同的工种和机械依次地或平行地采执行。例如:"铲运机修筑路堤"这一操作过程是由①铲运土;②分层铺土;③空回;④整理卸土四个工序所组成。

综合过程是同时进行的,在组织上是有机地联系在一起的,能最终获得一种产品的操作过程的总和。例如;用铲运机修筑路堤时,除"铲运机修筑路堤"外,还必须同时经过"土壤压实"、"路堤修整"等操作过程。

施工过程按以上五个程序划分,有助于编制不同种类的定额,施工定额可具体到工序和操作;预算定额则以操作过程或工序为依据;而概算定额则以综合过程或操作过程为依据。表2.1为钢筋混凝土构件的施工过程。

表 2.1　钢筋混凝土构件的施工过程

工程名称	综合工作过程	工作过程	工　序	操　作	动　作
钢筋混凝土构件	钢筋混凝土构件施工过程	1.钢筋制作、绑扎 2.模板制、立、拆 3.混凝土拌合、运送及灌注	（1）整直 （2）除锈 （3）切断 （4）弯曲 （5）半成品运到绑扎点 （6）绑扎钢筋	（1）在工作台上号样 （2）把钢筋放在工作台上 （3）对准位置 （4）靠近支点 （5）拌动扳手 （6）弯好钢筋 （7）放回扳手 （8）将弯好的钢筋取出	（1）工人走到调直、除锈并切断好的钢筋堆放处 （2）拿起钢筋 （3）走向工作台 （4）把钢筋放在工作台上

在编制施工定额时,工序是基本的施工过程,是主要的研究对象。测定定额时只需分解和标定到工序为止。

2. 工作时间

1）工人工作时间分析

工人工作时间分析如图 2.2 所示。

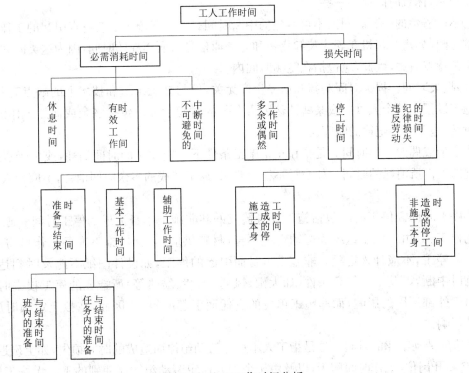

图 2.2　人工工作时间分析

（1）必需消耗的时间。指在正常施工条件下,工人为完成一定产品所必须消耗的工作时间,它包括有效工作时间、休息时间、不可避免的中断时间。

①有效工作时间。指与完成产品有直接关系的工作时间消耗。其中包括准备与结束时

间、基本工作时间、辅助工作时间。

准备与结束时间一般分为班内的准备与结束时间和任务内的准备与结束时间两种。班内的准备和结束工作具有经常性的每天工作时间消耗的特性,如领取料具、工作地点布置、检查安全技术措施、调整和保养机械设备、清理工地、交接班等。任务内的准备与结束工作,由工人接受任务的内容决定,如接受任务书、技术交底、熟悉施工图纸等。

基本工作时间是指直接与施工过程的技术作业发生关系的时间消耗。例如砌砖工作中,从选砖开始直至将砖铺放到砌体上的全部时间消耗。通过基本工作,使劳动对象直接发生变化,如改变材料外形、改变材料的结构和性质、改变产品的位置、改变产品的外部及表面性质等。基本工作时间的消耗与生产工艺、操作方法、工人的技术熟练程度有关,并与任务的大小成正比。

辅助工作时间是指与施工过程的技术作业没有直接关系的工序,为了保证基本工作的顺利进行而做的辅助性工作所需要消耗的时间。辅助性工作不直接导致产品的形态、性质、结构位置发生变化。如工具磨快、校正、小修、机械上油、移动人字梯、转移工地、搭设临时跳板等均属辅助性工作。

②休息时间。工人休息时间是指工人必需的休息时间。是工人在工作中,为了恢复体力所必需的短时间休息,以及工人由于生理上的要求所必须消耗的时间(如喝水、上厕所等)。休息时间的长短与劳动强度、工作条件、工作性质等有关,例如在高温、高空、重体力、有毒性等条件下工作时,休息时间应多一些。

③不可避免的中断时间。不可避免的中断时间是指由于施工工艺特点引起的工作中断所需要的时间,如汽车司机在等待装卸货物和等交通信号时所消耗的时间,因为这类时间消耗与施工工艺特点有关,因此,应包括在定额时间内。

(2)损失时间。损失时间是指和产品生产无关,但与施工组织和技术上的缺点有关,与工人在施工过程中的个人过失或某些偶然因素有关的时间消耗。包括多余或偶然工作的时间、停工时间、违反劳动纪律的时间。

①多余或偶然工作时间。是指在正常施工条件下不应发生的时间消耗,或由于意外情况所引起的工作所消耗的时间。如质量不符合要求,返工造成的多余时间消耗,不应计入定额时间中。

②停工时间。停工时间包括施工本身造成的和非施工本身造成的停工时间。施工本身造成的停工,是由于施工组织和劳动组织不善,材料供应不及时,施工准备工作做得不好等而引起的停工,不应计入定额。非施工本身而引起的停工,如设计图纸不能及时到达,水电供应临时中断,以及由于气象条件(如大雨、风暴、严寒、酷热等)所造成的停工损失时间,这都是由于外部原因的影响,而非施工单位的责任而引起的停工,因此,在拟定定额时应适当考虑其影响。

③违反劳动纪律的时间。这是指工人不遵守劳动纪律而造成的时间损失,如上班迟到、早退,擅自离开岗位,工作时间聊天,以及由于个别人违犯劳动纪律而使别的工人无法工作等时间损失。

损失时间不应计入定额。

2)机械工作时间分析

机械工作时间分析如图 2.3 所示。

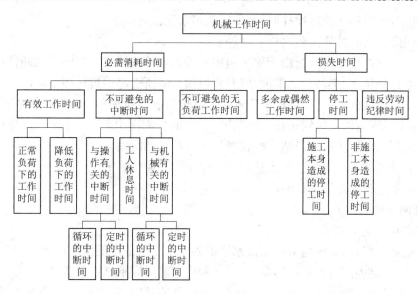

图 2.3 机械工作时间分析

(1)必需消耗的时间。

①有效工作时间。包括正常负荷下和降低负荷下的工作时间消耗。

正常负荷下的工作时间是指机械在与机械说明书规定的负荷相等的正常负荷下进行工作的时间。在个别情况下,由于技术上的原因,机械可能在低于规定负荷下工作,如汽车载运重量轻而体积大的货物时,不可能充分利用汽车的载重吨位,因而不得不降低负荷工作,此种情况亦视为正常负荷下工作。

降低负荷下的工作时间是指由于施工管理人员或工人的过失,以及机械陈旧或发生故障等原因,使机械在降低负荷的情况下进行工作的时间,这类时间不能计入定额时间。

②不可避免的无负荷工作时间。这种情况是指由于施工过程的特性和机械结构的特点所造成的机械无负荷工作时间,一般分为循环的和定时的两类。

循环的不可避免的无负荷工作时间是指由于施工过程的特性所引起的空转所消耗的时间,它在机械工作的每一个循环中重复一次。如铲运机返回到铲土地点。

定时的不可避免无负荷工作时间主要是指发生在载重汽车或挖土机等工作中的无负荷工作时间,如工作班开始和结束时来回无负荷的空行或工作地段转移所消耗的时间。

③不可避免的中断时间。是指由于施工过程的技术和组织的特性所造成的机械工作中断时间,包括与操作有关的和与机械有关的两种中断时间消耗。

与操作有关的不可避免中断时间。通常有循环的和定时的两种。循环的是指在机械工作的每一个循环中重复一次,如汽车装载、卸货的停歇时间。定时的是指经过一定时间重复一次。如喷浆器喷白,从一个工作地点转移到另一个工作地点时,喷浆器工作的中断时间。

与机械有关的不可避免中断时间。是指用机械进行工作的人在准备与结束工作时使机械暂停的中断时间,或者在维护保养机械时必须使其停转所发生的中断时间。前者属于准备与结束工作的不可避免中断时间;后者属于定时的不可避免中断时间。

(2)损失时间。

①多余或偶然的工作时间。多余或偶然的工作有两种情况:一是可避免的机械无负荷工作,即工人没有及时供给机械用料引起的空转;二是机械在负荷下所做的多余工作,如混凝土

搅拌机搅拌混凝土时超过规定搅拌时间,即属于多余工作时间。

②停工时间。按其性质又分为以下两种。

施工本身造成的停工时间指由于施工组织不善引起的机械停工时间,如临时没有工作面,未能及时供给机械用水、燃料和润滑油,以及机械损坏等所引起的机械停工时间。

非施工本身造成的停工时间是由于外部的影响引起的机械停工时间,如水源、电源中断(不是由于施工原因),以及气候条件(暴雨、冰冻等)的影响而引起的机械停工时间;在岗工人突然生病或机器突然发生故障而造成的临时停工所消耗的时间。

③违反劳动纪律时间。由于工人违反劳动纪律而引起的机械停工时间。

损失时间不应计入定额消耗时间。

3. 定额制定的基本方法

1)制定定额的基本要求

定额的制订与修订,关键是劳动定额水平的确定。为保证定额水平达到先进合理,及时满足生产与管理的需要,定额的制定应满足以下基本要求:

(1)制定定额的速度力求要"快",应根据要求,迅速及时制定定额,以满足生产和管理的需要。

(2)制定定额的质量力求要"准",使定额水平努力达到先进合理,且定额水平在不同产品、不同车间、不同工序、不同工种间保持平衡,防止高低相差过于悬殊的现象。

(3)制定定额的范围力求要"全",凡是能实行定额考核的产品、工种和项目,都要实行劳动定额。

在"快、准、全"这三方面中,"准"是关键。如果制定的定额质量不高、准确性差,即使制定得很快、很全,也难以发挥定额的应有作用。

2)预算定额的编制原则

(1)社会平均水平原则

预算定额是确定和控制工程造价的主要依据。因此必须按照价值规律的客观要求,即按生产过程中所消耗的社会必要劳动时间确定定额水平。预算定额的水平以大多数施工单位的施工定额水平为基础,在考虑更多可变因素并保留合理幅度差后确定。预算定额是平均水平,而施工定额是平均先进水平,两种相比,预算定额的水平相对更低一些,但是应限制在一定范围之内。

(2)简明适用原则

编制预算定额,必须贯彻简明适用的原则。因为预算定额是在施工定额的基础上进一步综合和扩大而成的。简明适用是指在编制预算定额时,对那些主要的、常用的、价值最大的项目,分项工程划分宜细;次要的、不常用的、价值量相对较小的项目可以放粗一些。

(3)坚持统一性和差别性相结合的原则

所谓统一性,就是从培育全国统一市场规范计价行为出发,计价定额的制定规划和组织实施由国务院建设行政主管部门归口,并负责全国统一定额制定和修订,颁发有关工程造价管理的规章和制度等。这样就有利于通过定额和工程造价的管理实现建筑安装工程造价的宏观调控。

所谓差别性,就是在统一性的基础上,各部门和省、自治区、直辖市主管部门可以在自己的管辖范围内,根据本部门和地区的具体情况,制定部门和地区性定额以及补充性制度和管理办法,以适应我国幅员辽阔,地区间部门发展部平衡和差异大的实际情况。

3)预算定额的编制依据

(1)现行劳动定额和施工定额

预算定额中的人工、材料、机械的消耗指标,要根据现行的劳动定额和施工定额来取定,预算定额的分项和计算单位的选择,也要以劳动定额和施工定额为参考,从而保证两者的协调性和可比性,减轻预算定额的编制工作量并缩短编制时间。

(2)通用设计标准图集、定型设计图纸和有代表性的设计图纸

编制预算定额时,要选择通用的、定型的和有代表性的设计及图纸(或图集),加以仔细分析研究,并计算出工程数量,作为编制预算定额时选择施工方法和分析工料机消耗的计算依据。

(3)现行的设计规范、施工及验收规范、质量验收评定标准和安全操作规程

现行的有关规范、标准或规程等文件,是确定设计标准、施工方法和质量以及保证安全施工的一项重要法规。编制预算定额,确定工料机等消耗量时,必须以上述文件为依据。

(4)新技术、新结构、新材料的科学试验、测定、统计以及经济分析资料

随着建筑工业化的发展和生产力水平的提高,预算定额的水平和项目必然要做相应的调整。上述资料,则是调整定额水平,增加新的定额项目和确定定额数据的依据。

(5)现行的预算定额和各企业的临时定额和补充定额

现行的预算定额,包括国家和各省、市、自治区过去颁发的预算定额及编制的基础资料,是编制预算定额的依据和参考;有代表性的补充补充定额,是编制预算定额的补充资料和依据。

(6)现行的人工工资标准、建筑材料预算价格和机械台班单价

现行的人工工资标准、建筑材料预算价格和机械台班价格,是编制预算定额,确定人工费、材料费和机械使用费及定额单价的必要依据。

4)基本定额制定方法

(1)劳动定额的制定方法

①经验估工法。由定额员或三结合(工人、技术人员和定额员)小组,参照产品图纸和工艺技术要求,并考虑使用的设备、工艺装备、原材料等有关生产技术条件,根据实践经验直接估算出定额的一种方法。

经验估工法的主要特点是方法简单,工作量小便于及时制定和修订定额。但制定的定额准确性较差,难以保证质量。

经验估工法一般适用于多品种生产或单件、小批量生产的企业,以及新产品试制和临时性生产。

②统计分析法。根据一定时期内实际生产中工作时间消耗和产品完成数量的统计(如施工任务单、考勤表及其他有关统计资料)和原始记录,经过整理,结合当前的生产条件,分析对比来制定定额的方法。这种方法简便易行,比经验估计法有较多的统计资料作依据,更能反映实际情况,但这种方法往往有一种偶然性因素包括在内,影响定额的准确性,因此必需建立健全统计资料与定额分析工作。

③类推比较法(又称典型定额法)。以某种产品(或工序)的典型定额为依据,进行对比分析,推算确定另一种产品工时定额。这种方法容易保持同类产品之间定额水平的平衡,只要典型定额制定恰当,对比分析细致,则定额的准确程度较经验估计法为高。

④技术测定法。根据先进合理的技术文件、组织条件,对施工过程各工序工作时间的各个

组成部分进行工作日写实、测时观察,分别测定每一工序的工时消耗,然后通过测定的资料进行分析计算来制度定额的方法。这是一种典型调查的工作方法,通过测定获得制定定额的工作时间消耗的全部资料,有比较充分的依据,准确程度较高,是一种比较科学的方法。但制定过程比较复杂、工作量大,不易做到快和全。

上述四种方法各有优缺点和适用范围。在实际工作中,可以结合起来运用,而技术测定法是一种科学的方法,随着现代化管理水平的日益提高,应该普遍推广和进一步完善这种方法。

(2)材料消耗定额的制定方法

根据材料使用次数的不同,建筑安装材料分为非周转性材料和周转性材料。

非周转性材料也称为直接性材料。它是指施工中一次性消耗并直接构成工程实体的材料,如砖、瓦、灰、砂、石、钢筋、水泥、工程用木材等。

周转性材料是指在施工过程中能多次使用,反复周转但并不构成工程实体的工具性材料。如:模板、活动支架、脚手架、支撑、挡土板等。

①直接性材料消耗定额的制定

a. 观测法。它是对施工过程中实际完成产品的数量进行现场观察、测定,再通过分析整理和计算确定建筑材料消耗定额的一种方法。

这种方法最适宜制定材料的损耗定额。因为只有通过现场观察、测定,才能正确区别哪些属于不可避免的损耗;哪些属于可以避免的损耗。

用观测法制定材料的消耗定额时,所选用的观测对象应符合下列要求:

a)建筑物应具有代表性;

b)施工方法符合操作规范的要求;

c)建筑材料的品种、规格、质量符合技术、设计的要求;

d)被观测对象在节约材料和保证产品质量等方面有较好的成绩。

b. 试验法。它是通过专门的仪器和设备在试验室内确定材料消耗定额的一种方法。这种方法适用于能在试验室条件下进行测定的塑性材料和液体材料(如混凝土、砂浆、沥青玛帝脂、油漆涂料及防腐等)。

例如:可测定出砼的配合比,然后计算出每 1 m³ 混凝土中的水泥、砂、石、水的消耗量。由于在实验室内比施工现场具有更好的工作条件,所以能更深入、详细地研究各种因素对材料消耗的影响,从中得到比较准确的数据。但是,在实验室中无法充分估计到施工现场中某些外界因素对材料消耗的影响。因此,要求实验室条件尽量与施工过程中的正常施工条件一致,同时在测定后用观察法进行审核和修正。

c. 统计法。它是指在施工过程中,对分部分项工程所拨发的各种材料数量、完成的产品数量和竣工后的材料剩余数量,进行统计、分析、计算,来确定材料消耗定额的方法。

这种方法简便易行,不需组织专人观测和试验。但应注意统计资料的真实性和系统性,要有准确的领退料统计数字和完成工程量的统计资料。统计对象也应加以认真选择,并注意和其他方法结合使用,以提高所拟定额的准确程度。

d. 计算法。它是根据施工图纸和其他技术资料,用理论公式计算出产品的材料净用量,从而制定出材料的消耗定额。这种方法主要适用于块状、板状、和卷筒状产品(如砖、钢材、玻璃、油毡等)的材料消耗定额。

②周转性材料消耗定额的制定。主要是测定其周转次数。周转次数的多少,是根据不同

的工程,不同的周转材料,用统计分析法确定。周转性材料每使用一次后的消耗量是以设计周转性材料需要量(即一次使用量)为准,考虑每使用一次后的补充量,使用次数和返还量,通过计算来确定。

(3)机械台班使用定额的制定方法

依据机械写实、测时和统计资料,以及机械工时分类标准、机械说明书和有关机械效能参考资料,制定机械台班使用定额。而机械写实、测时及统计资料可通过技术测定、经验座谈和统计分析等方法取得,与劳动定额的制定方法基本相同。

典型工作任务3　定额的分类

2.3.1　工作任务

通过本任务的学习,使学生能掌握定额的不同划分标准。

2.3.2　相关配套知识

1.定额的分类

工程建设定额是工程建设中各类定额的总称,是根据国家一定时期的管理体制和管理制度,根据不同定额的用途和适用范围,由指定机构按照一定的程序制定,并按照规定的程序审批和颁发执行。由于工程建设和管理的具体目的、要求、内容等的不同,工程建设定额的形式、内容和种类也不相同。工程管理中包括许多种类的定额,它们是一个互相联系的、有机的整体,在实际工作中需要配合起来使用。按其内容、形式和用途等的不同,可以按照不同的原则和方法对它进行科学分类,常见的有下列几种划分方法如图2.4所示。

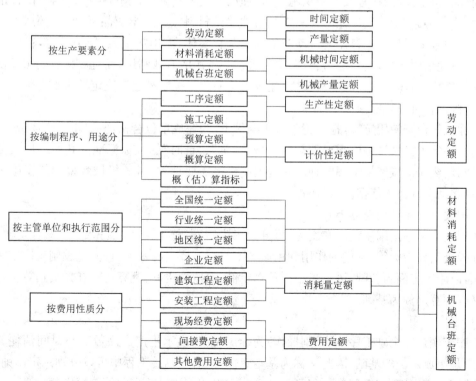

图　2.4

图 2.4　工程定额分类

1)按生产要素分类

按生产要素可分为劳动消耗定额、材料消耗定额和机械台班消耗定额。它直接反映出生产某种单位合格产品所必须具备的因素。实际上,日常生产工作中使用的任何一种概预算定额都包括这三种定额的表现形式,也就是说,这三种定额是编制各种使用定额的基础,因此称为基本定额。

(1)劳动消耗定额

简称劳动定额,亦称工时定额或人工定额,是完成一定单位合格产品(工程实体或劳务)所规定的活劳动消耗的数量标准。它反映了建筑工人在正常施工条件下的劳动生产率水平,表明每个工人为生产一定单位合格产品所必须消耗的劳动时间,或者在一定的劳动时间内所生产的合格产品数量。

(2)材料消耗定额

简称材料定额,指在有效地组织施工、合理地使用材料的情况下,生产一定单位合格产品(工程实体或劳务)所必须消耗的某一定规格的建筑材料、成品、半成品、构配件、燃料以及水、电等资源的数量标准。材料作为劳动对象构成工程实体,需用数量大,种类繁多,在建筑工程中,材料消耗量的多少,消耗是否合理,不仅关系到资源的有效利用,而且直接影响市场供求状况和材料价格,对建设工程的项目投资、建筑工程的成本控制都起着决定性影响。

(3)机械台班消耗定额

又称机械台班使用定额,指在正常施工条件下,为完成单位合格产品(工程实体或劳务)所规定的某种施工机械设备所需要消耗的机械"台班"、"台时"的数量标准。其表示形式可分为机械时间定额和机械产量定额两种。它是编制机械需要计划、考核机械效率和签发施工任务书、评定奖励等方面的依据。

2)按编制程序和用途分类

工程建设定额按编制程序和用途,可分为工序定额、施工定额、预算定额、概算定额、概算指标和投资估算指标等,它们的作用和用途各不相同。按编制程序,首先是编制工序定额和施工定额,以施工定额为基础,进一步编制预算定额,而概算定额、概算指标和投资估算指标等的编制又以预算定额为基础。

(1)工序定额

工序定额是以个别工序(或个别操作)为标定对象,表示生产产品数量与时间消耗关系的定额,它是组成定额的基础,因此又称为基本定额。如,在砌砖工程中可以分别制定出铺灰、砌砖、勾缝等工序定额,钢筋制作过程可以分别制定出调直、剪切、弯曲等工序定额。

工序定额，由于比较细碎，除用作编制个别工序的施工任务单外，很少直接用于施工中，它主要是在制定或审查施工定额时作为原始资料。

（2）施工定额

施工定额是以同一性质的施工过程为标定对象，表示生产产品数量与时间消耗综合关系的定额。它以工序定额为基础，由工序定额综合而成。如，砌砖工程的施工定额包括调制砂浆、运送砂浆及铺灰浆、砌砖等所有个别工序及辅助工作在内所需要消耗的时间；混凝土工程施工定额包括混凝土搅拌、运输、浇灌、振捣、抹平等所有个别工序及辅助工作在内所需要消耗的时间。

（3）预算定额

预算定额是用来计算工程造价和计算工程中劳动、材料、机械台班需要量的一种计价性定额，分别以房屋或构筑物各个分部分项工程为对象编制。

从编制程序看，预算定额是以施工定额为基础综合和扩大编制而成的，在工程建设定额中占有很重要的地位。它的内容包括劳动定额、材料消耗定额及机械台班定额三个基本部分，并列有工程费用。例如，每浇灌 1 m³ 混凝土需要的人工、材料、机械台班数量及费用等。

（4）概算定额

概算定额是编制扩大初步设计概算时，以扩大的分部分项工程为对象，计算和确定工程概算造价、计算人工、材料、机械台班需要量所使用的定额。其项目划分粗细，与扩大初步设计的深度相适应。从编制程序看，概算定额以预算定额为编制基础，是预算定额的综合和扩大，即是在预算定额的基础上综合而成的，每一分项概算定额都包括了数项预算定额。

（5）概算指标

概算指标比概算定额更加扩大、综合，它以整个建筑物或构筑物为对象，以更为扩大的计量单位来计算和确定工程的初步设计概算造价，计算劳动、材料、机械台班需要量。这种定额的设定和初步设计的深度相适应，一般是在概算定额和预算定额的基础上编制。如每 100 m² 建筑物、每 1 000 m 道路、每座小型独立构筑物所需要的劳动力、材料和机械台班的数量等。

（6）投资估算指标

投资估算指标是在项目建议书和可行性研究阶段编制投资估算、计算投资需要量时使用的一种定额。它的编制基础仍然离不开预算定额、概算定额，但比概算定额具有更大的综合性和概括性。它包括建设项目指标、单项工程指标和单位工程指标等。

3）按编制单位和执行范围分类

目前，我国现行的工程建设定额按编制单位和执行范围可分为全国统一定额、行业定额、地方定额、企业定额和补充定额等五种。

（1）全国统一定额

全国统一定额由国家发展与改革委员会、中华人民共和国建设部或中央各职能部（局）、中华人民共和国劳动部等国家行政主管部门，综合全国工程建设中技术和施工组织管理的情况统一组织编制，并在全国范围内颁发和执行。如《全国统一建筑工程基础定额》、《全国统一安装工程预算定额》等。

全国统一定额是全国与工程建设有关的单位必须共同执行和贯彻的定额，并由各省、市（通过省、市建设厅或建设委员会）负责督促、检查和管理。

（2）行业定额

行业定额由中央各部门，根据各行业部门专业工程技术特点，以及施工组织管理水平情况统一组织编制和颁发，一般只在本行业和相同专业性质的范围内使用，如水运工程定额、矿井工程定额、铁路工程定额、公路工程定额等。

(3)地方定额

地方定额是根据"统一领导,分级管理"的原则,由全国各省、自治区、直辖市或计划单列市建设主管部门根据本地区的物质供应、资源条件、交通、气候及施工技术和管理水平等条件编制,由省、市地方政府批准颁发,仅在所属地区范围内适用并执行。地方定额主要是考虑到地区性特点、地方条件的差异或为全国统一定额中所缺项而补充编制的。

由于各地区的气候条件、经济技术条件、物质资源条件和交通运输条件等的不同,构成了对定额项目、内容和水平的影响,是地方定额存在的客观依据。地方定额编制时,应连同有关资料及说明报送主管部门、国家建设部及劳动部门备案,以供编制全国统一定额时参考。

(4)企业定额

企业定额是指由建筑施工企业按照国家、行业和地方有关政策、法规以及相应的施工技术标准、验收规范、施工方法等资料,根据现行自身的机械设备状况、生产工人技术操作水平、企业生产(施工)组织能力、管理水平、机构设置形式和运作效率以及可能挖掘的潜力情况,自行编制、审查、批准、颁发的,用于企业内部的施工生产、经营管理以及成本核算和投标报价的内部文件。

企业定额只在企业内部使用,主要应根据企业自身的情况、特点和素质进行编制企业在完成合格产品过程中必须消耗的人工、材料和施工机械台班的数量标准,它不仅反映企业的劳动生产率和技术装备水平,同时也是衡量企业管理水平和综合实力的标尺。企业定额水平只有高于国家现行定额,才能满足生产技术发展、企业管理和市场竞争的需要。

(5)补充定额

补充定额是指随着基本建设事业的不断发展,新结构、新技术、新材料、新设备不断出现,设计的不断更新、施工技术的快速发展,现行定额不能满足需要的情况下,为了补充缺项而编制的定额。补充定额只能在指定的范围内使用,可以作后修订定额的基础。

4)按专业性质分类

由于工程建设涉及众多的专业,不同的专业所含的内容也不同,就确定人工、材机械台班消耗数量标准的工程定额来说,也需要按不同的专业分别进行编制和执行。特殊专业的专用定额,只能在指定范围内使用。按专业性质划分,常见的有下列几种定额。

(1)建筑工程定额

①建筑工程定额(亦称土建定额);

②装饰工程定额(亦称装饰定额);

③房屋修缮工程定额(亦称房修定额)。

(2)安装工程定额

①机械设备安装工程定额;

②电气设备安装工程定额;

③送电线路工程定额;

④通信设备安装工程定额;

⑤通信线路工程定额;

⑥工艺管道工程定额;

⑦长距离输送管道工程定额;

⑧给排水、采暖、煤气工程定额;

⑨通风、空调工程定额；

⑩自动化控制装置及仪表工程定额；

⑪工艺金属结构工程定额；

⑫炉窑砌筑工程定额；

⑬刷油、绝热、防腐蚀工程定额

⑭热力设备安装工程定额；

⑮化学工业设备安装工程定额；

⑯非标准设备制作工程定额。

(3)沿海港口建设工程定额

①沿海港口水工建筑工程定额；

②沿海港口装卸机械设备安装定额

(4)其他特殊专业建设工程定额

①市政工程定额；

②水利工程定额；

③铁路工程定额；

④公路工程定额；

⑤园林、绿化工程定额；

⑥公用管线工程定额；

⑦矿山工程专业定额；

⑧人防工程定额；

⑨水运工程定额等等。

典型工作任务 4　定额的基本内容

2.4.1　工作任务

通过本任务的学习,使学生了解劳动定额、材料消耗定额和机械设备定额的概念,熟悉各自的表现形式,掌握时间定额与产量定额的计算方法。

2.4.2　相关配套知识

从定额的分类可以看出,无论何种定额的内容都包含着"三要素",即劳动定额、材料消耗定额和机械台班使用定额,这三种定额也是制定其他各种定额的基础,因此称为基本定额。

1. 劳动定额

1)定义

劳动定额亦称人工定额、工时定额或工日定额。它蕴含着生产效益和劳动力合理运用的标准,反映的建筑安装工人劳动生产率的平均先进水平,不仅体现了劳动与产品的关系,还体现了劳动配备与组织的关系。它是计算完成单位合格产品或单位工程量所需人工的依据。

2)表现形式

劳动定额是以时间定额或产量定额表示(表 2.2)。

表 2.2　劳动定额示例(2-2 人力挖运土方)

工作内容:挖运:挖装运 20 m,卸土,空回。增运:平运 10 m,空回。

1 m^3 的劳动定额

项目	第一个 20 m 挖运						每增运 10 m	
	槽　外			槽　内			挑运	手推车
	松土	普土	硬土	松土	普土	硬土	挑运	手推车
时间定额	0.158	0.231	0.33	0.177	0.269	0.379	0.033	0.01
产量定额	6.33	4.33	3.03	5.65	3.72	2.64	—	—
编号	1	2	3	4	5	6	7	8

摘自 JTG/T B06-02—2007《公路工程预算定额》。

(1)时间定额。它是指某种专业、某种技术等级工人班组或个人,在正常施工条件下,完成单位合格产品或单位工程量所必需的工作时间。它包括准备工作与结束工作时间、基本生产时间、辅助生产时间和生产工人必须的休息时间。时间定额的计算方法如下:

$$单位产品时间定额(工日定额) = \frac{必须消耗的工日数}{生产量或工程量}$$

$$班组单位产品产量定额 = \frac{必须消耗的班组成员工日数总和}{班组产量}$$

$$时间定额 = \frac{工作人数 \times 工作时间}{工作时间内完成的产量或工程量}$$

$$或 \qquad = \frac{劳动时间}{工作时间内完成的产量或工程量}$$

式中,工作人数单位为人工(工或人);工作时间单位为 s、min、h、d;劳动时间单位为工秒、工分、工时、工日(工天)。

我国现行工作制度,每一工日(工天)按 8 h 计算,即 1 工日(工天) = 8 工时 = 8×60 工分 = 8×60×60 工秒。

生产量或工程量的单位,以单位产品或工程量的计量单位计算,如 m^3、m^2、m、t、块、根等。

时间定额的计量单位以每单位产品或工程量所消耗的工日数表示,如:工日/m^3、工日/m^2、工日/t、工日/块等。

2)产量定额。它是指在正常使用条件下,某种专业、某种技术等级工人班组或个人,在单位时间内所完成的合作产品数量和工程量。产量定额的计量单位是以单位工日完成合格产品或工程量的计量单位表示,如 m^3/工日、m^2/工日、t/工日、块/工日等。其计算方法如下:

$$单位时间产量定额(每工日定额) = \frac{生产量或工程量}{必须消耗的工日数}$$

$$班组单位时间产量定额 = \frac{班组产量}{必须消耗的班组成员工日数总和}$$

$$产量定额 = \frac{工作时间内完成的产量或工程量}{工作人数 \times 工作时间}$$

$$或 \qquad = \frac{工作时间内完成的产量或工程量}{劳动时间}$$

$$班组产量 = \frac{必须消耗的班组成员工日数总和}{班组单位产品时间定额}$$

3)时间定额与产量定额的关系

(1)从上述看出,时间定额与产量定额互为倒数。它们的关系如下:

$$时间定额×产量定额=1$$

$$时间定额=\frac{1}{产量定额} 或产量定额=\frac{1}{时间定额}$$

由此可见,知道了时间定额就很容易求出产量定额。

(2)时间定额与产量定额成反比关系。时间定额降低,产量定额相应增加,反之亦然。它们的关系如下:

$$时间定额降低百分率(\%)=\frac{产量定额增加百分率}{1+产量定额增加百分率}$$

$$产量定额提高百分率(\%)=\frac{时间定额降低百分率}{1-时间定额降低百分率}$$

例如,依据表 2.2 劳动定额可知,人力挖运松土,时间定额降低 10%,则产量定额提高 $0.1/(1-0.1)×100\%=11.1\%$。

那么,每工日应多挖运松土 $0.703\ m^3$。也就是说,人力挖松土由于时间定额降低了 10%,每工日产量定额由 $6.33(1\ m^3/工日)$ 提高到 $7.033(1\ m^3/工日)$。

时间定额的降低或产量定额的提高,对劳动生产率的提高起着重大影响,这需要通过加强企业管理,采用先进的施工组织和技术措施来实现。

2. 材料消耗定额

1)定义

简称材料定额,是指在合理使用材料的条件下,完成单位产品或单位工程量所必需消耗的一定规模的建筑材料、半成品或构配件、燃料以及水、电等资源的数量标准。所谓合格产品或工程量是指质量、规格等方面要符合国家标准、部颁标准或省、自治区、直辖市的标准。材料消耗定额的计量单位是以生产单位产品或工程量所需材料的计量单位表示,如片石混凝土所需水泥、砂子、石子、片石的计量单位分别为"t"和"m^3"。

材料消耗定额包括直接用于产品生产或工程施工的材料净用量及不可避免的工艺和非工艺性的材料损耗(包括料头、装卸车散失)。前者称为材料的净消耗定额(D_J),亦称净定额。这是生产某产品或完成某一施工过程的有效消耗量。后者称为材料的损耗定额(D_S),但不包括可以避免的浪费和损失的材料。这是非有效消耗量。二者之和称为材料消耗总定额(D_Z),也叫材料消耗定额,用公式:$D_Z=D_J+D_S$ 表示。

例如,浇筑混凝土构件,所需混凝土材料在搅拌、运输、浇筑过程中产生不可避免的零星损耗,以及振动体积变得密实,凝固后体积发生收缩等,因此,每 m^3 混凝土产品实际需耗用 $1.01\sim1.02\ m^3$ 的混凝土材料。

2)材料损耗量

(1)材料损耗分类

①运输损耗。指材料在运输过程中所发生的自然损耗。这种从生产厂或供料基地运输到工地料库所发生的损耗不包括在材料消耗定额中,应列入材料采购保管费内。

②保管损耗。指材料在保管过程中所发生的自然损耗。这种损耗也不包括在材料消耗定额中,应列入材料采购保管费内。

③施工损耗。指在施工过程中,现场搬运、堆存及施工操作中不可避免的材料损耗以及残余材料和废料损耗等,这些损耗应包括在材料消耗定额内。

（2）材料损耗量

施工过程中材料损耗一般用损耗率表示。材料损耗率有两种计算方法：

材料损耗率 $K_{总}$＝材料损耗量 D_S/材料总消耗量 D_Z×100%

材料损耗率 $K_{净}$＝材料损耗量 D_S/材料净用量 D_J×100%

因此，材料损耗量也有两种计算方法：

$$D_S＝D_Z \cdot K_{总}$$

$$D_S＝D_J \cdot K_{净}$$

两种计算方法的损耗量相等。

实际上，$K_{总}$ 和 $K_{净}$ 相差甚微，可以认为 $K_{总}＝K_{净}＝K$，则 K 称为材料损耗率，可从预算定额或材料消耗定额中查出。

3）材料总消耗量

根据结构物或构筑物施工图纸计算出或根据实验确定出材料净用量 D_J，再按公式 $D_Z＝(1＋K)D_J$ 计算材料总消耗量 D_Z。

建筑材料种类繁多，数量庞大。基本建设中，材料费在建筑工程造价中约占 35%～40% 左右。材料消耗量是节约或是浪费，对产品价值和工程造价有决定性影响。在一定的产品数量和材料质量的情况下，材料的需用量和供应量主要取决于材料消耗定额。先进合理的材料消耗定额，可以起到对物质消耗的控制和监督，保证材料的合理供应和使用。同时材料消耗定额还是制定概、预算定额中材料数量及其费用的基础数据。

3. 机械台班使用定额

1）定义

机械台班使用定额亦称机械设备使用定额，是指在一定的生产技术和生产组织条件及合理使用机械的条件下，完成单位合格产品所必须消耗的机械台班数量的标准。

2）表现形式

机械台班使用定额以机械时间定额和机械产量定额两种形式表示（表 2.3）。

表 2.3 机械定额示例（2-31 挤密砂桩）

工作内容：调整导管，吊装桩管，振动下沉，添水加砂，振拨桩管，铺拆轨道，桩机移位，50 m 内取运料。

每根砂桩的机械定额

项　　目		桩长(m)	
		10 以内	10 以上
打拨桩设备	时间定额	0.076	0.1
	产量定额	13.2	10
1 m³ 以内装载机	时间定额	0.108	0.143
	产量定额	9.26	6.99
编　　号		1	2

注：1. 砂桩直径为 420 mm；打桩设备包括 10 t 以内履带式起重机及 250 kN 振动打拨桩锤。

2. 摘自 JTG/T B06-02—2007《公路工程预算定额》。

（1）机械时间定额

也称机械台班时间定额，是指在正常施工条件下，规定某种机械设备完成质量合格的单位产品或单位工程量所需消耗的机械工作时间，包括有效工作时间、不可避免的空转时间和不可避免的中断时间。其计算公式如下：

$$机械时间定额＝\frac{机械台数×机械工作时间}{工作时间内完成的产品数量或工程量}$$

式中，机械台数计量单位为台或机组；机械工作时间计量单位为台班、h、min、s。

机械台数与机械工作时间相乘之积为机械工作时间消耗量，计量单位为台班、机组班、台时、台分、台秒。一个台班表示一台机器工作一个工作班(8 h)，一个机组班表示一组机械工作一个工作班(8 h)，一个台时表示一台机器工作 1 h，其余类推。

$$1 台班＝8 台时＝8×60 台分＝8×60×60 台秒$$

产品数量或工程量的计量单位应能具体正确的表示产品或工程量的形体特征，如 m^3、m^2、km、t 等。

机械时间定额一般以台班(或台时)/产品或工程的计量单位表示，如台班/m^3、台时/m^3、台班/km 等。

(2)机械产量定额

也称机械台班产量定额，是指在正常施工条件下，规定某种机械设备在单位时间(台班或台时)内应完成质量合格的产品数量或工程量。其计算方法如下：

$$机械产量定额＝\frac{工作时间内完成的产品数量或工作量}{机械台数×机械工作时间}$$

机械产量定额的计量单位，以产品或工程的计量单位/台班(或台时)表示。例如，挖掘机挖土产量定额的计量单位为 m^3/台班或 m^3/台时。

(3)机械时间定额与机械产量定额两者的关系

机械时间定额与机械产量定额两者的关系互为倒数，即

$$机械时间定额×机械产量定额＝1$$

典型工作任务 5　铁路定额的构成及应用

2.5.1　工作任务

通过本任务的学习，使学生了解铁路定额的组成，掌握铁路定额的应用。

2.5.2　配套相关知识

在铁路工程造价分析过程中，能够正确使用定额是非常重要的。作为工程造价专业人员，能够准确快速地的查用定额，是必须具备的基本能力。为了正确使用定额，必须全面了解定额，深刻地理解定额的工作内容及适用范围，熟练地掌握定额的使用方法。

1. 铁路工程定额的组成

现行的《铁路工程预算定额》(铁建设〔2010〕223 号)，按专业内容共分为 13 个专业分册。各专业预算定额分册均由颁发定额的原铁道部文件、总说明、各分册目录、各分册定额的章节说明、定额表及附录组成。各专业定额既有专业分工、有多种专业使用的定额，又可跨册、跨阶段使用。为方便使用，还另行发行高速铁路路基、桥梁、隧道、轨道工程补充定额；铁路工程混凝土、水泥砂浆配合比料表；铁路工程概预算工程量计算规则；铁路工程投资控制系统(铁路工程概预算软件)等。当定额中基价不适合现场使用时，另外发行与原定额配套使用的计价表。

1)各册所含主要工程内容

(1)第一册　路基工程。主要工程内容有区间的站场土石方、特殊路基加固、防护等工程。

(2)第二册　桥涵工程。主要工程内容包括各种涵洞,小、中、大、特大桥,深水复杂桥,顶涵、顶桥、倒虹吸管等工程。

(3)第三册　隧道工程。矿山法施工隧道,包括单、双线。导坑、明洞开挖衬砌,开挖是小型机械施工,出砟机械化,衬砌采用钢模型板等作业。机械化全断面施工隧道,目前只有双线,各种作业全部大型机械化施工。

(4)第四册　轨道工程。各种等级和轨型的正站线铺轨及上部建筑施工,各类型的道岔铺设,各种上部建筑附属工程和线路标志等。

(5)第五册　通信工程。铁路用的各种通信设备和电缆,各种无线通信以及维修设备等。

(6)第六册　信号工程。铁路用的各种信号设备安装,各种电气集中、自动闭塞、机械化驼峰,自动化设备安装等工程。

(7)第七册　电力工程。柴油发电所、各种变配电所,电气设备安装,各种照明设施,各种配管配线,35 kV 以下的各种线缆安装、防雷接地、电气设备调式等工程。

(8)第八册　电力牵引供电工程。各种制式的接触网悬挂安装的有关工程,各种牵引变电所、开闭所,分区亭等设备安装有关工程,供电段设备安装等工程。

(9)第九册　房屋工程。适用于铁路沿线(包括枢纽工程)各种新建与改扩建房屋工程(包括站房和工业厂房),不包括独立工业项目、独立建设项目的大型旅客站房、科研和院校等单位的建设项目,以及铁路各单位属于基地建设的生活福利设施等的房屋建筑工程。

(10)第十册　给排水电工程。包括各种铁路沿线的上、下水管道和设备安装,水源建筑、污水处理工程等。

(11)第十一册　机务车辆机械工程。各种国际标准和铁路专用的机械设备安装及基础工程,各种自动化装置及仪表安装,各种金属制品制作安装、工业炉窑砌筑与安装、工艺管道及附件安装、各种除锈、防腐、刷油漆、保温等工程。

(12)第十二册　站场工程。各种铁路站场附属工程,站区建筑工程,以及站场标志等。

(13)第十三册　信息工程。包括传输网中 SDH、PDH 传输设备和接入网设备的安装和调测,通信网中的网管设备、同步网设备、地球卫星、微波、集群移动通信设备的安装和调测,数据通信网设备、会议电视系统设备、无绳长途人工台设备、计费设备、信令设备的安装和调测等工程。

2)多专业使用的定额跨册使用简介

为了避免多专业使用的工程定额在各专册重复出现,这类工程集中放在某册内,使用的专业只能跨册使用。如:

(1)各专业工程使用的除锈、刷漆、保温定额均在机械设备安装工程定额内。

(2)站后各专业工程的通用机械设备安装定额均使用机械设备安装工程的定额。

(3)路基工程的挡墙基础开挖和基础定额部分使用桥涵工程的定额。

(4)电气照明和电气设备安装调试定额全部集中在电力工程定额中。

(5)电力牵引供电工程使用了部分电力工程和机械设备安装工程的定额。

(6)车站地道的顶进工程,除出入口在站场建筑设备工程外,其余部分的定额使用桥涵工程定额。

(7)机械设备安装中有电梯和各种起重机轨道安装,可供房建、站场等专业使用。

3) 预算定额的组成

预算定额是在施工定额的基础上,综合施工定额工作细目为预算定额的工作细目,并且纳入已经应用的新技术、新工艺,按照合理的施工组织和正常的施工条件编制的。预算定额主要由如下内容组成:

(1)法定批文:是指刊印在各册《铁路工程预算定额》前面的原铁道部文件。现行的《铁路工程预算定额》的定额颁发文件为铁建设〔2010〕223 号文。铁路工程预算定额是一项具有经济立法性质的技术规定,它必须经过有权审批机关的确认。在定额的扉页上,刊印有关批文,宣布定额的作用,开始执行时间,以及发现问题之后,归口上报的一些规定。

例如,铁路路基定额预算定额手册的法定批文为关于公布《铁路路基工程预算定额》等二十九项定额标准的通知(铁建设〔2010〕223 号),其内容规定《铁路工程路基预算定额》自 2011年 1 月 1 日起执行。2011 年 1 月 1 日后批复初步设计的项目,均应按本通知发布的定额标准编制设计概预算。自新定额颁布实施之日起,原铁道部建设司原发《铁路工程补充预算定额(第一册)》(建技〔2000〕135 号)、《铁路工程补充预算定额(第二册)》(建技〔2002〕9 号)、《铁路工程补充预算定额(第三册)》(建技〔2003〕59 号)、《铁路工程补充预算定额(第四册)》(建技〔2005〕1 号)、《铁路路基边坡绿色防护工程预算定额(试行)》(建技〔2003〕4 号)等定额同时废止。

各铁路建设相关单位在执行新颁定额的过程中,应结合工程实际,积累资料并及时反馈建设管理司,抄送铁路工程定额所。

(2)总说明:主要说明编制预算定额的目的、指导思想、编制原则、依据、大致内容、适用范围、工资标准、基价根据,以及编制定额时有关共同性问题的处理意见和预算定额的使用方法。

例如,总说明中关于定额手册适用范围的规定:《铁路工程预算定额》是标准轨距铁路工程专业性全国统一定额。本定额适用于新建和改建铁路工程,系为编制施工图投资检算的依据,是编制概算定额的基础。其中路基、桥涵、隧道、轨道和站场工程亦是编制初步审计概算的依据。

(3)各工程项目说明(分册说明):铁路建设项目按工程专业特点划分为路基工程、桥涵、隧道工程、轨道工程、给排水电工程、站场工程、通信工程、信号工程、电力工程、电力牵引供电工程、机务车辆机械工程、房屋工程、信息工程等十三项工程项目。现行预算定额手册分别编为十三册。

各工程项目说明,主要介绍并解释各预算定额的适用范围。

(4)定额项目表:各项目以分部工程为章,章以下分为若干分项工程,以节号第一节、第二节……排列,再分项工程中又按工程结构、性质分为许多项目,用序号(一)、(二)、(三)……排列;在项目中,还可按不同土壤、岩石、结构规格、材料类别再细分为若干子目。定额项目表主要包括该项目定额工作内容(次要工序不一一列入)、计量单位、人工、材料、机械台班用量、定额质量及附注。定额项目表见表 2.4。

①定额项目表的表头,列有工作内容:说明该定额所包括的工作过程、工序或操作的内容。如挖掘机挖土工程包括施工准备、就位、开挖工作面、挖、卸、推土机辅助及清理工作面等。同时在定额项目表右上方列有定额建筑产品的计量单位。

②定额项目表的各栏,是分项工程的子目排列。在子目栏内,列有完成稿定额产品的人工、材料、机械消耗定额和定额计量单位。同时,列有该定额产品的定额基价,其中人工费、材料费和机械费分列,还有一栏是材料重量。

表 2.4　路基土方工程(预算定额)

第一节　机械施工

一、挖掘机挖土

(一)挖掘机自挖自卸

工作内容:施工准备、就位、开挖工作面、挖、卸、推土机辅助及清理工作面等。

单位:100 m³

电算代号	预算定额编号		LY-1	LY-2	LY-3
	项　目	单位	≤0.6 m³挖掘机		
	基　价		151.88	177.43	205.69
其　中	人工费	元	14.86	17.5	20.15
	材料费		—	—	—
	机械使用费		137.02	159.93	185.54
	重　量	t	—	—	—
1	人工	工日	0.73	0.86	0.99
9100001	履带式液压单斗挖掘机≤0.6 m³	台班	0.244	0.285	0.33
9100102	履带式推土机≤75 kW	台班	0.061	0.071	0.083

　　a. 人工消耗定额。说明完成某一定额计量单位合格产品所需要的各工种的全部工日数,包括基本用工即完成定额项目内容的用工,其他用工即劳动定额未包括的辅助用工和工序衔接、工种交叉配合、单位工程之间的转移、临时停电停水等以及其他必要的零工;工地小搬运用工也包括在其中。工日数均扣除了机械中的驾驶员用工。

　　b. 材料、成品或半成品消耗定额。说明完成某一定额计量单位合格产品所需各种规格的主要材料、成品及半成品的消耗指标,对于次要的、零星材料则折合成其他材料费列出,以"元"表示,编制预算时不予调整。

　　c. 施工机械台班消耗定额。说明完成某一定额计量单位合格产品所需各种类型机械的台班消耗量,并将其他小型施工机具折合成"其他机械使用费"列出,以"元"表示。

　　d. 定额基价。定额基价是以基期年度的人工、材料、机械台班单价为基础计算的完成定额计量单位的合格产品所需要的人工费、机械费和材料费用的合计价值。

　　分部分项工程定额基价=分部分项工程人工费+材料费+施工机械使用费

　　　　　　　　　=人工工日数×人工基价+∑(材料消耗量×材料预算基价)+

　　　　　　　　　∑(机械台班用量×机械台班基价)

　　定额使用一定时期后,由定额编制单位发行更新的基价表配合原定额使用,以确保定额的相对稳定性。如现行的《铁路工程预算定额(2010)》,基期计费依据和标准如下:

　　人工费:执行部《铁路基本建设工程设计概算编制办法》(铁建设〔2006〕113 号文)。

　　材料费:执行部《铁路工程建设材料基期价格(2005 年度)》(〔2006〕129 号文)。

　　机械使用费:执行部《铁路工程施工机械台班费用定额(2005 年度)》(铁建设〔2006〕129 号文)。

　　水、电单价:执行铁建设〔2006〕113 号文,水 0.38 元/t,电 0.55 元/(kW·h)。

　　e. 材料定额重量:一定计量单位的分部分项工程或结构构件所消耗的主要材料的重量。"重量"说明完成某一定计量单位合格产品所需要的全部建安材料重量,但不包括水及施工机械的动力消耗(油料及燃料)的重量,以吨位计量单位,主要用于计算材料运杂费。

2. 铁路定额的应用

1)定额应用技巧

要使定额在基本建设中发挥作用,除定额本身先进合理外,还必须正确应用定额,防止错套、重套和漏套。在应用定额时,应注意以下几种情况:

(1)首先要学习和理解定额的总说明和分部工程说明及附注、附录、附表的规定。这是定额的核心部分。因为它指出了定额编制的指导思想、原则、依据、适用范围、使用方法、调整换算、已考虑和未考虑的因素,以及其他有关问题。对因客观条件需据实调整换算的情况也做了规定。

例如,在铁路桥涵工程预算定额说明中,指出钢筋混凝土圆形管节安装定额是按单孔编制的,如为双孔或三孔,可乘以系数 2 或 3。

(2)掌握分部分项工程定额所包括的工作内容和计量单位。定额的工作内容,仅列出了主要的施工工序,比如:路基土石方工程,除了工作说明以外,另包括:铲草皮、原地面压实、平整场地,施工准备工程及路堑修坡拣底、取土坑整修等所需的人工、材料和机械消耗量,即此类工作为次要工作,虽未列入定额工作内容,亦包括在定额内。在使用定额前,必须弄清一个工程由哪些工作项目组成,每个项目的工作内容是否与定额的工作内容是否一致,定额的计量单位是否采用扩大计量单位,如 10 m³、100 m² 等。当每个项目的工作内容与定额包含的工作内容一致时,才能直接使用相应定额。

(3)弄清定额项目表中各子目录工作条目的名称、内容和步距划分。然后以定额的计量单位为标准,将该工程各个项目按定额子目栏的工作条目逐项列出,做到完整齐全,不重不漏。

例如,在铁路路基工程预算定额中,推土机推运土是按≤60 kW、≤75 kW、≤90 kW、≤105 kW、≤135 kW、≤165 kW 推土机推运松土、普通土、硬土,运距≤20 m,增运 10 m 划分的。施工土方工程应按使用推土机功率、土质、运距列项。

(4)了解定额项目表中人工、材料、机械台班名称、耗用量、单价和计量单位。

(5)熟悉工程量计算规定及适用范围。按规定和适用范围计算工程数量,有利于统一口径。

例如,在铁路路基工程预算定额中,其中的支挡结构工体积按设计尺寸以实际体积计算,不扣除坞工中钢筋、钢绞线、预埋件和预留压浆孔道所占体积。

(6)对于分项工程的内容,应通过深入施工现场和工作实践,理解其实际含义,只有对定额内容了解深透了,在确定工作条目、套用、换算定额或编制补充定额时,才会快而准确。

施工中的机械类型,规格型号,系按正常情况综合选定,若实际施工采用的类型、规格型号与定额不同时,除另有说明外,均不得调整。例如:隧道定额适用于使用小型机具钻爆发施工的新建和改(扩)建隧道工程,若使用大型机械凿岩台车和掘进机、盾构机进行隧道施工,本定额不适用。

(7)关于引用定额的编号

定额编号是由该定额的分册号和子目号组成的,如 LY-326,表示为路基工程预算定额,子目号为 326;又如 QY-10 为桥梁工程预算定额,子目号为 10。

2)定额运用步骤

(1)将分析的工程进行分解,分解至分项工程或工序。根据铁路工程预算定额手册目录中章节设置,确定预查定额的项目名称,再找到在定额目录中其所在页次,并找到所需要的定额项目表;

(2)检查定额表上的"工作内容"与设计要求、施工组织要求是否相符,如相符,则可在表中找到相应的子目,并进一步确定子目;

(3)检查定额表的计量单位雨工程项目去取定的计量单位是否一致、是否符合章、节说明规定的工程量计算规则;

(4)看定额的总说明、章说明、节说明是否与所查子目的定额有关,若有关,则采取相应措施;

(5)根据设计图纸和施工组织设计检查一下,子目中是否有需要抽换的定额,是否允许抽换。若应抽换,则进行具体抽换计算;

(6)依子目各各序号确定各项定额值,可直接引用的就直接抄录,需计算的则在计算后抄录;

(7)重新按上述步骤复核。

3)定额的换算(或称定额抽换)

当工作项目于定额内容部分不相符时,则不能直接套用定额,应在定额规定的范围内,根据不同情况加以换算。

(1)设计的规格、品种与定额不符时的换算

当设计要求的规格、品种与定额规定不同时,须先换算使用量,再按其单价换算价值。由此看来,预、概算定额的换算实际上是预、概算价格的换算。

①砂浆或混凝土强度等级,设计与定额规定不符时,应根据砂浆或混凝土设计标号在铁建设〔2010〕223 号文"铁路工程混凝土、水泥砂浆配合比用料表"中,查出应换入的用料数,并考虑工地搬运、操作损耗量及混凝土凝固后体积收缩等,或在《铁路工程预算定额》中,查与设计强度等级相同项目的混凝土、钢筋混凝土、水泥砂浆的用料数(已考虑了损耗量等)。应换出的用料数为定额表中的数量,然后进行换算。

换算后砂浆或混凝土预、概算定额单价＝原预、概算定额基价－[∑(应换出的用料数×相对应的材料单价)]+[∑(应换入用料数×相对应的材料价格)]

【例 2.1】 《铁路工程预算定额》第二册桥涵工程 QY-279 中,重力式钢筋混凝土沉井井身 C25 混凝土(10 m^3),所用普通水泥 32.5 级水泥 3 937.2 kg,中粗砂 5.20 m^3,碎石粒径 40 以内 8.67 m^3,预算定额基价 2 246.24 元。设计要求沉井井身混凝土强度等级为 C30,并换用普通水泥 42.5 级,计算此预算定额基价。

【解】:在《铁路工程预算定额》第二册桥涵工程中查得 10 m^3 C30 混凝土所用普通水泥 42.5 级水泥 3 451.2 kg、中粗砂 5.35 m^3、碎石粒径 40 以内的 8.69 m^3。查材料预算价格知,普通水泥 32.5 级为 0.31 元/kg,普通水泥 42.5 级为 0.34 元/kg,中粗砂 16.5 元/m^3,碎石粒径 40 以内 26.8 元/m^3。

换算后沉井井身 C30 混凝土(10 m^3)预算定额基价为:

2 246.24－(0.31×3 937.2＋16.51×5.20＋26.8×8.67)＋(0.34×3 451.2＋16.51×5.35＋26.8×8.69)＝2 246.24－1 538.74＋1 495.65＝2 203.15(元)

②砂浆或混凝土的骨料粒径,设计与定额规定不符时,须按砂浆或混凝土强度等级调整水泥用量。例如,铁路工程预、概算定额中,混凝土、钢筋混凝土、浆砌石及砂浆的水泥用量,系按中粗砂编制的,如实际使用细砂时,应按铁路工程混凝土、水泥砂浆配合比用料表调整水泥用量。

【例 2.2】 陆上桥墩(墩高≤30 m)C30 混凝土顶帽施工,使用细砂,调整此工作项目定额水泥用量。

【解】：此工作项目预算定额（QY-461），10 m³坊工消耗普通水泥 42.5 级 4 233 kg。使用细砂时，可查铁路工程混凝土、水泥砂浆配合比用料表，C30 混凝土 1 m³（碎石粒径 25 以内）配合比中水泥用量，用中粗砂时为 490 kg，用细砂时为 5 141 kg

则用细砂时，QY-461 定额水泥用量应调整为 $423.3 \times \dfrac{514}{490} = 444.03$ kg/m³。

③钢筋混凝土定额中的钢筋数量、规格，当设计与定额规定不符，使实际钢筋含量与定额中钢筋含量相差超过±5%，应先按设计要求调整定额钢筋数量，再用钢筋制作及绑扎定额调整定额工日、有关材料数量、机械台班数量，并用定额单价计算其价值。不是因设计原因造成不符，如钢筋由粗代细、螺纹钢筋代替圆钢筋或型号改变，因此而增加的钢筋费用，不能编入定额价值内。

（2）运距换算

①运距超过定额项目表中子项目基本运距。

【例 2.3】　计算铲斗≤8 m³拖式铲运机铲运普通土，运距 500 m 的定额基价。

【解】：《铁路工程预算定额》第一册路基工程 LY-130，铲运普通土，运距≤200 m（基本运距），基价 258.29 元/100 m³；LY-131，增运 100 m，基价 69.02 元/100 m³。

则此定额基价为 $258.29 + 69.02 \times \dfrac{500 - 200}{100} = 465.35$（元/100 m³）

②运距超过定额项目表中工作内容规定的运距。

【例 2.4】　《铁路工程预算定额》第二册桥涵工程（2011 年度）QY-27，机械钻眼开挖石方卷扬机提升，工作内容中规定，双轮车运至坑口外 20 m。因实际施工需用架子车运往离基坑 250 m 处堆弃，基坑土壤为软石，基坑深 3 m 以内无水，试确定此工作项目的定额基价。

【解】：本例增加运距的定额为 LY-191 和 LY-192，即：
$328.42 + 91.9 \times [(250 - 50 - 20)/50] = 659.26$（元/100 m³）$= 65.926$（元/10 m³）

则本例定额基价为 QY-27、LY-191 和 LY-192 组合：
$229.71 + 65.926 = 295.64$（元/10 m³）

（3）断面换算

定额中取定的构件断面，是根据选择有代表性的不同设计标准，经过分析、研究、综合、加权计算确定的，称为定额断面。如果实际设计断面与定额断面不符时，应按定额规定进行换算。例如，现行的《铁路隧道工程劳动定额标准》规定，当实际开挖断面与定额开挖断面不一致，且相差±5%以上时，各工序的时间定额标准应乘以 $\dfrac{实际断面}{标准断面}$ 的系数。

（4）厚度或宽度换算

如防护层的厚度（沥青混凝土、沥青砂浆的厚度），抹灰层厚度，道砟桥面人行道宽等，有的定额表中划分为基本厚度或宽度和增减厚度或宽度定额，当设计厚度或宽度与定额不符时，可按设计要求和增减定额对基本厚度或宽度的定额基价进行调整换算。

【例 2.5】　计算钢筋混凝土梁桥道砟桥面人行道宽 50 cm 的预算定额基价。

【解】：《铁路工程预算定额》"桥涵工程"QY-590，人行道宽 1.05 m，预算定额基价为 66 962.64 元/100 延米，增减定额 QY-591，人行道宽两侧各增减 25 cm 预算定额基价为 11 817.23 元/100 延米。

本例预算定额基价为：$66\,962.64 - 11\,817.23 \times [(105 - 50) \div 25] = 40\,964.73$（元/100 延米）

(5)系数换算

当实际施工条件与定额规定不符时,应按定额规定的系数进行调整。

例如,路基土石方工程中,汽车增运定额仅适用于 10 km 以内运输,超过 10 km 部分应乘以 0.85 的系数。又如编制铁路隧道工程预算,如采用路基、桥涵及其他洞外工程定额用于洞内时,人工定额应乘 1.257 系数,施工机械台班乘 1.10 系数。铁路隧道工程预算定额,洞内涌水量是按 10 m³/h 制定的,超过时,台班量按表 2.5 系数调整。

表 2.5　调整系数

涌水量(m³/h)	≤10	≤15	≤20	>20
调整系数	1.00	1.20	1.35	另行分析计算

【例 2.6】　某路基工程采用≤8 t 自卸汽车运软石,试确定此工程项目运距为 18 km 的定额基价。

【解】:由于路基定额的章节说明三:土石方运输定额已考虑了道路系数,土石方工程中汽车增运定额仅适用于运距 10 km 及以内运输,10～30 km(含)乘以 0.85 的系数,超过 30 km 部分按 运杂费计算。

《铁路工程预算定额》第一册路基工程 LY-240,运软石,运距≤1 km(基本运距),基价 595.88 元/100 m³;LY-241,增运 1 km,基价 145.08 元/100 m³。

则运距为 18 km 的定额基价为 595.88+0.85×145.08×(18-1)=2 692.29(元/100 m³)

(6)周转次数换算

当材料的实际周转次数达不到规定的周转次数时,定额表中周转材料的定额用量应予以抽换,按照实际的周转次数重新计算其实际定额用量,即:

$$实际定额用量=\frac{规定的周转次数}{实际的周转次数}×规定的定额用量$$

(7)体积换算

例如,在"铁路工程预算定额"中明确了开挖与运输数量以天然密实体积计算,填筑数量以压实体积计算,因此,在土石方调配与套用定额时要进行天然密实体积与压实体积的换算,换算系数如表 2.6 所示。

表 2.6　采用天然密实方为计量单位定额时的换算系数(路基土石方以填方压实体积为工程量)

铁路等级	岩土类别	土　方			石　方
		松土	普通土	硬土	
设计速度 200 km/h 及以上铁路	区间	1.258	1.156	1.115	0.941
	站场	1.230	1.13	1.090	0.920
设计速度 160 km/h 及下 I 级铁路	区间	1.225	1.133	1.092	0.921
	站场	1.198	1.108	1.068	0.900
II 级及以下铁路	区间	1.125	1.064	1.023	0.859
	站场	1.100	1.040	1.000	0.840

该系数已经包含了因机械施工需要两侧超填的土石方数量。计算工程数量一律以净设计断面为准。特别应注意除填石路基采用石方系数外,以石代土的填方工程也应采用石方系数,因而使用定额时需进行详细的土石方调配并区分填料的性质。

【例 2.7】　某段设计速度 160 km/h 的Ⅰ级铁路区间路基工程,挖方(天然密实断面方) 5 000 m³,全部利用。填方(压实后断面方)10 000 m³,假设路基挖方和填方均为普通土,则路基挖方作为填料压实后的数量为 5 000/1.133＝4 413 m³,需外借土方 10 000－4 413＝5 587 m³ (压实后断面方),即可理解为挖土 5 000 m³,压实土方 4 431 m³,尚需借土填方 5 587 m³,而这 5 587 m³ 计算挖方工程量时又需乘以 1.133 的系数。

(8)设计图纸上提供的工程量或工程量清单上的工程量,其计量单位、包含内容与定额的计量单位、包含内容有时不完全一致,所以,必须根据定额需要对工程量进行计量单位换算和工程量内容调整。

①体积与面积单位调整

如人工挖土质台阶,定额计量单位为 100 m²,而设计图纸或施工图工程量可能以 m³ 为单位列出。

②个数与其他单位的调整

如桥梁支座,设计者一般提供各种型号及对应的个数,而定额单位却是依据不同支座的类型(如金属支座、板式橡胶支座:孔;盆式橡胶支座:个;钢绞梁支座:10 t)而有所区别。

③与施工组织有关的工程量

一个工程项目所牵涉的定额不一定都能在设计图纸上反映出来。即一个完整项目的该预算造价除包括施工图纸上的工程量外,还应考虑与施工方案及施工组织措施相关的其他工程内容涉及的定额。

总之,定额换算,必须在定额规定的条件下进行。如果定额规定不允许换算时,不得强调本部门的特点,任意进行换算。例如,在定额总说明中规定,周转性的材料、模板、支撑、脚手杆、脚手板和挡板等的数量,按其正常周转次数,已摊入定额内,不得因实际周转次数不同调整定额消耗量。又如,定额中各项目的施工机械种类、规格型号系按一般情况综合选定,如施工中实际采用的种类、规格与定额不一致时,除定额另有说明者外,均不得换算。

典型工作任务 6　公路定额的构成及应用

2.6.1　工作任务

通过本任务的学习,使学生了解公路定额的组成,掌握公路定额的应用。

2.6.2　配套相关知识

在铁路工程造价分析过程中,能够正确使用定额是非常重要的。作为工程造价专业人员,能够准确快速地的查用定额,是必须具备的基本能力。为了正确使用定额,必须全面了解定额,深刻地理解定额的工作内容及适用范围,熟练地掌握定额的使用方法。

1. 公路工程定额的组成

现行的公路工程全国性通用定额有《公路工程基本建设项目概预算编制办法》(JTGB 06— 2007)、《公路工程概算定额》(JTG/T B06-01—2007)、《公路工程预算定额》(JTG/T B06-02— 2007)和《公路工程机械台班费用定额》(JTG/T B06-03—2007)。除此之外,各省、市、自治区交通厅(局)还编有一些地区性补充定额。

预算或概算定额的组成结构基本相似,主要包括如下方面:

1)法定批文(2007年第33号文):刊印在定额的扉页,说明定额的性质、开始执行时间、适用范围、归口单位等。

2)总说明:综合阐述定额的编制原则、指导思想、编制依据和适用范围,以及涉及定额使用方面的全面性的规定和解释。是各章说明的总纲,具有统管全局的作用。

3)目录:简明扼要地反映定额的全部内容及相应页码。

4)章(节)说明:《公路工程概算定额》由上下两册共7章组成。上册共有4章,分别有路基工程、路面工程、隧道工程和涵洞工程。下册共有3章,分别是桥梁工程、交通工程及沿线设施、临时工程。《公路工程预算定额》由上下两册共9章组成。上册共4章,分别是路基工程、路面工程、隧道工程和桥涵工程的第一节至第六节。下册由5章和4个附录组成。5章分别是桥涵工程第七节至第十一节、防护工程、交通工程及沿线设施、临时工程、材料的采集与加工、材料运输。4个附录分别是路面材料计算基础数据;基本定额;材料的周转与摊销;定额基价、人工、材料单位质量、单价表。每章的首页都有章说明,每章内又分出若干节,并在每节的首页都有节说明。章(节)说明主要讲述本章(节)的工程内容、工程量的计算方法和规定,计算单位及尺寸的起讫范围,以及计算的附表等。它是正确引用定额的基础。

5)定额表:参看表2.7(摘自"公路工程预算定额"2007年33号),其中表上方"1-1-3"为表号,意即第一章第一节第三表,其余与铁路定额相同。

(1)表号及定额表名称

定额是由大量的定额表组成的,每张定额表都具有自己唯一的表号和表名。如《公路工程预算定额》184页表,如表2.7所示。表上方1-1-3为表号,其含义是第1章第1节第3表。"人工挖及开炸多年冻土"是定额表的名称。

表2.7 公路工程定额组成结构示例

(1-1-3 人工挖及开炸多年冻土)

工程内容:人工挖:(1)挖、撬、打碎;(2)装土;(3)运送;(4)卸除;(5)空回。

人工开炸:(1)打眼爆破;(2)撬落打碎;(3)装土;(4)运送;(5)卸除;(6)空回。

单位:1 000 m²

顺序号	项 目	单位	代号	第一个 20 m		每增运 10 m	
				人工挖运	人工开炸运	人力挑抬	手推车
				1	2	3	4
1	人工	工日	1	973.4	534.0	28.6	11.4
2	钢钎	kg	211		18.0		
3	硝铵炸药	kg	841		180.0		
4	导火线		842		503		
5	普通雷管	个	845		385		
6	煤	t	864		0.171		
7	其他材料费	元	996		16.6		
8	基价	元	1999	47 891	28 188	1 407	561

(2)工程内容

工程内容位于定额表的左上方。工程内容主要说明本定额表所包括的主要操作内容。查定额时,必须将实际发生的操作内容与表中的工程内容相对照,若不一致时,应按照章(节)说明中的规定进行调整。

（3）定额单位

定额单位位于定额表的右上方,如表 2.7"单位:1 000 m² 及 10 m"。定额单位是合格产品的计量单位,实际的工程数量应是定额单位的倍数。

（4）顺序号

顺序号是定额表中的第 1 项内容,如表 3.1 中"1,2,3…"。顺序号表征人工、材料、机械及费用的顺序号,起简化说明的作用。

（5）项目

项目是定额表中第 2 项内容,如表 2.7 中"人工、钢钎、硝铵炸药…"。项目是本定额表中工程所需的人工、材料、机具、费用的名称和规格。

（6）代号

当采用电算方法来编制工程概、预算时,可引用表中代号作为工、料、机名称的识别符。

（7）工程细目

工程细目表征本定额表所包括的具体内容,如表 2.7 中"人工挖运""人工炸运"等。

（8）栏号

栏号指工程细目的编号,如表 2.7"第一个 20 m 中""人工挖运"为栏号为 1,""人工炸运"为栏号为 2。

（9）定额值

定额值就是定额表中各种资源消耗量的数值。其中括号内的数值表示基价中未包括其价值。

（10）基价

基价是人工费、材料费、机械费的合计价值。基价中的人工费、材料费基本上是按照北京市 2007 年的人工、材料预算价格计算的,机械使用费是按 2007 年交通部公布的《公路工程机械台班费用定额》(JTG/T B06-03—2007)计算的。

（11）注解

有些定额表在其下方列有注解。"注"是对定额表中内容的补充说明,使用时必须仔细阅读,以免发生错误。

2. 公路定额的查用方法

公路工程是一个庞大的系统工程,与之对应的定额也是一个内容繁多、复杂多变的定额。因此,查用定额的工作不仅量大,而且要十分细致。

为了能够正确的运用定额,首先,必须反复学习定额,熟练地掌握定额,在查用方法上应按如下步骤进行。

1)确定定额种类

公路工程定额按基建程序的不同阶段,已形成一套完整的定额系统,如《公路工程概算定额》《公路工程预算定额》《公路工程施工定额》等。在查用定额时,应根据运用定额的目的,确定所选用定额的种类,即是查《公路工程概算定额》还是查《公路工程预算定额》。

2)确定定额编号

定额编号是概预算定额中每一工程细目的唯一编号。在编制概预算文件时,计算表格中均要列出所选定额的编号,一是便于快捷查找,核对所选用定额的准确性;二是便于计算机识别与辨认。确定定额编号,首先应根据概、预算项目表依次按目、节确定欲查定额的项目名称。再据此在《公路工程预算定额》目录中找到其所在的页次,从而确定定额的编号。

定额编号的编写方法主要有以下三种:

(1)[页-表-栏]

[页-表-栏]式的特点是容易查找、复核、检查方便，不易出错，但书写比较麻烦。例如《公路工程预算定额》中定额编号[184-2-3-3-1]，是指引用第 184 页 2-3-3 表中第 1 栏，即挖深 20 cm 的土质路槽预算定额。

(2)[表-栏]

这种编号方法舍去页码，书写方便，但查找不便。如上例，其定额编号[2-3-3-1]

(3)数码式

用计算机软件编制概预算文件时，预算定额编号用 8 位数码编制，即章占 1 位，节占 2 位，表占 2 位，栏占 3 位。如上例，其定额编号为 20303001。

3)阅读说明

在查到定额表号后，应详细阅读总说明、章、节说明，并核对定额表左上方的"工程内容"及表下方的"注"，目的是：

(1)检查所确定的定额表号是否有误。如"浆砌块石护拱"与"浆砌块石边坡"虽然都是"浆砌块石"工程，但前者为"桥涵工程"，预算定额表号为[442-4-5-3-2]，后者为"防护工程"，预算定额表号为[741-5-1-10-3]。

(2)确定定额值。在确认定额表号无误后，根据上述各种"说明"及"工作内容"、"注"的要求，看定额值是否需要调整。若不需调整，就直接抄录。此时查用定额的工作结束。若需调整还应做下一步工作。

4)定额抽换

当设计内容或实际工作内容与定额表中规定的内容不完全相符时，应根据"说明"及"注"的规定调整定额值，即定额抽换。在抽换前应再仔细阅读总说明和章、节说明与注解，确定是否需要抽换，以及怎样抽换。

3. 定额抽换

1)混凝土组成材料的定额抽换

预算定额总说明第九条规定：定额中列有混凝土、砂浆的强度等级和用量，其材料用量已按附录中配合比表规定的数量列入定额，不得重算。如设计采用的混凝土、砂浆强度等级或水泥强度等级与定额所列强度等级不同时，可按配合比表进行换算。但实际施工配合比材料用量与定额配合比表用量不同时，除配合比表说明中允许换算者外，均不得调整。

混凝土、砂浆配合比表的水泥用量，已综合考虑了采用不同品种水泥的因素，实际施工中不论采用何种水泥，不得调整定额用量。

【例 2.8】　某桥预制 T 梁，混凝土设计标号为 C35，试确定混凝土组成材料的预算定额。

【解】：该项目的预算定额编号为[533-4-7-12-1]，如表 2.8 所示。

表 2.8　4-7-12　预制安装 T 形梁、I 形梁

单位：10 m³ 实体机 1 t 钢筋

顺序号	项　目	单位	代号	T 形梁		I 形梁	
				混凝土	钢筋	混凝土	钢筋
				10 m³	1 t	10 m³	1 t
				1	2	3	4
1	人工	工日	1	31.0	9.9	26.7	9.5

续上表

顺序号	项　　目	单位	代号	T形梁		I形梁	
				混凝土	钢筋	混凝土	钢筋
				10 m³	1 t	10 m³	1 t
				1	2	3	4
2	C30 水泥混凝土	m³	20	(10.10)	—	(10.10)	—
3	原木	m³	101	0.026	—	0.025	—
4	锯材	m³	102	0.035	—	0.033	—
5	光圆钢筋	t	111	0.002	0.246	0.002	0.194
6	带肋钢筋	t	112	—	0.779	—	0.831
7	钢板	t	183	0.029	—	—	—
8	电焊条	kg	231	4.300	7.4	—	10.3
9	钢模板	t	271	0.100	—	0.093	—
10	铁件	t	651	13.200	—	12.4	—
11	20～22 号铁丝	kg	656	—	2.6	—	2.7
12	32.5 级水泥	kg	832	4.101	—	4.101	—
13	水	t	866	16.000	—	16	—
14	中粗砂	m³	899	4.650	—	4.65	—
15	碎石(2 cm)	m³	951	7.980	—	7.98	—
16	其他材料费	元	996	20.300	—	19.5	—
17	30 kN 以内单筒慢动卷扬机	台班	1499	1.380	0.13	1.34	0.16
18	50 kN 以内单筒慢动卷扬机	台班	1500	4.140	—	4.01	—
19	32 kV·A 以内交流电弧焊机	台班	1726	1.040	1.38	—	1.73
20	150 kV·A 以内交流电弧焊机	台班	1747	—	0.11	—	0.12
21	小型机具使用费	元	1998	38.700	27.7	35.2	24.1
22	基价	元	1999	5 152	4 204	4 612	4 247

由表 2.8 可知,混凝土设计标号 C35 与定额中混凝土定额标号 C30 不一致,故混凝土组成材料:32.5 级水泥 4.101 t;中(粗)砂 4.65 m³;碎石(2 cm)7.98 m³ 的定额值应予抽换。

根据《公路工程预算定额》附录二"基本定额"第 1 010 页,如表 2.9 所示。

表 2.9　混凝土配合比表

单位:1 m³ 混凝土

顺序号	项目	单位	普通混凝土												
			碎砾石最大粒径(mm)												
			20												
			混凝土强度等级												
			C10	C15	C20	C25	C30	C35		C40			C45		C50	
			水泥强度等级												
			32.5	32.5	32.5	32.5	32.5	42.5	32.5	42.5	32.5	42.5	52.5	42.5	52.5	42.5	52.5
			1	2	3	4	5	6	7	8	9	10	11	12	13	14	15
1	水泥	kg	238	286	315	368	406	388	450	405	488	443	399	482	439	524	479

续上表

顺序号	项目	单位	普通混凝土													
			碎砾石最大粒径(mm)													
			20													
			混凝土强度等级													
			C10	C15	C20	C25	C30		C35		C40			C45		C50
			水泥强度等级													
			32.5	32.5	32.5	32.5	32.5	42.5	32.5	42.5	32.5	42.5	52.5	42.5	52.5	42.5	52.5
			1	2	3	4	5	6	7	8	9	10	11	12	13	14	15
2	中粗砂	m³	0.51	0.51	0.49	0.48	0.46	0.48	0.45	0.47	0.43	0.45	0.47	0.45	0.45	0.44	0.42
3	碎砾石	m³	0.85	0.82	0.48	0.8	0.79	0.79	0.78	0.79	0.78	0.79	0.79	0.77	0.79	0.75	0.79
4	片石	m³	—														

每 1 m³ C30 混凝土需 32.5 级水泥 450 kg,中(粗)砂 0.45 m³,碎石(2 cm)0.78 m³。

在定额抽换时,应注意计量单位的一致性:

(1)表 2.9 中,混凝土的计量单位为 10.10 m³,而表 2.10 的计量单位为 1 m³,故定额抽换时应将 1 m³ 统一为 10.10 m³。即:

32.5 级水泥 450×10.1=4 545(kg);

中(粗)砂 0.45×10.1=4.545(m³);

碎石(2 cm)0.78×10.1=7.88(m³)。

(2)表 2.8 中,32.5 级水泥是按 t 计量的,而表 3.41 中是按 kg 计量的,故 32.5 级水泥的抽换值 4 545 kg 应必为 4.545 t,C35 混凝土组成材料的抽换值为:

32.5 级水泥 4.545 t;

中(粗)砂 4.545 m³;

碎石(2 cm)7.88 m³。

2)周转材料的定额抽换

(1)抽换原则

按《公路工程预算定额》总说明规定:"本定额中周转性的材料、模板、支撑、脚手杆、脚手板和挡土墙等的数量,已考虑了材料的正常周转次数并计入定额内。其中就地浇筑钢筋混凝土梁用的支架及拱圈用的拱盔、支架,如确因施工安排达不到规定的周转次数时,可根据具体情况进行换算并按规定计算回收,其余工程一般不予抽换。"

由此可见,定额抽换不是对所有达不到规定周转次数的材料都可以进行定额抽换,而只限于就地浇筑钢筋混凝土梁用的支架及拱圈用的拱盔、支架,确因施工安排达不到规定的周转次数时,方可进行定额抽换,并计算回收,这一原则必须坚持。

(2)抽换方法

当材料的实际周转次数达不到规定的周转次数时,定额表中周转材料的定额用量应予抽换,即按照实际的周转次数重新计算其实际定额用量。即

$$实际定额用量=\frac{图纸一次用量×(1+场内运输及操作损耗)}{实际周转次数(或摊销次数)}$$

对于同一工程,由于"图纸一次用量×(1+场外运输及操作损耗)"是固定不变的,因此,由

式(3-5)及式(3-6)得

$$实际定额用量＝\frac{规定的周转次数}{实际的周转次数}×规定定额用量$$

【例 2.9】　现浇钢筋混凝土梁用满堂式桥梁木支架一套,墩台高 10 m,试确定其实际周转次数的实际定额用量。

【解】:由《公路工程预算定额》[633-4-9-3-2]如表 2.10 所示,查得每 10 m² 立面积周转材料的规定定额用量分别为:

原木 0.687 m³;

锯材 0.069 m³(注:也属于木料);

铁件 10.0 kg;

铁钉 0.1 kg;

8～12 号铁丝 0.5 kg。

表 2.10　4-9-3　桥梁支架

单位:10 m² 立面积及 1 孔

顺序号	项目	单位	代号	满堂式(10 m²)		桁构式(1 孔)			
						墩台高度(m)			
				6 以内	12 以内	3 以内	6 以内	9 以内	12 以内
				1	2	3	4	5	6
1	人工	工日	1	8.4	12.0	46.7	65.3	95.3	121.8
2	原木	m³	101	0.486	0.684	1.008	1.646	3.176	4.572
3	锯材	m³	102	0.049	0.069	0.889	1.373	1.598	1.718
4	钢丝绳	t	221	—	—	0.01	0.015	0.015	0.02
5	铁件	kg	651	6.6	10.0	37.6	75.2	97.5	127.8
6	铁钉	kg	653	0.1	0.1	0.9	1.1	1.8	2.2
7	8～12 号铁丝	kg	655	0.3	0.5	19.1	19.1	35.4	56.2
8	500 mm 以内木工圆锯机	台班	1710	0.12	0.17	0.32	0.55	0.88	1.15
9	小型机具使用费	元	1998	1.5	1.9	6.6	9.2	12.9	15.8
10	基价	元	1999	1 065	1 514	5 002	7 500	11 222	14 565

由《公路工程预算定额》附录三[1024-三-(一)-1-4],如表 2.11 所示,查得其规定的周转次数分别为:

木料　5 次(包括原木、锯材);

铁件　5 次;

铁钉　4 次;

8～12 铁丝　1 次(注意)。

而该工程桥梁木支架的实际周转次数为 3 次,故周转性材料的实际定额用量(即摊销数量)为:

原木　0.687×5/3＝1.145(m³);

锯材　0.069×5/3＝0.115(m³);

铁件　10.0×5/3＝16.66(kg);

铁钉　0.1×4/3＝0.133(kg)；

8～12号铁丝　0.5×1＝0.5(kg)(注意)。

表 2.11　混凝土和钢筋混凝土构件、块件模板材料周转及摊销次数

1. 现浇混凝土的模板及支架、拱盔、隧道支撑

顺序号	材料名称	单位	代号	空心墩及索塔钢模板	悬浇箱型梁钢模	悬浇箱型梁、T形梁、T形钢构、连续梁木模板	其他混凝土的木模板及支架、拱盔、隧道开挖衬砌用木支撑等	水泥混凝土路面
				1	2	3	4	5
1	木料	次数	—	—	—	8	5	20
2	螺栓、拉杆	次数	—	12	12	12	8	20
3	铁件	次数	651	10	10	10	8	20
4	铁钉	次数	653	4	4	4	4	4
5	8～12号铁丝	次数	655	1	1	1	1	1
6	钢模	次数	271	100	80			

 项目小结

本项目讲授了定额的概念、特点与作用，制定定额的要求、原则、依据以及基本方法；要求学生熟悉定额的分类；掌握施工定额、预算定额、概算定额与概算指标、投资估算指标的概念及它们之间的联系和区别，重点掌握定额的应用及其构成。

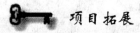 **项目拓展**

我国工程造价咨询业的现状及发展研究

工程造价是一个可以在工程咨询和工程监理之间活动的专业，是一个就业广，发展灵活的专业，在近几年越来越被单位重视，本专业的基本内容想必造价专业的同学再清楚不过，它是控制施工质量的另一个保证。也是设计建筑时的调整经济与质量的天平。但是一个合格的造价师关键还得有实际工作能力，作为用人单位的话，更注意实际能力。造价专业的前景应是十分好的。从事造价专业的人，一定要对造价有研究才行。如一天沉浸在定额书本中肯定不会有大的发展。如立足于造价，多学一些与造价的知识：如合同管理、工程项目管理、现场施工技术、材料性能与材料价格等定会有大好处。

1. 当前我国工程管理专业人才市场需求

工程管理专业主要为建筑业、房地产业培养具有专业技术基础的管理型人才。当前，我国已进入现代化发展的中前期，各种基础设施项目和房屋建筑的建设任务极为繁重。同时，我国城市化水平仅为36%左右，而发达国家普遍超过70%，如果在21世纪中叶可以达到这种水平，则每年需要有1 600万人口转入城市，这需要相应规模的城市基础设施、商业设施，特别是住宅建筑。因此，我们国家的城市建设、城镇建设、工程建设、建筑业、房地产业、城市公用事业

和勘察设计业正面临着新的历史性的发展机遇,对建筑类人才尤其是具有现代经济管理知识、行业管理知识、专业技术知识、懂经营、懂开发的工程管理人才有着广泛的社会需求。

2. 工程管理专业毕业生的就业方向与需求

工程管理专业的毕业生就业的主要方向国家、地方建设管理部门从事工程建设管理工作;工程咨询、监理、设计、施工单位、房地产估价公司、物业管理公司、资产评估公司、质量监督部门从事咨询、招投标、概预算、合同管理、项目管理、国际工程管理;各类房地产开发公司从事房地产开发规划与实施;科研和教学单位从事相关的研究和教学。毕业生具备一定工作经历后,相关职位一般为:项目经理、房地产人、房地产估价师、监理工程师、造价工程师、咨询工程师、甲方代表、政府官员等。目前我国工程管理人才奇缺,毕业生供求比例大致在 1:3 左右。

3. 我国工程管理专业的演变

在我国,工程管理作为专业名称是 1998 年教育部调整本科专业目录时确定的,但工程管理相关专业(或方向)的设置和高等教育在 20 世纪 80 年代初即已开始,只是其专业口径较小。为了拓宽专业面,增强适应性,1998 年国家调整本科专业目录时,将原管理工程(建筑管理工程方向和基本建设管理方向)、房地产经营管理(部分)、涉外建筑工程营造与管理、国际工程管理等四个专业(或方向)归并为工程管理专业。国内院校现有的工程管理专业大都来源于以上专业(或方向),并在此基础上,根据各校办学特点分出不同的专业分支,形成了目前的专业设置状况,培养工程型、管理型、工程+管理型三种不同的工程管理人才。

目前,国内开设工程管理专业的大专院校约有 100 多所,分布在 20 多个省、市、自治区。通过建设部高等工程管理学科专业指导委员会评估的有十所院校。

4. 工程管理专业的专业方向

按照建设部工程管理学科专业指导委员会的《工程管理专业培养方案及课程教学大纲》,本专业可设置工程项目管理方向、房地产经营与管理方向、投资与造价管理专业方向、国际工程管理方向、物业管理方向等。各专业方向应分别满足下述要求:

(1)工程项目管理方向

该方向的毕业生主要适合于从事工程项目的全过程管理工作。初步具有进行工程项目可行性研究、工程项目全过程的投资、进度、质量控制及合同管理、信息管理和组织协调的能力。

(2)房地产经营与管理方向

该方向的毕业生主要适合于从事房地产开发与经营管理工作。初步具有分析和解决房地产经济理论问题及房地产项目的开发与评估、房地产市场营销、房地产投资与融资、房地产估价、物业管理和房地产行政管理的能力。

(3)投资与造价管理专业

该方向的毕业生主要适合于从事项目投资与融资及工程造价全过程管理工作。初步具有项目评估、工程造价管理的能力,初步具有编制招标、投标文件和投标书评定的能力,初步具有编制和审核工程项目估算、概算、预算和决算的能力。

(4)国际工程管理方向

该方向的毕业生主要适合于从事国际工程项目管理工作。初步具有国际工程项目招标与投标、合同管理、投资与融资等全过程国际工程项目管理的能力及较强的外语应用能力。

(5)物业管理方向

该方向的毕业生主要适合于从事物业管理工作。初步具有物业的资产管理和运行管理的能力,包括:物业的财务管理、空间管理、设备管理和用户管理能力,物业维护管理及物业交易管理能力。

5. 国际上工程管理专业发展的现状怎样?

国际上的工程管理专业,特别是英美发达国家的工程管理本科教育有较长的办学历史。发达国家先进的工程管理教育为他们的工程咨询业、承包业提供了坚强的人才后盾,为他们在国际市场上长期保持很强的竞争优势打下了坚实的基础。发达国家工程管理的大学教育应当说以英国为先驱。从19世纪开始,工程管理教育由早期的以施工阶段为主的施工管理、工料测量不断发展到目前的工程项目全过程管理,包括投资决策、融资决策、工程法律、设计咨询、物业管理、设施管理、建筑评估。美国也是国外工程管理教育的代表,总的体系与英国的差不多,但美国的工程管理教育特色十分明显。美国的工程管理教育对工程技术本身强调的更多,而英国的工程管理教育更具国际性,在软的管理方面诸如工料测量、合同、索赔和法律等方面具有国际领先地位。

项目训练

1. 工程造价计价依据的分类。

2. 什么是定额?定额的特点及作用是什么?

3. 什么是预算定额?它由哪几部分组成?

4. 正确使用定额应注意哪些事项?

5. 什么是定额抽换?如何对定额进行抽换?

6. 查《铁路工程预算定额》,写明下列工作项目定额编号、工日、材料、机械台班及工费、料费、机械使用费、预算基价、材料重量。

1)人力挖松土,架子车运100 m,道路泥泞。

2)人力挖松土,土质湿度大,极易黏附工具,架子车运100 m。

3)人力挖桥基普通土,机械吊土,用1 t自卸车运至离弃土点800 m处,坑深8 m,有水,需加挡板。

4)某桥预应力混凝土梁道砟桥面,双侧钢栏杆,钢筋混凝土步行板,人行道宽1.3 m。

7. 查《公路工程预算定额》,写明下列工作项目定额编号、工日、材料、机械台班及工费、材料费、机械使用费、预算基价。

1)8 t以内自卸汽车运路基土5 km。

2)8 t以内自卸汽车运土5 km。

3)8 t以内自卸汽车运输路面沥青混合料5 km。

4)某级配砾石路面面层,压实厚度18 cm,人工摊铺集料,拖拉机带铧犁分层拌和碾压。

5)某路基工程用10 m^3以内自行式铲运机铲运硬土,平均运距600 m,重车上坡坡度18%。

6)某桥预制构件重5 t,采用垫滚子绞运运输,运距36 m,升坡0.6%,需出坑堆放。

7)某天然砂砾路面,路面设计宽度为3.5 m,压实厚度为14 cm,机械摊铺。

8)某山岭重丘区临时汽车便道工程,长1.5 km,路基宽4.5 m,天然砂砾路面宽3.5 m,压实厚度15 cm,使用养护期为18个月。

项目 3　铁路工程概(预)算编制

 项目描述

　　铁路工程概(预)算的编制是本门课程的重点,也是强化学生对铁路工程项目划分、概(预)算编制程序、概(预)算的编制方法等基本技能掌握的关键。

　　本项目主要描述铁路工程概(预)算编制的程序、编制的范围、编制的要求、编制的深度和主要的编制依据;铁路工程概(预)算费用的组成及其费用计算的方法、单项工程概(预)算、综合概(预)算和总概(预)算编制的方法,采用的定额和费用标准以及各种概(预)算表格形式和概(预)算文件的组成等。

 拟实现的教学目标

　　知识目标
　　1. 掌握铁路工程概(预)算费用的组成;
　　2. 掌握铁路工程概(预)算费用的计算方法;
　　3. 掌握铁路工程概(预)算编制的程序及编制的办法。
　　能力目标
　　1. 具备正确计算铁路工程概(预)算中各种费用的能力;
　　2. 具备正确进行单项工程概(预)算编制的能力;
　　3. 具备熟练进行价差调整的能力;
　　4. 具备编制单项工程概(预)算、综合概(预)算和总概(预)算的能力。
　　素质目标
　　1. 培养学生良好的职业道德和吃苦耐劳的优良品质;
　　2. 培养学生分析问题、解决问题、积极思考、勇于探索、不断创新的能力。

典型工作任务 1　铁路工程概(预)算费用的组成

3.1.1　工作任务

　　通过学习,使学生掌握铁路工程概(预)算章节表的划分和概(预)算费用项目的组成。

3.1.2　相关配套知识

　　1. 铁路工程概(预)算章节划分
　　铁路工程的概(预)算费用,按不同工程和费用类别分为四个部分,共十六章34节,其各章节的细目及具体内容,见表3.1。

表 3.1　铁路工程概(预)算章节划分

第一部分	静态投资		
第一章	拆迁及征地费用	第一节	拆迁及征地费用
第二章	路基	第二节	区间路基土石方
		第三节	站场土石方
		第四节	路基附属工程
第三章	桥涵	第五节	特大桥
		第六节	大桥
		第七节	中桥
		第八节	小桥
		第九节	涵洞
第四章	隧道及明洞	第十节	隧道
		第十一节	明洞
第五章	轨道	第十二节	正线
		第十三节	站线
		第十四节	线路有关工程
第六章	通信及信号	第十五节	通信
		第十六节	信号
		第十七节	信息
第七章	电力及电力索引供电	第十八节	电力
		第十九节	电力索引供电
第八章	房屋	第二十节	房屋
第九章	其他运营生产设备及建筑物	第二十一节	给排水
		第二十二节	机务
		第二十三节	车辆
		第二十四节	动车
		第二十五节	站场
		第二十六节	工务
		第二十七节	其他建筑设备
第十章	大型临时设施和过渡工程	第二十八节	大型临时设施和过渡工程
第十一章	其他费用	第二十九节	其他费用
第十二章	基本预备费	第三十节	基本预备费
第二部分	动态投资		
第十三章	工程造价增长预留费	第三十一节	工程造价增长预留费
第十四章	建设期投资贷款利息	第三十二节	建设期投资贷款利息
第三部分	机车车辆购置费		
第十五章	机车车辆购置费	第三十三节	机车车辆购置费
第四部分	铺底流动资金		
第十六章	铺底流动资金	第三十四节	铺底流动资金

2. 铁路工程概(预)算费用的组成

铁路工程概(预)算费用是指铁路建设项目从可行性研究报告批复后到竣工验收时预期发生的全部建设费用。在总概算表中表现为四个部分,即编制期的静态投资、编制期至竣工验收时的动态投资、初期投产运营所需要的机车车辆购置费和铺底流动资金,如图 3.1 所示。其中,静态投资费用种类分为:

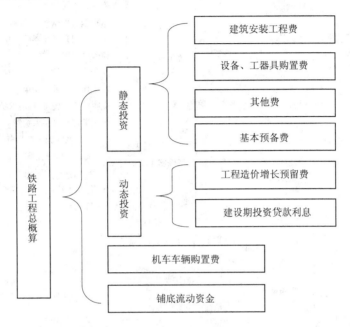

图 3.1　铁路工程概预算费用的组成

1)建筑工程费(费用代号Ⅰ)

建筑工程费指路基、桥涵、隧道及明洞、轨道、通信、信号、电力、电力牵引供电、房屋、给排水、机务、车辆、站场建筑、工务、其他建筑工程等和属于建筑工程范围内的管线敷设、设备基础、工作台等,以及拆迁工程和应属于建筑工程费内容的费用。

2)安装工程费(费用代号Ⅱ)

安装工程费指各种需要安装的机电设备的装配、装置工程,与设备相连的工作台、梯子等的装设工程,附属于被安装设备的管线敷设,以及被安装设备的绝缘、刷油、保温和调整、试验所需的费用。

3)设备购置费(费用代号Ⅲ)

设备购置费指一切需要安装与不需要安装的生产、动力、弱电、起重、运输等设备(包括备品备件)的购置费。

4)其他费(费用代号Ⅳ)

其他费指土地征用及拆迁补偿费、建设项目管理费、建设项目前期工作费、研究试验费、计算机软件开发与购置费、配合辅助工程费、联合试运转及工程动态检测费、生产准备费、其他。

5)基本预备费

铁路工程基本预备费指在初步设计阶段,编制总概(预)算时,由于设计限制而发生的难以预料的工程和费用。

铁路工程概(预)算费用项目组成,如图 3.2 所示。

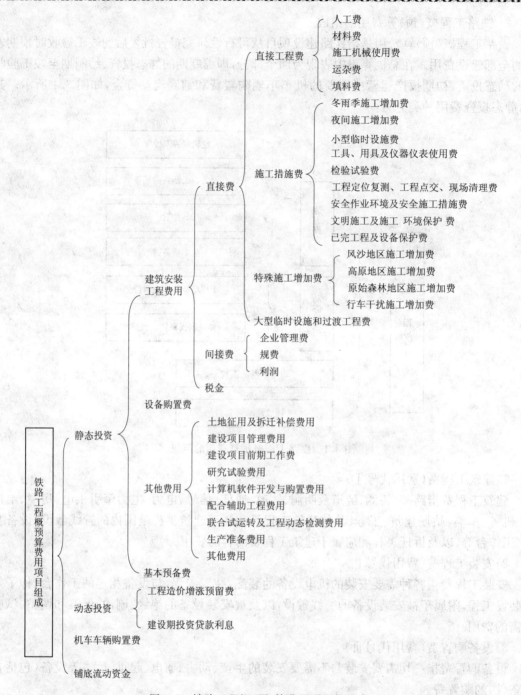

图 3.2　铁路工程概(预)算费用项目的组成

典型工作任务 2　铁路工程概(预)算编制程序、依据及原则

3.2.1　工作任务

通过学习,使学生掌握铁路工程概(预)算编制的程序、深度要求和编制的依据;了解铁路工程概(预)算编制的原则。

3.2.2 相关配套知识

1. 铁路工程概(预)算编制的程序

铁路工程概(预)算编制是招标人编制标底和投标人编制报价及施工中成本控制的理论基础,其编制流程主要依据《铁路基本建设工程设计概(预)算编制办法》(铁建设〔2006〕113 号文)和工程造价组合计价的特点而定,如图 3.3 所示。

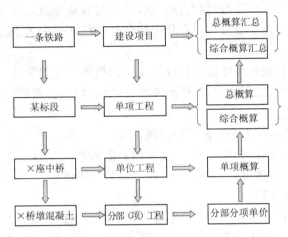

图 3.3 铁路工程概算编制流程

铁路工程概(预)算编制程序,按单项概算(个别概算)、综合概算、总概算三个层次逐步完成,如图 3.4 所示。

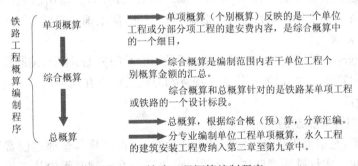

图 3.4 铁路工程概算编制程序

2. 铁路工程概(预)算编制范围、深度及要求

设计概(预)算的编制范围、深度应与设计阶段及设计文件组成内容的深度细度相适应。

1)单项工程概(预)算

单项工程概(预)算是编制综合概(预)算、总概(预)算的基础,是详细反映各工程类别和重大、特殊工点的主要概(预)算费用的文件。

单项工程概(预)算编制深度:应结合建设项目的具体情况、编制阶段、工程难易程度及所占投资比重的大小,视各阶段采用定额的要求,确定其编制深度。其编制内容包括人工费、材料费、施工机械使用费、运杂费、价差、施工措施费、特殊施工增加费、间接费和税金。

编制单元应按总概预算的编制范围划分,并按铁路工程概(预)算章节划分的工程类别分别编制。其中技术复杂的特大桥、大桥、中桥及高桥(墩高 50 m 及以上),4 000 m 以上的单、双线隧道,多线隧道及地质复杂的隧道,大型房屋(如机车库、3 000 人及以上的站房等)以及投资较大、工程复杂的新技术工点等,应按工点分别编制单项概预算。

说明:如单项工程预算突破相应概算时,应分析原因,对施工图中不合理部分进行修改,对其合理部分应在总概算投资范围内调整解决。

2)综合概(预)算

综合概预算是具体反映一个总概预算范围内的工程投资总额及其构成的文件,其编制范围应与相应的总概预算一致。编制时,应根据单项工程概(预)算,按"综合概(预)算章节表"的顺序进行汇编,没有费用的章,在输出综合概(预)算表时其章号及名称应保留,各节中的细目结合具体情况可以增减。一个建设项目有几个综合概(预)算时,应汇编综合概(预)算汇总表。

3)总概(预)算

总概(预)算是用以反映整个建设项目投资规模和投资构成的文件,一般应按整个建设项目的范围进行编制,但遇有以下情况,应根据要求分别编制总概(预)算,并汇编该建设项目的总概(预)算汇总表。

(1)两端引入工程可根据需要单独编制总概预算。

(2)编组站、区段站、集装箱中心站应单独编制总概预算。

(3)跨越省(自治区、直辖市)或铁路局的,除应按各自所辖范围编制总概预算外,尚需以区段站为界,分别编制总概预算。

(4)分期建设的项目,应按分期建设的工程范围分别编制总概预算。

(5)一个建设项目,如由几个设计单位共同设计,则各设计单位按各自承担的设计范围编制总概预算。总概预算汇总表由建设项目总体设计单位负责汇编。如有其他特殊情况,可按实际需要划分总概预算的编制范围。

总概(预)算是根据综合概(预)算,分章汇编。没有费用章,在输出总概(预)算表时,其章号及名称一律保留。一个建设项目有几个总概(预)算时,应汇编总概(预)算汇总表。

4)施工图预算

设计单位根据施工图编制的施工图预算,所采用的编制依据、原则、编制范围及单元等,应与批准的总概(预)算相一致,以便于施工图预算与总概(预)算在同一基础上进行对照,分析原因,优化施工图设计。

3. 铁路工程概预算编制的原则及依据

工程概(预)算,是根据工程各个阶段的设计内容,具体计算其全部建设费用的文件,是国家或业主对基本建设实行科学管理和监督的重要手段。在编制时无论从工程数量的计算,还是基础资料的收集都必须根据《编制办法》、编制原则等要求进行。

1)《铁路基本建设工程设计概(预)算编制办法》(铁建设〔2006〕113 号)运用范围:适用于铁路基本建设工程大中型项目;公路工程适用于新建和改建的公路工程基本建设项目,对于公路养护的大、中修工程,可参照使用。

2)概(预)算编制的原则:工程概算、施工图预算(投资检算)的编制,应遵循以下原则,如图3.5所示。

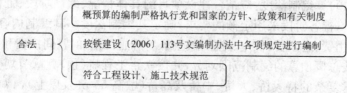

图　3.5

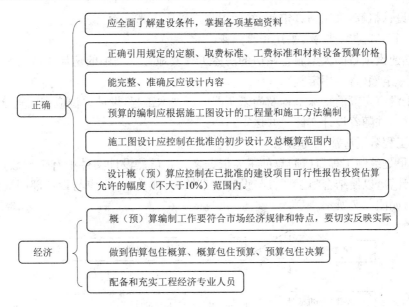

图 3.5　概(预)算编制的原则

3)概(预)算编制的依据如图 3.6 所示。

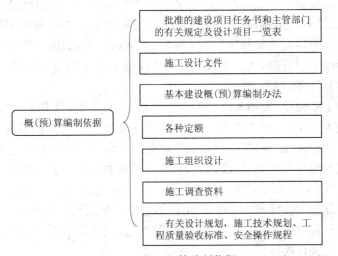

图 3.6　概(预)算编制依据

注:1. 施工设计文件包括:设计说明书、设计图表、工程数量或审查意见,设计过程中有关各方签订的涉及费用的协议、纪要等。

2. 基本建设概(预)算编制办法:铁路工程现执行的是铁建设〔2006〕113 号文;公路工程现执行的是公路工程概预算编制办法 2008。

3. 各种定额,包括消耗定额和费用定额。

4. 施工调查资料包括:地质、水文、气象、资源、津贴标准、政策性取费标准、土地征、租用及道路改移、设置交通道路的各种协议、既有线运行情况等。

4)定额的采用

(1)基本规定

根据不同设计阶段、各类工程(其中路基、桥涵、隧道、轨道及站场简称站前工程)的设计深度、铁路工程定额体系的划分,具体定额的采用按以下规定执行。

①初步设计概算:采用预算定额,站后工程可采用概算定额。

②施工图预算、投资检算:采用预算定额。

(2)独立建设项目的大型旅客站房的房屋工程及地方铁路中的房屋工程可采用工程所在地的地区统一定额(含费用定额)。

(3)对于没有定额的特殊工程及尚未实践的新技术工程,设计单位应在调查分析的基础上补充单价分析,并随着设计文件一并送审。

5)计算工程数量应注意的事项

工程数量是编制工程概(预)算的主要依据之一。虽然设计文件中有工程数量,施工企业仍需要重新计算,以便结合施工调查与设计数量核对,如有出入,应与设计部门或建设单位联系商议处理,如图 3.7 所示。

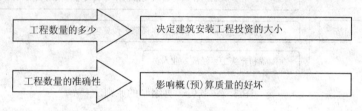

图 3.7　工程数量的重要性

(1)工程数量计算前,应熟悉设计文件、资料及有关规范,弄清设计标准、规格,按图计算。

(2)铁路建筑的路基、桥涵、隧道、轨道、站场等工程的设计图上往往只附有主要工程数量表和采用的定型图图号,而建筑物次要的工程数量和结构的细部尺寸要参照定型图另行计算。同时,要注意设计图上没有的,而实际施工方法或在施工过程中会发生的作业项目的数量,应考虑周全,不要遗忘计算、归类、整理。

例如:由于地下水位高,桥涵基坑开挖时的降水、基坑支护;路基土石方较大时,增设的临时存土场;CFG 桩施工,由于地基软弱,设备无法进入场地而进行的换填等。

(3)工程数量的计算,必须按照设计、施工规范及工程数量计算规则进行。

例如:桥上铺护轮轨长度计算,设计规范规定,护轮轨伸出桥台前墙以外的直轨部分的长度不应少于 5 m,当直线上桥长超过 50 m,曲线上桥长超过 30 m 时,应为 10 m,然后弯曲交会于铁路中心,弯轨部分的长度不应小于 5 m,轨端超出台尾的长度不应少于 2 m。

(4)工程数量计算时,应注意计量单位、包括的工作内容是否与定额的内容、单位一致,如计量单位不一致,应进行换算等。

(5)了解有关文件、规定及协议。

例如:鉴定文件中对建设项目的修改而增减工作项目和数量;设计文件中附上的同地方政府和其他部门签订的协议以及在施工中签订的合同等文件。

(6)设计断面以外并为施工规范所允许的工程数量,应计算在内。而往往这部分工程数量在设计数量中未包含。

例如:张拉用的钢绞线,两端的工作长度(一般为 0.7 m)应计入工程量。

(7)由于地质、地形、地貌以及设计阶段等原因,常出现设计与实际不符情况,计算前核对。

例如:长螺旋泵压混凝土施工 CFG 桩,常常由于地质软弱原因,混凝土在压力作用下,导致实际桩径大于设计桩径,远远高于定额混凝土消耗量。

(8)由于沉落、涨余、压缩而引起的数量变化,应计列。

例如:原地面夯实,其夯实费用已包括在定额单价内,但因压实引起原地面下沉而需回填。

增加的填方数量,应计算列入。

(9) 由于施工原因,造成的不可避免的数量增加应予考虑,如给排水工程破坏路基、道砟等。

例如:顶进涵施工完成后,需对涵顶线路破坏的路基、道砟等要修复,增加一些工程量。

(10) 由于客观原因造成的特殊情况处理所增数量应计算。

例如:如隧道的坍方、超挖、溶洞等。

(11) 有关术语的含义要符合规定。

例如:如桥长、桥梁延长米、桥梁单延米、涵渠横延米,正、站线建筑长度与铺轨长度等。

(12) 工程数量计列范围要符合规定。

例如:计算路基土石方时,不包括桥台后缺口土石方及桥头锥体土石方,该项土石方应按施工方法和运距查相应定额计算,编列在桥梁的单节中。

铺轨的工程数量按设计图示每股道的中心线长度(不含道岔)计算。铺道岔的工程量按设计图示数量计算;铺道砟的工程量按设计断面尺寸计算。

典型工作任务 3　铁路工程概(预)算编制

3.3.1　工作任务

通过学习,使学生掌握铁路工程概(预)算编制的方法(包括地区单价分析法和调整系数法),了解铁路工程概(预)算编制的内容及要求。

3.3.2　相关配套知识

1. 铁路工程概(预)算编制的方法

单项工程概(预)算是按各项工程类别和一些重大特殊工程为单位进行编制的,它是计算综合概(预)算和编制总概(预)算的最基本单元。

编制单项工程概(预)算的方法有两种:地区单价分析法和调整系数法。

地区单价分析法,内容细致,项目具体,条件符合实际,计算结果相对比较准确、便于基层开展核算,但工作量较大;调整系数法计算工作量较小,出成果较快,但内容、精度比较粗略。

1)应具备的基础资料

在编制工程概(预)算前,首先要收集并确定编制概(预)算的基础资料。资料收集的广泛与确定的准确程度,对编制的精度关系甚为密切,必须认真对待。主要收集并确定的基础资料有:

(1)根据已审核的施工设计图和施工组织设计确定的施工方法、程序、土石方调配方案、临时工程规模等。按照单项(分项)概(预)算编制范围,汇总各类工程的工程数量。

(2)确定本建设项目所采用的编制方法,预算定额及补充预算定额。

(3)确定本建设项目各类工程综合工资等级的工资及津贴的标准(综合工费标准)。

(4)确定本建设项目所采用的各种外来材料的标准料价,当地料的调查价及分析料价。

(5)确定本建设项目内所使用的各种机械台班单价。

(6)确定各种运输方法的运距、运价、装卸单价及其材料管理费。

(7)工程用电、用水的综合分析单价。

(8)确定施工措施费、特殊施工增加费的工程量及其费率,以及影响概(预)算编制的各有关因素。

(9) 确定各种不作为材料对待的土方、石方、渗水材料、矿物材料等填料用料的数量和单价。

(10) 确定工程数量、间接费率和税率。

2)编制的方法

(1)地区单价分析法

此方法是采用设计单价进行单价分析或地区单价(是按工程所在地区的现行工资标准、现行材料价格、现行机械台班费用定额及有关规定进行分析的单价,亦称地区水平)去替换编制工程预算所选用定额的工、料、机价格(称预算定额单价),分析出一系列工程需要的工作项目的设计定额单价或地区定额单价,直接在预算编制中使用,如图3.8所示。

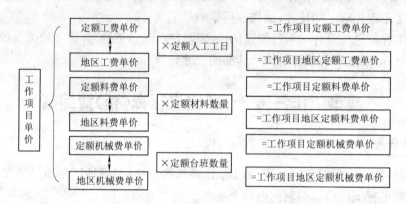

图 3.8　地区单价分析法示意框图

具体步骤如下:

①地区定额单价分析

a. 根据汇总工程量内的工作项目,查阅有关的定额。

b. 利用单价分析表(表3.2)进行单价分析。用定额中查得的工、料、机单位定额数量乘以该建设项目的地区工、料、机单价,即可算出该该项目的地区定额基价及重量。

c. 将全部工作项目的地区定额单价分析成果填入"单价汇总表",以便编制单项概(预)算查用,加快编制速度。

表 3.2　单价分析表

工程类别		钻　孔　桩		单价编号		1	计量单位	10 m
工作内容		安拆泥浆循环系统并造浆;准备钻具,装、拆、移钻架及钻机,安拆钻杆及钻头;钻进、压泥浆、清理钻渣;清孔						
说　　明		分析定额 QY-101 地区单价基价						
电算代号	项　　目		单位	数量	基期单价	合计	地区单价	合　价
	基　　价		元			3 145.78		4 094.02
	其中	人工费				79.68		149.40
		材料费				259.78		279.73
		机械使用费				2 806.32		3 646.89
	重　　量		t					
2	人　　工		工日	3.32	24.00	79.68	45.00	149.40

续上表

电算代号	项　目	单位	数量	基期单价	合价	地区单价	合价
1110003	锯材	m³	0.027	1 013.00	27.35	1 013.00	27.35
1210002	膨润土	kg	709.6	0.14	99.34	0.14	99.34
3002011	纯碱 含量≥98%	kg	53.216	1.27	67.58	1.27	67.58
3310211	输气(水)管胶管 d150	m	0.167	173.61	28.99	173.61	28.99
3310217	输水管胶管 d100	m	0.167	60.35	10.08	60.35	10.08
8999002	其他材料费	元	22.55	1.00	22.55	1.00	22.55
8999006	水	t	10.203	0.38	3.88	4.10	41.83
9102104	汽车起重机≤16 t	台班	0.158	671.02	106.16	799.51	126.32
9105310	单级离心清水泵 ≤170 m³/h-26 m	台班	0.237	85.52	20.27	130.33	30.89
9105401	泥浆搅拌机≤150 L	台班	0.237	44.97	10.66	77.300	18.32
9105355	离心式泥浆泵 ≤150 m³/h-39 m	台班	0.474	184.510	87.46	259.680	123.09
9105286	旋挖钻机≤280 kN·m	台班	0.474	5 080.74	2 408.27	6 255.74	3 091.78
9100003	履带式液压单斗挖掘机≤1.0 m³	台班	0.245	695.89	170.49	1 034.62	253.48
9199999	其他机械使用费	元	3.01	1.00	3.01	1.00	3.01

②计算人工、材料、机械台班数量

a. 根据汇总工程量中的工作项目,查单项定额得出工、料、机的定额数量。

b. 用工作项目工程量分别乘以相应的工、料、机的定额数量,即得出该工作项目所需的人工工天、消耗材料数量及使用机械台班数量。

c. 将各工作项目的人工工天、材料数量及使用机械台班数量分别相加就可求出该单项工程所需的总劳力,各种材料消耗数量及各种机械使用的台班数量。

此项工作利用工、料、机数量统计表计算。

计算工、料、机数量,其作用就是为分析平均运杂费,提供各种材料所占运量的比重;为计算各种设备用机械台班,提供台班数量;为编制施工计划,进行基层核算提供可靠依据。

③运杂费单价分析

a. 根据材料供应计划和运输线路,确定外来料和各种当地材料的运输方法、运距以及各种运输方法的联运关系,并在此基础上计算全运输过程每吨材料的运杂费单价。

b. 根据工、料、机数量计算表中材料重量,并据以分析各类材料运输重量比重。

c. 将各类材料的每吨全程运杂费单价分别乘以相对应的材料重量比重,然后汇总其价值,为每吨材料的平均运杂费单价。

编制概预算时,采用主要材料平均运杂费单价分析表分析平均杂费单价无需进行调价。

平均运杂费单价的计算方法和步骤如下:

第一步,取出"主要材料(设备)平均运杂费单价分析表",填写表头。

第二步,根据各种材料运输方法、运价、装卸次数及装卸单价计算出各种材料每吨全程运价。

第三步,根据各种材料运输方法所占的比例计算出每吨材料的综合运价。

第四步,计算出各种材料在总运量中所占比例。

第五步,各种材料运杂费等于总运量比重乘以综合运杂费。

第六步,将运杂费加总之后,加上其材料保管费,即得出主要材料平均运杂费单价。

采用主要材料平均运杂费单价分析表分析平均杂费单价。利用此法编制概(预)算无需进行调价。

(2)调整系数法

用调整系数法编制单项(分项)概(预)算,其方法和地区单价分析方法基本相同,所不同之处是调整系数法不进行单价分析,而直接采用定额基价编制单项(分项)概(预)算,算出工、料、机费用结果后用一个系数进行调整,此系数即为调整系数。

求算调整系数主要有两种方法。

①用工、料、机费用分析法计算调整系数

用"地区单价分析法",分析计算出人工、消耗材料及使用机械台班的总数量。分别乘以地区价中的人工单价、各种材料单价及各种使用机械台斑单价,加总后或求出地区总价值;分别乘以地区采用基价中的人工单价、各种材料单价及各种使用机械台班单价,加总后求出基价总价值,地区总价值(设计价)与基价总价值之比即为调整系数,即

$$调整系数 = \frac{地区总价值}{基价总价值}$$

计算方法和步骤如下:

a. 核算工程数量:核算方法同单价分析法。

b. 按定额基价及工程数量计算各工程项目的合价,加总求出单项(分项)(单项)工程的工、料、机总费用。

c. 计算工、料、机数量:统计出该单项(分项)工程的人工、各种材料、各种机械台班的总数量。

d. 用对比法求调整系数:即用工、料、机数量表中统计的各级人工、各种材料、各种机械台班,分别乘以定额基价及工程所在地的单价。计算出合价,各自加总,求出按定额基价及工程所在地单价(地区价、设计价)的工、料、机总费用,后者与前者之比即为调整系数。

e. 用调整系数乘以按定额基价计算的工料机总费用、即为工程所在地该单项(分项)工程工、料、机总费用。

f. 以下按单价分析法的步骤继续完成平均运杂费单价的分析、计算运杂费、其他直接费等单项(分项)工程应计算的费用。

②价差系数调整方法

价差系数调整法是编制综合概(预)算的另一种方法。其单项(分项)概(预)算的编制,是利用定额基价(如2005年基期年价格水平)乘以工程数量,得出整个单项工程的工料机总费用,然后计算运杂费,其他直接费,现场经费,间接费,计划利润,税金等,列入各章。由基期年度至概(预)算编制年度所发生的价差(尤其是材料价差),则根据原铁道部每年制定、发布的不同地区、不同工程类别的价差系数,在各章、各工程类别工料机费用的基础上计算,这种方法是铁路工程概(预)最普遍采用的方法。本项目典型工作任务3.4主要介绍此种方法。

3)价差调整确定

(1)价差调整是指基期至概(预)算编制期、概(预)算编制期至工程结(决)算期间,对基期价格所做的合理调整。

(2)价差调整的阶段划分

铁路工程造价价差调整的阶段,分为基期至设计概(预)算编制期和设计概(预)算编制期至工程结(决)算期两个阶段。

①基期至设计概(预)算编制期所发生的各项价差,由设计单位在编制概(预)算时,按本办法规定的价差调整方法计算,列入单项概(预)算。

②设计概(预)算编制期至工程结(决)算期所发生各项价差,应符合国家有关政策,充分体现市场价格机制,按合同约定办理。

(3)人工费、材料费、施工机械使用费、设备费等主要项目基期至设计概(预)算编制期价差调整方法。

①人工费价差的调整方法

按定额统计的人工消耗量(不包括施工机械台班中的人工)乘以编制期综合工费单价与基期综合工费单价的差额计算。

②材料费价差调整方法

a. 水泥、钢材、木材、砖、瓦、石灰、砂、石、石灰、黏土、花草苗木、土工材料、钢轨、道岔、轨枕、钢梁、钢管拱、斜拉索、钢筋混凝土梁、铁路桥梁支座、钢筋混凝土预制桩、电杆、铁塔、机柱、支柱、接触网及电力线材、光电缆线、给水排水管材等材料的价差,按定额统计的消耗量乘以编制期价格与基期价格之间的差额计算。

b. 水、电价差(不包括施工机械台班消耗的水、电),按定额统计的消耗量乘以编制期价格与基期价格之间的差额计算。

c. 其他材料的价差以定额消耗材料的基期价格为基数,按部颁材料价差系数调整,系数中不含施工机械台班中的油燃料价差。

$$其他材料的价差＝\sum 其他基期材料价格×(价差系数－1)$$

③施工机械使用费价差调整方法

按定额统计的机械台班消耗量,乘以编制期施工机械台班单价(按编制期综合工费标准、油燃料单价、水、电单价及养路费标准计算)与基期施工机械台班单价的差额计算。

④设备费的价差调整方法

编制设计概(预)算时,以现行的《铁路工程建设设备预算价格》中设备原价作为基期设备原价。编制期设备原价由设计单位按照国家或主管部门发布的信息价和生产厂家规定的现行出厂价分析确定。基期至编制期设备原价的差额,按价差处理,不计取运杂费。

4)概(预)算编制计算精度

(1)人工、材料、机械台班单价

单价的单位为"元",取 2 位小数,第 3 位四舍五入。

(2)定额(补充)单价分析

单价和合价的单位为"元",取 2 位小数,第 3 位四舍五入。单重和合重的单位为"t",单重取 6 位小数,第 7 位四舍五入。合重取 3 位小数,第 4 位四舍五入。

(3)运杂费单价分析

汽车运价率单位为"元/t·km",取 3 位小数,第 4 位四舍五入。火车运价率单位及运价率按现行的《铁路货物运价规则》执行;装卸费单价为"元",取 2 位小数,第 3 位四舍五入。综合运价单位为"元/t",取 2 位小数,第 3 位四舍五入。

（4）单项概（预）算

单价和合价的单位为"元"，单价取 2 位小数，第 3 位四舍五入。合价取整数。

（5）材料重量

材料单重和合重的单位为" t"，均取 3 位小数，第 4 位四舍五入。

（6）人工、材料、施工机械台班数量统计

按定额的单位，均取 2 位小数，第 3 位四舍五入。

（7）综合概（预）算

概（预）算价值和指标的单位为"元"，概（预）算价值取整数，指标取 2 位小数，第 3 位四舍五入。

（8）总概（预）算

概（预）算价值和指标的单位为"万元"，均取 2 位小数，第 3 位四舍五入。费用比例单位为"％"，取 2 位小数，应检验是否闭合。

（9）工程数量

①计量单位为"m³"、"m²"、"m"的取 2 位小数，第 3 位四舍五入。

②计量单位为"km"的，轨道工程取 5 位小数，第 6 位四舍五入。其他工程取 3 位小数，第 4 位四舍五入。

③计量单位为"t"的取 3 位小数，第 4 位四舍五入。

④计量单位为"个、处、座、组或其他可以明示的自然计量单位"的取整。

2. 铁路工程概（预）算编制内容及要求

1）拆迁工程

拆迁工作又称动迁工作，通常居于工程前期工作，由业主负责完成。但它是整个建设项目概（预）算的重要组成部分，其编制方法一般是根据国家或当地行政主管理部门补偿标准及现场测量确定的"量"进行计算。一般以总承包单位或独立工程段（标段）担负的施工范围进行编制。

（1）拆迁建筑物：因施工必须拆除或迁移的房屋、附属建筑物（如围墙、水井）、坟墓、瓦窑、灰窑、水利设施（如水闸），无论属于公产、私产、路产或集体所有，均列本项；其费用，房屋按拆迁数量、种类，根据当地政府有关规定协议及单价编列，其他拆迁可按调查资料编列。

（2）改移道路：原有道路因修建铁路，必须另外修建新路以代替时，所发生的工程均列本项。其费用根据设计的工程数量（包括土石方，路面、桥洒、挡墙以及其他有关工程和费用）进行定额单价分析编列。

（3）迁移通信、电力线路：由于修建铁路往往与路内外电线路发生干扰，因而需进行迁移。其费用按设计数量和分析单价或有关单位提出的预算资料进行编列。

（4）砍树及挖除树根一般地区不计列，当线路通过森林地区或遇有树林、丛林需要砍树、除根，遇有草原，需铲除草皮等，可按调查数量，分析单价计列。如无调查资料可按类似线路综合指标计列。

（5）补偿原则

①依据政策、合理补偿，充分保护群众利益，既要防止漫天要价，又要防止不合理压价；

②涉及国有或集体所有制厂矿企事业单位的拆迁，给予适当补偿；

③涉及国有资产的电力、电信、铁路、水利及管道及军用设施等构造物拆迁，按成本价计算补偿；

④补偿标准通常据目前社会物价指数测算，并适当考虑市场物价变化因素确定。

2)路基工程

路基工程一般以总承包单位或独立工程段(标段)担负的施工范围和根据基层核算要求,分别编列各段的区间路基土石方、站场土石方、路基附属工程(附属工程、加固及防护)、挡土墙等项目,要分别编制单项概(预)算。

(1)区间路基土石方、站场土石方的编制内容及要求

①土石方工程数量,必须根据土壤的成分按Ⅰ至Ⅵ类划分,遇有填渗水土壤及永久冻土、可增列项目;技土石方调配所确定的施工方法、运输距离等条件进行编制。因土方与石方、机械与人工的各种管理费率不同,所以这几项必须分别编列。

②特大桥和大、中桥的桥头锥体土石方桥台台后缺口土石方不包括在本项目内,应列入第三章的桥涵项目中。

③填土压实数量为路堤填方数量减去设计中规定的石质路堤数量。无论采用人力或机械施工,均计列填土压实费。利用石方填筑的路堤(非设计的填石路堤),均计列填土打夯费。

④码坡填心路基,按设计要求分别计列码砌边坡和填心费。

(2)路基附属工程编制内容及要求

①路基附属工程,包括区间、站场的天沟、吊钩、排水沟、缓流井、防水堰等的土石方和浆(干)砌片石工程,以及平交道土石方(含路面、涵管)等数量。其费用根据设计数量,定额单价分析计列。附属土石方无资料时,可按正、站线路基土石方费用的5%估列。

②路基的加固及防护:包括区间、站场因加固路基而设计的锚固桩、盲沟、片石垛、反压护道;因修筑路堤引起的改河、河床加固,因防护边坡采取的铺草皮、种草舒、护坡、护堵,为防雪、防沙、防风而设置的设备和防护林带、植树等。其费用按设计工程数量进行定额单价分析编制。

③挡土墙

挡土墙分浆砌片石挡土墙及混凝土挡上墙,其费用按设计圬工类型,分别计算工程数量,然后进行定额单价分析编列。大型挡土墙以座编列。一般情况按施工管段范围编列。

3)桥涵工程

(1)特大桥、大桥、复杂中桥及 50 m 以上的高桥,按座编列。

(2)一般小桥、中桥按标段或总承包单位施工范围,汇总工程数量(包括预制成品梁数量),分析定额单价编列单项概(预)算。如基层核算需要,也可按座编列。

(3)明渠、圆管、盖板箱涵、拱涵、倒虹吸管、渡槽等,按标段或总承包单位施工范围编列,或根据基层核算需要,分类编列。要根据设计工程数量,进行计算汇总(包括各类预制成品的数量)与分析定额单价编列单项概(预)算。

(4)有挖基应增列基坑抽水费。

(5)要考虑计列围堰筑岛的数量。

(6)上部建筑因桥跨种类和架梁方法繁多,费用标准各不相同,应按下列分类编制:

①拱桥(分石砌、混凝土):上部建筑工程数量由拱脚起算。因系现场浇砌,故相关管理费应与下部建筑相同。

②钢梁(架设钢梁)是指钢梁结构及其架设费用。钢梁按出厂价格计算;钢梁的栏杆、支座以及检查设备的钢构件,如已包括在钢梁价格中则不宜重复计列。未包者单独计列。

③钢筋混凝土梁:就地浇筑钢筋混凝土梁,指在桥位上直接挠筑或在桥边、桥头预先浇筑成梁并架设者,包括制作与架设全部费用。

④成品钢筋混凝土梁:在工厂预先制成的成品梁运至工点用架桥机或其他机具架设者,价

购钢筋混凝土梁,按国家规定价格或调查价计列。施工单位预制钢筋混凝土梁按预算定额分析单价计列。

⑤架设钢筋混凝土梁:应包括由存梁场或预制成品运至桥梁工点的运杂费,和架设钢筋混凝土梁的费用,但不包括梁本身的费用。

⑥桥面:指桥面上的栏杆、人行道、避车台、护轮轨及配件、钢梁上的桥枕、压梁木、步行板等。

⑦桥长在 500 m 以上的特大桥,应编制单独概(预)算。工程项目和数量的确定,除设计图纸及施工组织设计所列的特大桥本身主体建安工程外,还应包括实验墩、实验梁、试验桩、桥梁基础承载试验、钢沉井、钢浮简的水密试验等费用;在基础施工中的吸泥、抽水、水中封底混凝土凿除浮浆层、清理基坑等工作项目及数量;包括洪水期间进行施工的防洪措施费用等。由于特大桥工程复杂,工程细目较多,要注意不要重列或漏列。

4)隧道及明洞

(1)隧道及明洞均以座编列。

(2)隧道单项概(预)算分别按正洞、压浆、明洞、辅助坑道、洞门附属工程、整体道床、设备器具购置工程项目分别编制,然后再汇总成一个隧道单项概(项)算。

(3)隧道内整体道床的工程量列入隧道(包括短枕),但不包括钢轨与扣件以及过段段的道砟道床。

(4)隧道正洞开挖数量应按《铁路工程技术规范》计算允许超挖部分和施工误差的范围与设计部门协商确定。

(5)利用隧道弃砟填筑路提的运输费用列入隧道内。

(6)隧道内使用的施工机械(如发电机、通风机、抽水机及斜井、坚井的卷扬机)要考虑备用机械台班。

(7)设备工器具购置费:是指隧道水久通风及照明设备,按设计数量、单价计算编列。永久设备安装费用列入隧道安装工程项目内。

5)轨道工程

(1)正、站线铺轨长度按设计标准进行计算;正、站线铺砟数量按道床设计断面计算;新铺钢筋混凝土轨枕地段,要考虑预铺道砟数量,一般每公里预铺 400~500 m。道砟单价按道砟来源、运输方法,按定额进行分析。

(2)永久石砟线,应连同永久砟厂一起编制单项概(预)算。

(3)道口、线路标志及正、站线沉落整修等其他有关线路工程,原则上技设计工程数量分析单价编列。资料不全时,可按正线铺轨总值(不含铺砟)的 2‰估列,枢纽按站线铺轨总值(不含铺砟)的 1‰估列。

(4)线路备料应根据《铁路工务规则》标准计列。正线按每公里 25 m 钢轨 2 根,轨枕 2 根,站线按每公里 25 m 钢轨 1 根,轨枕 1 根,每 100 组道岔,配备道岔 1 组。

(5)利用旧轨料时,按铁建设〔2006〕113 号文的编制办法中规定计算。

6)站后工程

站后工程包括通信、信号、电力、电气化、房屋、其他运营生产设备及建筑物的建筑安装工程及设备,是形成运输力的配套工程,其内容已详列在概(预)算章节表内。

(1)站后工程的特点是面广、琐碎、复杂、专业性强、设备安装工程量大。应组织各有关业务部门,计算工程数量.编制单项概(预)算,然后进行汇总;编制时要认定查阅核对设计文件,将需要安装和不需要安装的设备、机具、材科汇编成册,以便查阅和结算。

(2)房屋工程包括室内上水、下水、暖气、通风、照明及卫生技术设备。室外上、下水道属于给水工程。变压器以外的电线路属于电力工程。

(3)车站地区建筑物:章节表内容说明的地区照明,包括投光灯塔、灯柱、灯具及配线等地区通路包括通站公路、站内道路(含路面、桥、涵等),地区暖气设备,指室外暖气管道,单独修建的暖气锅炉等设备。

3. 铁路工程概预算编制的步骤

1)制定编制原则、方法,确定基础资料

(1)确定工料机及运杂费单价;

(2)确定各类费用计算费率和标准;

(3)补充分析定额单价;

(4)计算地区基价表;

(5)编写编制说明与要求。

2)编制单项概(预)算

单项工程概(预)算编制见后面内容详述。

3)编制综合概(预)算

填写综合概(预)算表,计算第十章　大临及过渡工程费,第十一章　其他费用,汇总静态投资;计算第十二章　基本预备费,第十三章　工程造价增长预留费;第十四章　建设期投资贷款利息;第十五章　机车车辆购置费;第十六章　铺底流动资金,汇总全部工料机数量。填写工料机汇总表。

4)编制总概(预)算表,编写说明书

根据编制的单项概(预)算和综合概(预)算,编制总概(预)算表和说明书。

4. 单项工程概(预)算的编制步骤与方法

1)编制单元

大单元:单独的工程类别(如区间路基上石方、大桥、中桥等)或规定要单独编制单项概(预)算的独立工点。

小单元:"章节表"上最小的工程子项,如路基土石方中的人力施工、机械施工等。

2)基期工料机费(定额基价)的计算方法

可采用地区单价编制法,也可采用调整系数法。

3)工程数量的整理与归纳

统一计量单位;划分工作细目;补充应计费项目。

4)补充定额,做单价分析表

补充定额:指定额不配套或缺项时的补充,需随概(预)算一并送审。

5)编制单项概(预)算表

(1)取出"建筑工程单项概(预)算表",按规定填好表头。

(2)根据工程项目、划分工作项目,选取定额编号、名称、单位、单价、单位重。把"工、料、机数量计算表"中的定额编号、工程项目、单位工程数量分别填入"建筑工程单项概(预)算表"相应项目内。

(3)把各工程项目的"定额分析"单价、重量分别填入"单项概(预)算表"中单价和单位重栏内。

(4)用工程数量乘以工、料、机单价(基价)及单位重量即可求出工、料、机合价及合重;如采用调整系数法,则填写"调整系数计算表"求算调整系数、调整工料机费用小计。

(5)把单项概(预)算表中各工程项目的合价及合计重累加,即可得出定额直接费用及材料总重。

(6)计算运杂费

①综合平均运杂费单价计算法

　　　　运杂费＝工程材料总重(t)×综合平均运杂费单价(元/t)

②单项平均运杂费单价计算法

　　运杂费＝某种(或类)材料总重量(t)×该种(或类)材料平均运杂费单价(元/t)

③综合费率计算法:对一些难以估算重量的材料和设备采用。

(7)计算人工费、材料费及施工机械使用费价差。

(8)汇总价差费用。

(9)计算填料费。

(10)汇总直接工程费。

(11)计算施工措施费。

(12)计算特殊施工增加费。

(13)汇总本单元单项概(预)算价值,求算综合指标。

(14)把若干小单元的单项概(预)算总价汇总为大单元单项概(预)算总价。

6)单项概(预)算计算程序(表3.3)

表 3.3　单项概(预)算计算程序

代号	项　目		说明及计算式
1	基期人工费		按设计工程量和基期价格水平计列
2	基期材料费		
3	基期施工机械使用费		
4	定额直接工程费		(1)+(2)+(3)
5	运杂费		指需单独计列的运杂费
6	价差	人工费价差	基期和编制期价差按有关规定计列
7		材料费价差	
8		施工机械使用费价差	
9	价差合计		(6)+(7)+(8)
10	填料费		按设计数量和购买价计算
11	直接工程费		(4)+(5)+(9)+(10)
12	施工措施费		[(1)+(3)]×费率
13	特殊施工增加费		(编制期人工费+编制期施工机械费)×费率或编制期人工费×费率
14	直接费		(11)+(12)+(13)
15	间接费		[(1)+(3)]×费率
16	税金		[(14)+(15)]×费率
17	单项概(预)算价值		(14)+(15)+(16)

注:表中直接费未含大型临时设施和过渡工程,大型临时设施和过渡工程需单独编制单项概(预)算,其计算程序见相关
　　规定。

5. 概(预)算编制文件的内容

1)编制说明；

2)总概(预)算汇总表

3)总概(预)算(汇总)对照表；

4)总概(预)算表；

5)综合概(预)算汇总表；

6)综合概(预)算(汇总)对照表；

7)综合概(预)算表；

8)单项概(预)算表；

9)单项概(预)算费用汇总表；

10)主要材料(设备)平均运杂费单价分析表；

11)补充单价分析汇总表；

12)补充单价分析表；

13)补充材料单价表；

14)主要材料预算价格表；

15)设备单价汇总表；

16)技术经济指标统计表；

17)主要劳、材、机及设备统计汇总表；

18)主要工程数量汇总表。

典型工作任务4　铁路工程概(预)算费用的计算

3.4.1　工作任务

通过学习,使学生掌握铁路工程概(预)算编制办法的应用,掌握铁路工程概(预)算各项费用的组成及其计算的方法,了解动态投资、机车车辆购置费和铺底流动资金的组成及其计算的方法。

3.4.2　相关配套知识

1. 直接工程费的计算

直接工程费是指施工过程中耗费的构成工程实体的有助于工程形成的各项费用,包括人工费、材料费、施工机械使用费、运杂费以及填料费。

1)人工费

人工费指从事建筑安装工程施工的生产工人开支的各项费用。具体计算公式如下：

$$人工费 = \sum 定额人工消耗量 \times 综合工费标准$$
$$= \sum 工程数量 \times 工日定额 \times 综合工费标准 \qquad (3.1)$$

(1)综合工费(人工单价)的组成内容

①基本工资。

②工资性补贴,指按规定标准发放的流动施工津贴、施工津贴、隧道津贴、副食品价格补贴,煤燃气补贴,交通费补贴,住房补贴及特殊地区津贴、补贴。

③生产工人辅助工资,指生产工人年有效施工天数以外非作业天数的工资,包括开会和执行必要的社会义务工作期间的工资,职工学习、培训,调动工作、探亲、休假期间的工资,因气候影响停工期间的工资,女工哺乳时间的工资,病假在 6 个月以内的工资及产、婚、丧假期间的工资。

④职工福利费。按国家规定标准计提的职工福利基金和医药费基金。

⑤生产工人劳动保护费。指按国家有关部门规定标准发放的劳动保护用品的购置费及修理费,工作服装补贴,防暑降温费,在有碍身体健康环境中施工的保健费用等。

(2)综合工费标准

铁路工程综合工费标准(工日单价)参见表 3.4。

表 3.4　铁路工程综合工费标准

综合工费类别	工程类别	综合工费标准(元/工日)
Ⅰ类工	路基,小桥涵,房屋,给排水,站场(不包括旅客地道、天桥)等的建筑工程,取弃土(石)场处理,临时工程	20.35
Ⅱ类工	特大桥,大桥,中桥(包括旅客地道、天桥),轨道,机务,车辆,动车等的建筑工程	24.00
Ⅲ类工	隧道,通信,信号,信息,电力,电力牵引供电工程,设备安装工程	25.82
Ⅳ类工	计算机设备安装调试	43.08

注:①本表中的综合工费标准为基期综合工费标准,不包含特殊地区津贴、补贴。特殊地区津贴、补贴国务院及有关部门和省(自治区、直辖市)的规定计算,按人工费价差处理。

②独立建设项目的大型旅客站房及地方铁路中的房屋工程,采用工程所在地统一定额的,应采用工程所在地区房屋工程综合工费标准。

③隧道外一般工程短途接运运输工程的综合工费标准采用Ⅰ类工标准。

综合工费标准仅作为编制概(预)算的依据,不作为施工企业实发工资的依据。

【例 3.1】　某单位在某地新建铁路特大桥工程,按国家规定,该地有特殊地区津贴和补贴,合计为每月 65 元,试分析该大桥工程基期与编制期的综合工费单价。

【解】:基期的综合工费单价,由表 3.4 可知,特大桥基期综合工费标准为 24 元/工日。

编制期的综合工费单价确定:

计算综合工费的年工作日为:$365-52\times2-11=250$(天),平均月工作日为:$250/12=20.83$(天)。该地区的特殊地区津贴和补贴应为:$65/20.83=3.12$(元/工日),则

编制期的综合工费单价为:$24+3.12=27.12$(元/工日)。

(3)工程数量:指编制的对象按工程量计算规则计算的单项、单位工程或分部分项工程的工程数量。

(4)工日定额:是指完成相应工程在相关定额中规定的所需人工工日。

表 3.4 中的综合工费标准,仅作为编制概(预)算时的工费依据,它与实际工资不同。

2)材料费

材料费是指施工过程中耗用的构成工程实体的原材料(如水泥、碎石等)、辅助材料(如炸药、雷管等)、构配件、零件和半成品的用量以及周转性材料(如绞手架、模板等)的摊销量等按相应的预算价格计算的费用。

$$材料费=\sum定额材料消耗量\times材料预算价格$$
$$=\sum工程数量\times材料定额\times材料预算价格 \qquad (3.2)$$

(1)材料预算价格的组成

铁路工程材料预算价格由材料原价、运杂费、采购及保管费组成。

$$材料预算价格=(材料原价+运杂费)×(1+采购及保管费率) \qquad (3.3)$$

①材料原价:指材料的出厂价或指定交货地点的价格,对同一种材料,因产地、供应渠道不同而出现几种原价时,其综合原价可按其供应量的比例加权平均确定。

②运杂费:是指材料自料源地(生产厂或指定交货地点)运至工地所发生的有关费用,包括运输费、装卸费及其他有关运输的费用等。

③采购及保管费:指材料在采购、供应和保管材料过程中所需要的各种费用,包括采购费、仓储费、工地保管费、运输损耗费、仓储损耗费,以及办理托运所发生的费用(如按规定由托运单位负担的包装、捆扎、支垫等的料具损耗费,转向架租用费和托运签条)等。

(2)材料预算价格的确定

在概(预)算编制时,为了统一概(预)算编制工作,一律采用铁建〔2006〕129 号文发布的《铁路工程建设材料基期价格》,作为基期材料价格。

①水泥、木材、钢材、砖、瓦、砂、石、石灰、黏土、花草苗木、土工材料、钢轨、道岔、轨枕、钢梁、钢管拱、斜拉索、钢筋混凝土梁、铁路桥梁支座、钢筋混凝土预制桩、电杆、铁塔、机柱、接触网支柱、接触网及电力线材、光电缆线、给水排水管材等材料的基期价格采用现行的《铁路工程建设材料基期价格》,编制期价格根据设计单位实地调查分析采用,以上价格均不含来源地至工地的运杂费,来源地至工地的运杂费应单独列。若调查价格中未含采购及保管费,要计算其按材料原价计取的采购及保管费。编制期价格与基期价格的差额按价差计列。以上材料的编制期价格应随设计文件一并送审。

②施工机械用汽油、柴油,基期价格采用现行的《铁路工程建设材料基期价格》〔2006〕129 号文,编制期价格根据设计单位实地调查分析采用,以上均为含运杂费和采购及保管费的价格。编制期价格与基期价格的差额按价差计列(计入施工机械使用费价差中)。施工机械用汽油、柴油的编制期价格应随设计文件一并送审。

③除上述材料以外的其他材料,基期价格采用现行的《铁路工程建设材料基期价格》,其编制期与基期的价差按原铁道部颁材料价差系数调整。此类材料的基期价格已包含运杂费和采购及保管费,原铁道部颁材料价差系数也已考虑运杂费和采购及保管费因素,编制概(预)算时不应另计运杂费和采购及保管费。

计算公式为:

$$其他材料的价差=\sum 其他基期材料价格×(价差系数-1) \qquad (3.4)$$

【例 3.2】　某中桥钻孔桩工程,求其辅材(其他材料)价差。

【解】:辅材(其他材料)价差=(膨润土+镀锌低碳钢丝+纯碱+输气(水)胶管+电焊条+其他材料费)×(1.198-1)=13 229×0.198=2 619.00(元)

材料价差系数是由原铁道部统一制定发布的,如表 3.5 原铁道部发布的 2007 年辅助材料费价差系数表。

表 3.5　铁路工程建设 2007 年度辅助材料费价差系数表

序号	工程类别	价差系数	序号	工程类别	价差系数
1	路基石方	1.588	3	桥梁基础墩台桥面系及附属	1.198
2	路基附属	1.244	4	预制或现浇预应力混凝土梁(含架设)	1.104

序号	工程类别	价差系数	序号	工程类别	价差系数
5	钢筋混凝土梁价购及架设	1.042	18	通信设备	1.182
6	涵洞	1.315	19	闭塞设备	1.209
7	钢梁架设	1.144	20	联锁装置	1.140
8	隧道及明洞	1.254	21	驼峰信号	1.254
9	铺设标准轨(木枕道钉)	1.233	22	信息	1.034
10	铺设标准轨(木枕分开式扣件)	1.170	23	电力线路	1.052
11	铺设标准轨(混凝土枕)	1.171	24	电力电源(含其他电力)	1.059
12	铺设无缝线路	1.099	25	牵引变电(含供电段)	1.204
13	线路有关工程	1.032	26	接触网	1.162
14	长途通信光缆	1.016	27	房屋(含装修和寅水暖电照等)	1.118
15	长途通信电缆	1.028	28	给水排水	1.269
16	无线列调漏泄同轴电缆	1.027	29	机务、车辆、机械	1.286
17	地区及站场通信线路	1.136	30	站场、工务、其他建筑及设备(不含无站台雨棚)	1.163

注:本系数不适用于无站台柱雨棚工程和以系统集成方式设计的站后相关工程,无站台柱雨棚工程和以系统集成方式设计的站后相关工程的辅助材料费价差系数由设计单位另行分析确定。

④再用旧轨料、旧梁价格的计算规定

修建正式工程使用的旧轨料(不包括定额规定使用废、旧轨,桥梁和平交道的护轮轨,车挡弯轨等),其价格按设计调查的价格分析确定;对于本工程范围内拆除后利用的,一般只计运杂费,需整修的,按相同规格型号新料价格的10%计算整修管理费。

3)施工机械使用费。

施工机械使用费是指直接用于建筑安装工程施工中,列入概(预)算定额的施工机械台班数量和按相应机械台班费用单价计算的施工机械费用。定额计算的建筑安装工程施工机械台班费和定额所列其他机械使用费,简称机使费。

根据有关规定,每台班工作时间按8 h计,不足8 h亦按一个台班计算,但每天最多为3个台班。因施工机械使用费是以台班为单位计算的,亦称为施工机械台班费。

$$施工机械使用费 = \sum 定额施工机械台班消耗量 \times 施工机械台班单价 \qquad (3.5)$$

(1)施工机械台班单价的组成

施工机械台班单价是由不变费用和可变费用二部分组成的。

①不变费用(又称第一类费用或固定费用)

不变费用是指不因施工机械的归属单位、施工地点和条件不同而变的费用,包括四项费用:

a. 折旧费:指机械在规定的使用期限(耐用总台班)内陆续收回其原值(不含贷款利息)的费用。

b. 大修理费:指机械按规定的大修间隔台班进行必要的大修理,以恢复其正常功能所需费用。

c. 经常修理费:指机械除大修理以外的各级技术保养、修理及临时故障排除所需的费用;

为保障机械正常运行所需的替换设备、随机配备的工具与附具的摊销和维护费用;机械运转与日常保养所需的润滑、擦拭材料费用;机械停置期间的维护保养费。

d. 安装拆卸费:指机械在施工现场进行安装、拆卸与搬运所需的人工费、材料费、机具费和试运转费用;辅助设施(基础、底座、固定锚桩、走行轨道,枕木等)的搭拆与折旧费用等。

②可变费用(又称二类费用)

可变费用是指机械工作过程中直接发生的费用,随工作地区的不同和物价的浮动而变化,它包括以下三项内容:

a. 人工费:指机上司机和相关操作人员的人工费,以及上述人员在机械规定的年工作台班以外的人工费。

b. 燃料动力费:指机械在运转施工作业中所耗用的液体燃料(汽油、柴油)、固体燃料(煤)、电和水的费用。

c. 养路费及车、船使用税:指机械按国家和有关部门规定应交纳的养路费、车船使用税、保险费及年检费用等。

(2)施工机械台班单价的取定

铁建设〔2006〕113 号文规定,编制设计概(预)算以现行的《铁路工程施工机械台班费用定额》作为计算施工机械台班单价的依据。

以现行《铁路工程建设材料基期价格》中的油燃料价格及本办法规定的基期综合工费标准计算出的台班单价作为基期施工机械台班单价;以编制期的综合工费标准、油燃料价格、水电单价及养路费标准计算出的台班单价作为编制期施工机械台班单价。编制期与基期的施工机械台班单价的差额按价差计列。

【例 3.3】　试分析某新建铁路大桥工程中履带式推土机≤60 kW 基期与编制期的机械台班单价。

【解】:查铁建设〔2006〕129 号文《铁路工程施工机械台班费用定额》第 6 页,得出履带式推土机≤60 kW 的台班费用组成:

折旧费:37.38 元/台班;大修理费:13.69 元/台班;经常修理费:35.59 元/台班;

人工消耗:2.4 工日/台班;柴油消耗:41.00 公斤/台班。

由表 3.4 可知,基期综合工费标准为 24 元/工日,设编制期的综合工费标准为 27.12 元/工日。

查铁建设〔2006〕129 号文《铁路工程建设材料基期价格》得柴油基期价格为 3.67 元/kg,设柴油编制期价格为 5.10 元/kg,则履带式推土机≤60 kW

基期机械台班单价为:

基期机械台班单价=不变费用+可变费用

$$=37.38+13.69+35.59+2.4×24+41×3.67=294.73(元/台班)。$$

编制期机械台班单价为:

编制期机械台班单价=不变费用+可变费用

$$=37.38+13.69+35.59+2.4×27.12+41×5.10=360.85$$
$$(元/台班)。$$

机械台班单价分析,见表 3.6,表 3.7。

表 3.6　基期机械台班单价分析表

机械规格名称	电算代号	台班单价	第一类费用	第二类费用										合计
				人工(24元/工日)		柴油(5.10元/kg)		电[(0.55元/(kW·h)]		水(0.38元/t)		其他		
				定额	费用	定额	费用	定额	费用	定额	费用	费用		
履带式推土机≤60 kW		294.73	86.66	2.4	57.6	41	150.47							208.07

表 3.7　编制期机械台班单价分析表

机械规格名称	电算代号	台班单价	第一类费用	第二类费用										合计
				人工(27.12元/工日)		柴油(5.10元/kg)		电[(0.55元/(kW·h)]		水(0.38元/t)		其他		
				定额	费用	定额	费用	定额	费用	定额	费用	费用		
履带式推土机≤60 kW		360.85	86.66	2.4	65.08	41	209.1							274.19

4)工程用水、电综合单价

(1)工程用水,基期单价为 0.38 元/t。特殊缺水地区或取水困难的工程,可按施工组织设计确定的供水方案,另行分析工程用水单价,分析水价与基期水价的差额,按差价计列。在大中城市施工时,必须采用城市自来水的,可按当地规定的自来水价格为工程用水单价,与基期水价的差额按价差计列。

(2)工程用电,基期单价为 0.55 元/kW·h。

编制概(预)算时,可根据施工组织设计所确定的供电方案,按下述工程用电单价分析办法,计算出各种供电方式的单价。

①采用地方电源的电价算式:

$$Y_{\text{地}} = Y_{\text{基}}(1+C) + f_1 \tag{3.6}$$

式中　$Y_{\text{地}}$——采用地方电源的电价(元/kW·h);

　　$Y_{\text{基}}$——地方供电部门基本电价(元/kW·h);

　　C——变配电设备和线路损耗率 7%;

　　f_1——变配电设备的修理、安装、拆除,设备和线路运行维修的摊销费等 0.03 元/kW·h。

②采用内燃发电机临时集中发电的电价算式:

$$Y_{\text{集}} = \frac{Y_1 + Y_2 + Y_3 + \cdots + Y_n}{W(1-R-c)} + S + \rho_1 \tag{3.7}$$

式中　　　　$Y_{\text{集}}$——临时内燃集中发电站的电价(元/kW·h);

$Y_1, Y_2, Y_3, \cdots, Y_n$——各型发电机的台班费(元);

W——各型发电机的总发电量$(kW \cdot h)$，其值为：$W = (N_1 + N_2 + N_3 + \cdots + N_n) \times 8 \times B \times M$

其中，$N_1, N_2, N_3, \cdots, N_n$——各型发电机的额定能力$(kW)$，

$\qquad\qquad B$——台班小时的利用系数 0.8，

$\qquad\qquad M$——发电机的出力系数 0.8；

$\qquad\quad R$——发电机的用电率 5%；

$\qquad\quad S$——发电机的冷却水费 0.02 元$/kW \cdot h$；

C、f_1 意义同上。

③采用分散发电的电价算式：

$$Y_{\text{分}} = Y_1 + Y_2 + Y_3 + \cdots + Y_n/(W_1 + W_2 + W_3 + \cdots + W_n)(1 - C) + S + f_1 \qquad (3.8)$$

式中　　　　　　$Y_{\text{分}}$——分散发电的电价$(元/kW \cdot h)$；

$Y_1, Y_2, Y_3, \cdots, Y_n$——各型发电机的台班费(元)；

$W_1, W_2, W_3, \cdots, W_n$——各型发电机的台班产量$(kW \cdot h)$，其值为 $W_i = 8 \times B_i \times M$，其中，$B_i$ 为某种型号发电机台班小时的利用系数，由设计确定；M、c、S、f_1 意义同上。分析电价与基期电价的差额按价差计列。

5)运杂费

运杂费指水泥、钢材、木材、砖、瓦、石灰、砂、石、石灰、黏土、花草苗木、土工材料、钢轨、道岔、轨枕、钢梁、钢管拱、斜拉索、钢筋混凝土梁、铁路桥梁支座、钢筋混凝土预制桩、电杆、铁塔、机柱、支柱、接触网及电力线材，光电缆线，给水排水管材等材料，自来源地运至工地所发生的有关费用，包括运输费、装卸费、其他有关运输的费用(如火车运输的取送车费用等)以及应按运输费、装卸费、其他有关运输的费用之和计取的采购及保管费用。

$$运杂费 = \Sigma 材料重量 \times 运杂费单价 \qquad (3.9)$$

式中，材料重量由定额中统一计算得出，运杂费单价分析如下：

(1)运杂费的组成

①运输费：是指用各种运输工具，运送各种材料物品所发生的运费。

②装卸费：是指运输过程中的装车和卸车的费用。材料运到工地料库或堆料地点，可能不止一次发生装卸，应有几次计算几次。如有的运输工具的装卸费已包括在运输费中，就不能另计装卸费了，避免重复。

③采购及保管费：是指由施工单位负责采购、运输、保管和供应的材料、成品、半成品、构配件和机电设备等，在采购、运输、保管和供应过程中所发生的一切有关费用(不包括材料供应部门所发生的费用)，包括采买、办理托运所发生的费用(如按规定由托运单位负担的包装、捆扎、支垫等的料具耗损费，转向架租用费和托运签条)，押运，运输途中的损耗，料库盘存，天然毁损和材料的验收、检查、保管等有关各项管理费以及看料工的工资。

④其他有关运输的费用：如火车运输的取送车费，过轨费，汽车运输的渡船费等。

⑤运输损耗费：指砂、碎石(包括道砟及中、小卵石)、黏土砖、黏土瓦、石灰等 5 种材料，由于运输过程中损耗较大，需增加的运输损耗费。

(2)运杂费的计算规定

①各种运输单价

a. 火车运价

火车运量大，速度快，运费低，因此，施工中是否采用火车运输，要根据工程的具体情况，进

行施工组织方案比选，充分论证。

火车运输分为营业线火车、临管线火车、工程列车、其他铁路 4 种。

火车起码运程：

营业线和临管线为 100 km，不足 100 km，按 100 km 计算，超过 100 km 部分，按 10 km 进级计算。

工程列车起码运程为 50 km，不足 50 km，按 50 km 计算，超过 50 km 部分按 10 km 进级计算。

Ⅰ.营业线火车运价：按编制期《铁路货物运价规则》的有关规定进行，计算公式如下：

营业线火车运价（元/t）＝K_1×（基价$_1$＋ 基价$_2$×运价里程）＋附加费运价 　　（3.10）

其中：

附加费运价＝K_2×（电气化附加费费率×电气化里程＋新路新价均摊运价率×

运价里程＋铁路建设基金费率×运价里程） 　　（3.11）

计算公式中的有关因素说明如下：

各种材料计算货物运价所采用的运价号，综合系数 K_1、K_2，见表 3.8。

表 3.8　各种材料运价号、综合系数

序号	项目 分类名称	运价号 （整车）	综合系数 K_1	综合系数 K_2
1	砖、瓦、石灰、砂石料	2	1.00	1.00
2	道砟	2	1.20	1.20
3	钢轨（≤25 m）、道岔、轨枕、钢梁、电杆、机柱、钢筋混凝土管桩、接触网圆形支柱	5	1.08	1.08
4	100 m 长定尺钢轨	5	1.80	1.80
5	钢筋混凝梁	5	3.48	1.64
6	接触网方形支柱、铁塔、硬横梁	5	2.35	2.35
7	接触网及电力线材、光电缆线	5	2.00	2.00
8	其他材料	5	1.05	1.05

注：①K_1 包含了游车、超限、限速和不满载等因素，K_2 只包含了不满载及游车因素。

②火车运土的运价号和综合系数 K_1、K_2，比照"砖、瓦、石灰、砂石料"确定。

③爆炸品、一级易燃液体除 K_1、K_2 外的其他加成，按编制期《铁路货物运价规则》的有关规定计算。

电气化附加费按该批货物经由国家铁路正式营业性和实行统一运价的运营临管线电气化区段的运价里程合并计算。

货物运价、电气化附加费费率、新路新价均摊运价率、铁路建设基金费率等按编制期《铁路货物运价规则》（表 3.9）及原铁道部有关规定执行。

计算货物运输费用的运价里程，由发料地点起算，至卸料地点止，按编制期《铁路货物运价规则》有关规定计算。其中，区间（包括区间岔线）装卸材料的运价里程，应由发料地点的后方站算起，至卸料地点的前方站（均系指办理货运业务的营业站）止。

附加费中新路新价均摊费只有在铁路总公司规定的新线中计算。

电气化附加费费率：（整车）0.012 元/t·km。

铁路建设基金费率：（整车）0.033 元/t·km。

新路新价均摊运价率：此项费用暂为零。

表 3.9　2015 年铁路货物运价率表

办理类别名称	运价号	基价 1		基价 2	
		单位	标准	单位	标准
整车	2	元/t	9.50	元/t・km	0.086
整车	3	元/t	12.80	元/t・km	0.091
整车	4	元/t	16.30	元/t・km	0.098
整车	5	元/t	18.60	元/t・km	0.103
整车	6	元/t	26.00	元/t・km	0.138
整车	7			元/t・km	0.525
整车	机械冷藏车	元/t	20.00	元/t・km	0.140

Ⅱ. 临管线火车

临管线火车运价应执行由部批准的运价。运价中包括了路基、轨道及有关建筑物和设备(包括临管用的临时工程)等的养护、维修、折旧费。运价里程应按发料地点起算,至卸料地点止,区间卸车算至区间工地。

Ⅲ. 工程列车

工程列车运价包括机车、车辆的使用费,乘务员及有关行车管理人员的工资、津贴和差旅费,线路及有关建筑物和设备的养护维修费、折旧费以及有关运输的管理费用。运价里程应按发料地点起算,至卸料地点止。区间卸车算至区间工地。

工程列车运价按营业线火车运价(不含铁路建设资金、电气化附加费和超限、限速加成等)的 1.4 倍计算。计算公式为:

$$\text{工程列车运价(元/t)} = 1.4 \times K_2 \times (\text{基价}_1 + \text{基价}_2 \times \text{运价里程}) \tag{3.12}$$

Ⅳ. 其他铁路

其他铁路运价按有关主管部门的规定办理。

b. 汽车运价

原则上参照现行的《汽车运价规则》确定。为简化概(预)算编制工作,按下列计算公式分析汽车运价:

$$\text{汽车运价(元/t)} = \text{吨次费} + \text{公路综合运价率} \times \text{公路运距} + \text{汽车运输便道综合运价率} \times$$
$$\text{汽车运输便道运距} \tag{3.13}$$

计算公式中有关因素说明如下:

吨次费,按工程项目所在地的调查价格计列。

公路综合运价率,材料运输道路为公路时,考虑过路过桥费等因素,以建设项目所在地的汽车运输单价乘以 1.05 的系数计算。

汽车运输便道综合运价率,材料运输道路为汽车运输便道时,结合地形、道路状况等因素,按当地汽车运输单价乘以 1.2 的系数计算。

公路运距,应按发料地点起算,至卸料地点止所途经的公路长度计算。

汽车运输便道运距,应按发料地点起算,至卸料地点止所途经的汽车运输便道长度计算。

【例 3.4】　某线工程所在地汽车运输单价为 0.8 元/t,每吨货物每运一次按 1.3 元计列,求每吨货物运输 150.3 km(其中便道 25 km)的运价。

【解】:每吨货物运输 150.3 km 的运价=吨次费+公路综合运价率×公路运距+汽车运输便道综合运价率×汽车运输便道运距=1.3+0.8×1.05×(150.3-25)+0.8×1.2×25=130.55(元/t)。

c. 船舶运价及渡口等收费标准按建设项目所在地的标准计列。

d. 材料运输过程中,因确需短途接运而采用双(单)轮车、单轨车、大平车、轻轨斗车、轨道平车、机动翻斗车等运输方法的运价,应按有关定额资料分析确定。

②各种装卸费单价

a. 火车、汽车的装卸单价,按表 3.10 所列综合单价计算。

表 3.10　火车、汽车装卸费单价(单位:元/t)

钢轨、道岔、接触网支柱	一般材料	其他 1 t 以上的构件
12.5	3.4	8.4

注:其中装占 60%,卸占 40%。

b. 水运等的装卸费单价,按建设项目所在地的标准计列。

c. 双(单)轮车、单轨车、大平车、轻轨斗车、轨道平车、机动翻斗车等的装卸费单价,按有关定额资料分析确定。

③其他有关运输费用

a. 取送车费(调车费)

用铁路机车往专用线、货物支线(包括站外出岔)或专用铁路的站外交接地点调送车辆时,核收取送车费。计算取送车费的里程,应自车站中心线起算,到交接地点或专用线最长线路终端止,进程往返合计(以公里计)。取送车费的计费标准原则上按铁道部运输主管部门的规定办理。取送车费按 0.10 元/(t·km)计列。

b. 汽车运输的渡船费

应按建设项目所在地的标准计列。

④采购及保管费

按运输费、装卸费及其他有关运输的费用之和为基数计取的,应列入运杂费中的采购及保管费。采购及保管费费率,如表 3.11 所示。

表 3.11　采购及保管费费率

序号	材　料　名　称	费率(%)	其中运输损耗费率(%)
1	水泥	3.53	1.00
2	碎石(包括道砟及中、小卵石)	3.53	1.00
3	砂	4.55	2.00
4	砖、瓦、石灰	5.06	2.50
5	钢轨、道岔、轨枕、钢梁、钢管拱、斜拉索、钢筋混凝土梁、铁路桥梁支座、电杆、铁塔、钢筋混凝土预制桩、接触网支柱、机柱	1.00	—
6	其他材料	2.50	—

⑤运输损耗费

运输损耗费指水泥、砂、碎石(道砟及中、小卵石)、砖、瓦、石灰等六种材料在运输过程中的损耗,包括在材料管理费中。

⑥运杂费计算的其他规定

a. 单项材料运杂费单价的编制范围,原则上应与单项概(预)算的编制单元相对应。

b. 运输方式和运输距离要经过调查、比选、综合分析确定。以最经济合理的,并且符合工程要求的材料来源地作为计算运杂费的起运点。

c. 分析各单项材料运杂费单价,应按施工组织设计所拟定的材料供应计划,对不同的材料品类及不同的运输方法分别计算平均运距。

d. 各种运输方法的比例,按施工组织设计确定。

e. 旧轨件的运杂费,其重量应按设计轨型计算。如设计轨型未确定,可按代表性轨型的重量,其运距由调拨地点的车站起算。如未明确调拨地点者,可按以下原则编列:已明确调拨的铁路局,但未明确调拨地点者,则由该铁路局所在地的车站起算;未明确调拨的铁路局者,则按工程所在地区的铁路局所在地的车站起算。

(3)平均运杂费单价的计算

①平均运距

材料运距是指从材料的供应地点到工地料库或堆料场地的实际距离,应考虑起码运距和进级运距规定。

平均运距是指一个施工单位在一段线路上施工,该施工区段内工点多,且又分散,各工业用料多少也不一样,所用的材料来源地也不同。为了计算简便,对多工点用料,应综合求算出各类材料的运输重心的运距即平均运距。那么,计算多工点范围内材料运输费中的运距都采用平均运距,也就是用平均运距来分析平均运杂费单价。

平均运距的计算方法:

a. 加权平均法:

$$平均运距 = \frac{\sum[各种所运材料的重量(t) \times 该种材料的运距(km)]}{\sum 各种所运材料的重量(t)} \qquad (3.14)$$

作为一个编制单元的施工段若干工点,由一个料源供料,或特大桥、长隧道的两端进料,均可用加权平均法计算平均运距。

b. 算术平均法:

$$平均运距 = \sum L_i / n \qquad (3.15)$$

式中 n——卸料点个数;

L_i——i 个供料点至卸料点间运距(km)。

在工程用料量分布不是特别不均匀的情况下,采用算术平均法较为简单。

【例3.5】 某单项概(预)算工程,包括甲、乙、丙、丁四个工地,各工点距 A 片石产地的距离及各工点需要片石数量,如表3.12所示,汽车运输,试求加权平均运距、算术平均运距。

【解】:片石单位重为 1.8 t/m^3,汽车运输起码里程1 km,并按1 km进级。平均运距计算过程,见表3.12所示,即片石从 A 产地运至甲、乙、丙、丁四个工地的距离均按18.6 km加权平均运距计算运输费用。

表3.12 片石产地的距离及各工点需要片石数量

工地	各工点至 A 片石产地的实际距离(km)	片石数量(m³)	货运量(t)	周转量(t・km)	运距
甲	9.3	200	200×1.8＝360	360×10＝3 600	10
乙	14.6	150	270	270×15＝4 050	15

工地	各工点至 A 片石产地的实际距离(km)	片石数量(m³)	货运量(t)	周转量(t·km)	运距
丙	27.8	100	180	180×28＝5 040	28
丁	34.8	80	144	144×35＝5 040	35
合计			954	17 730	88
加权平均运距＝17 730/954＝18.6 km					
算术平均运距＝88/4＝22 km					

②平均运杂费单价分析表

平均运杂费单价分析的编制范围,原则上应与单项概(预)算的编制单元相适应。各种运输方法的比重,以施工组织设计确定的运输方案为依据。如有条件,可根据积累的资料,经分析归纳制定综合运杂费指标,据此编制概(预)算。

全程平均运杂费单价分析是根据施工组织设计确定的"材料供应计划"的材料来源、运输方法,在统一表格"主要材料(设备)平均运杂费单价分析表"上逐项分析计算,其内容包括运费、装卸费、材料管理费等,一般有两种形式。

a. 分析出每种单项材料的全程平均运杂费单价后,直接用于运杂费的计算。

b. 在第一种形式的基础上(即先分析出各类材料每吨全程综合运价),再按各类材料的比重或各类材料的重量加权计算该工程所运材料全程平均运杂费单价,一般常用第二种形式进行分析。

【例 3.6】　已知某标段线路涵洞工程(16 座 240 m)使用材料如下:材料总重 13 422 t,其中砂 1 437 m³,碎石 404 m³,片石 5 437 m³,黏土 67 m³,其余为水泥,求平均运杂费单价?

运输有关资料:

①水泥:由料源地至项目经理部料库工程列车运输 203 km,再由项目经理部料库至工地用汽车运输 80 km(公路)。

②砂由两个砂场供应,甲砂场供应 60%,汽车运输 12 km;乙砂场供应 40%,汽车运输 15 km(便道)。

③碎石由多个石场供应,汽车运输平均运距 12 km(便道)。

④片石由多个石场供应,汽车运输平均运距 10 km(便道)。

⑤黏土就地取土,不计运费。

⑥当地汽车运输单价为 0.85 元/t。

⑦其他按定额及编制办法规定计算。

【解】:1. 根据砂、碎石、片石、黏土的单位重(可查铁建设〔2006〕129 号文《铁路工程建设材料基期价格》费用定额)。将上述材料体积分别换算成重量,并求出水泥重量,同时计算各类材料所占比重。

砂重量＝1 437× 1.6＝2 299 t,占 17.13%,其中甲砂场供应 10.28%;

碎石重量＝404×1.5＝606 t,占 4.51%;

片石重量＝5 437× 1.8＝9 787 t,占 72.92%;

黏土重量＝67× 1.8＝121 t,占 0.9%;

水泥重量＝13 422－12 813＝609 t,占 4.54%。

2. 根据材料供应计划及有关规定费率填写(计算)主要材料平均运杂费单价分析表。

1)工程列车:因为工程列车运价(元/吨)＝1.4×K_2×(基价$_1$＋基价$_2$×运价里程)

查有关资料得基价$_1$为 10.20,基价$_2$为 0.049 1,$K_1＝K_2＝1.05$(其他材料),因而上述公式可表述为:

工程列车运价＝1.4×1.05×(10.20＋0.049 1×运价里程)

＝14.994＋0.072 2×运价里程

2)汽车公路综合运价率经计算为 1.05×0.85＝0.892 5 元/(t·km)

汽车便道综合运价率经计算为 1.2×0.85＝1.02 元/(t·km)

3)汽车基本运价为 1.3 元/t

4)火车、汽车装卸费单价 3.4 元/t

5)材料采购及保管费率:水泥:3.53%,碎石:3.53%,砂:4.53%,片石:2.5%。

材料采购及保管费,计费基数为运输费、装卸费及其他有关运输费之和。

6)填表计算,如表 3.13 所示。

表 3.13　主要材料平均运杂费单价分析表

建设名称:××线××标段

适用范围						涵洞工程				编号				
	各种运输方法的全程运价(t)										全程综合运价(t)			
	运　费					杂　费								
材料名称	运输方式	起讫点		距(km)	单价(元)	小计(元)	卸次数	装卸费(元)	其他有关运输费(元)	小计(元)	采购及保管费率(%)	采购及保管费(元)	共计(元)	运输方法比重(%)	运杂(元)	合计(元)
		起点	终点													
水泥	工程列车	总库	分库	210	0.072 2	15.16	1	3.4	14.944	18.39	3.53	1.18	34.73	4.54	1.577	1.577
	汽车	分库	工地	80	0.892 5	71.40	1	3.4	1.3	4.70	3.53	2.69	78.79	4.54	3.577	3.577
砂	汽车	砂场	工地	12	0.892 5	10.71	1	3.4	1.3	4.70	4.55	0.70	16.11	10.28	1.821	1.821
	汽车	砂场	工地	15	1.02	15.30	1	3.4	1.3	4.70	4.55	0.91	20.91	6.85	1.432	1.432
碎石	汽车	石场	工地	12	1.02	12.24	1	3.4	1.3	4.70	3.53	0.60	17.54	4.51	0.791	0.791
片石	汽车	石场	工地	10	1.02	10.20	1	3.4	1.3	4.70	2.50	0.37	15.27	72.92	11.14	11.14
黏土	就地取土不计运费															0
										小计				100	20.34	20.34

编制　　　　　　年 月 日　　　　　　　　　　复核　　　　　　　年 月 日

(4)运输重量的确定及运杂费的计算

在实际运输中,整车货物运输,除规定的情况外,一律按照货车标记载重量计算运费。而编制概(预)算运杂费,一律按工程材料(设备)实际重量计算确定。

运输重量和运杂费计算分两种形式:

①按单项材料的平均运杂费单价计算运杂费时,该项材料运输重量按《铁路工程施工械台班费用定额》中的单项材料的单位质量(如片石单位质量 1.8 t/m³)乘以该项材料的数量,即为该项材料的运输重量,则:

$$该工程运杂费 = \sum (各类材料各自的全程平均运杂费单价 \times 各类材料运输重量) \quad (3.16)$$

②按工程全部材料的综合平均运杂费单价计算运杂费时,该工程材料重按工程项目的概(预)算定额重量乘以该工作项目的工程数量,即为该工程项目的材料重量,求其和即为该工程材料总重,则:

$$该工程运杂费 = 该工程全部材料综合平均运杂费单价 \times 该工程材料总重 \quad (3.17)$$

6)填料费

填料费指购买不作为材料对待的土方、石方、渗水料、矿物料等填筑用料所支出的费用。

以上人工费、材料费、施工机械使用费、运杂费、填料费五种费用组成直接工程费,其中的运杂费包括列入材料成本的运杂费和部分单列的运杂费。直接工程费是计算工程概(预)算一切费用的基础,必须确保其准确。

$$直接工程费 = 人工费 + 材料费 + 施工机械台班费 + 运杂费 + 价差 + 填料费$$
$$= 定额直接工程费 + 运杂费 + 价差 + 填料费 \quad (3.18)$$

2. 施工措施费计算

施工措施费是指直接工程费以外施工过程中发生的,定额中未包括而应属于直接费的其他各项费用。

1)施工措施费内容

(1)冬、雨季施工增加费

指建设项目的某些工程需在冬季、雨季施工,以致引起需采取的防寒、保温、防雨、防潮和防护措施,人工与机械的功效降低以及技术作业过程的改变等,所需增加的有关费用。

(2)夜间施工增加费

指必须在夜间连续施工或在隧道内铺砟、铺轨,敷设电线、电缆,架设接触网等工程,所发生的工作效率降低、夜班津贴,以及有关照明设施(包括所需照明设施的装拆、摊销、维修及油燃料、电)等增加的有关费用。

(3)小型临时设施费

小型临时设施费是指施工企业为进行建筑安装工程施工,所必须修建的生产和生活用的一般临时建筑物、构筑物和其他小型临时设施所发生的费用。

小型临时设施包括:

①为施工及施工运输(包括临管)所需修建的临时生活及居住房屋,文化教育及公共房屋(如三用堂、广播室等)和生产、办公房屋(如发电站,变电站,空压机站,成品厂,材料厂、库,堆料栅,停机棚,临时站房,货运室等)。

②为施工或施工运输而修建的小型临时设施,如通往中小桥、涵洞、牵引变电所等工程和施工队伍驻地以及料库、车库的运输便道引入线(包括汽车、马车、双轮车道),工地内运输便道、轻便轨道、龙门吊走行轨,由干线到工地或施工队伍驻地的地区通信引入线、电力线和达不到给水干管路标准的给水管路等。

③为施工或维持施工运输(包括临管)而修建的临时建筑物、构筑物。如临时给水(水井、

水塔、水池等),临时排水沉淀池,钻孔用泥浆池、沉淀池,临时整备设备(给煤、砂、油,清灰等设备),临时信号,临时通信(指地区线路及引入部分),临时供电,临时站场建筑设备。

④其他。大型临时设施和过渡工程项目内容以外的临时设施。

小型临时设施费用包括:小型临时设施的搭设、移拆、维修、摊销及拆除恢复等费用,因修建小型临时设施,而发生的租用土地、青苗补偿、拆迁补偿、复垦及其他所有与土地有关的费用等。

(4)工具、用具及仪器、仪表使用费

工具、用具及仪器、仪表使用费是指施工生产所需不属于固定资产的生产工具、检验用具及仪器、仪表等的购置、摊销和维修费,以及支付给生产工人自备工具的补贴费。

(5)检验试验费

检验试验费是指施工企业按照规范和施工质量验收标准的要求,对建筑安装的设备、材料、构件和建筑物进行一般鉴定、检查所发生的费用,包括自设试验室进行试验所耗用的材料和化学药品费用等,以及技术革新的研究试验费。不包括应由研究试验费和科技三项费用支出的新结构、新材料的试验费;不包括应由建设单位管理费支出的建设单位要求对具有出厂合格证明的材料进行试验,对构件破坏性试验及其他特殊要求检验试验的费用;不包括设计要求的和需委托其他有资质的单位对构筑物进行检验试验的费用。

(6)工程定位复测、工程点交、场地清理费。

(7)安全作业环境及安全施工措施费

安全作业环境及安全施工措施费是指用于购置施工安全防护用具及设施、宣传落实安全施工措施、改善安全生产环境及条件、确保施工安全等所需的费用。

(8)文明施工及施工环境保护费

文明施工及施工环境保护费是指现场文明施工费用及防噪声、防粉尘、防振动干扰、生活垃圾清运排放等费用。

(9)已完工程及设备保护费

已完工程及设备保护费是指竣工验收前,对已完工程及设备进行保护所需费用。

2)施工措施费的计算

$$施工措施费 = \sum(基期人工费 + 基期施工机械使用费) \times 施工措施费费率 \quad (3.19)$$

施工措施费费率是根据施工措施费地区划分表(表3.14),按表3.15所列费率计列。

表 3.14 施工措施费地区划分表

地区编号	地 域 名 称
1	上海,江苏,河南,山东,陕西(不含榆林地区),浙江,安徽,湖北,重庆,云南,贵州(不含毕节地区),四川(不含凉山彝族自治州西昌市以西地区、甘孜藏族自治州)
2	广东,广西,海南,福建,江西,湖南
3	北京,大泽,河北(不含张家口市、承德市),山西(不含大同市、朔州市、忻州地区原平以西各县),甘肃,宁夏,贵州毕节地区,四川凉山彝族自治州西昌市以西地区、甘孜藏族自治州(不含石渠县)
4	河北张家口市、承德市,山西大同市、朔州市、忻州地区原平以西各县,陕西榆林地区,辽宁
5	新疆(不含阿勒泰地区)
6	内蒙古(不含呼伦贝尔盟一图里河及以西各旗),吉林,青海(不含玉树藏族自治州曲麻莱县以西地区、海北藏族自治州祁连县、果洛藏族自治州玛多县、海西蒙古族藏族自治州格尔木市所辖的唐古拉山区),西藏(不含阿里地区和那曲地区的尼玛、班戈、安多、聂荣县),四川甘孜藏族自治州百渠县

续上表

地区编号	地 域 名 称
7	黑龙江(不含大兴安岭地区),新疆阿勒泰地区
8	内蒙古呼伦贝尔盟一图里河及以西各旗,黑龙江大兴安岭地区,青海玉树藏族自治州曲麻莱县以西地区,海北藏族自治州祁连县、果洛藏族自治州玛多县、海西蒙古族藏族自治州格尔木市所辖的唐古拉山区,西藏阿里地区和那曲地区的尼玛、班戈、安多、聂荣县

表 3.15　施工措施费率

类别	工程类别　地区编号	1	2	3	4	5	6	7	8	附　注
		费率(%)								
1	人力施工土石方	20.55	21.09	24.70	27.10	27.37	29.90	30.51	31.57	包括人力拆除工程,绿色防护、绿化,各类工程中单独挖填的土石方,爆破工程
2	机械施工土石方	9.42	9.98	13.83	15.22	15.51	18.21	18.86	19.98	包括机械拆除工程,填级配碎石、砂砾石、渗水土,公路路面各类工程中单独挖填的土石方
3	汽车运输土石方采用定额"增运"部分	5.09	4.99	5.40	6.12	6.29	6.63	6.79	7.35	包括隧道出砟洞外运输
4	特大桥、大桥	10.28	9.19	12.30	13.53	14.19	14.24	14.34	14.52	不包括梁部及桥面系
5	预制混凝土梁	27.56	22.14	37.67	41.38	44.65	44.92	45.42	46.31	包括桥面系
6	现浇混凝土梁	17.24	13.89	23.50	25.97	27.09	28.16	28.46	29.02	包括梁的横向联结和湿接缝,包括分段预制后拼接的混凝土梁
7	运架混凝土简支箱梁	4.68	4.68	4.81	5.16	5.25	5.40	5.49	5.73	
8	隧道、明洞、棚洞,自采砂石	13.08	12.74	13.61	14.75	14.90	14.96	15.04	15.09	
9	路基加固防护工程	16.94	16.25	18.89	20.19	20.35	20.59	20.80	20.94	包括各类挡土墙及抗滑桩
10	框架桥、中桥、小桥,涵洞,轮渡、码头,房屋,给排水、工务、站场、其他建筑物等建筑工程	21.25	20.22	23.50	25.53	26.04	26.27	26.47	26.65	不包括梁式中、小桥梁部及桥面系
11	铺轨、铺岔,架设混凝土梁(简支箱梁除外)、钢梁、钢管拱	27.08	26.96	27.83	29.50	30.17	32.46	34.12	40.96	包括支座安装,轨道附属工程,线路备料
12	铺砟	10.33	9.07	12.38	13.71	13.94	14.52	14.86	15.99	包括线路沉落整修、道床清筛
13	无砟道床	27.66	23.60	5.25	38.90	41.35	41.55	41.93	42.60	包括道床过渡段
14	通信、信号、信息、电力、牵引变电、供电段、机务、车辆动车所有安装工程	25.30	25.40	25.80	27.75	28.03	28.30	28.70	29.55	

类别	工程类别 \ 地区编号	1	2	3	4	5	6	7	8	附　注
		费率(%)								
15	接触网建筑工程	25.12	23.89	27.33	29.26	29.42	29.74	30.20	30.46	

注:①对于设计速度≤120 km/h 的工程,其机械施工土石方工程、铺架工程的施工措施费应按表 3.16 规定的费率计算,其余工程类别的费率采用表 3.15 中的规定。

②大型临时设施和过渡工程按表列同类正式工程的费率乘以 0.45 的系数计列。

表 3.16　设计速度≤120 km/h 的工程施工措施费率表

工程类别 \ 地区类别	1	2	3	4	5	6	7	8
机械施工土石方	9.03	9.59	13.44	14.83	15.12	17.82	18.47	19.59
铺轨、铺岔,架设混凝土梁	25.33	25.21	26.08	27.75	28.42	30.71	32.38	39.21

3. 特殊施工增加费计算

1)风沙地区施工增加费

风沙地区施工增加费指在内蒙古及西北地区的非固定沙漠地区施工时,月平均风力在四级以上的风沙季节,进行室外建筑安装工程时,由于受风沙影响应增加的费用。

风沙地区施工增加费按下列计算法计算:

风沙地区施工增加费=室外建筑安装工程的定额工天×编制期综合工费单价×3%　(3.20)

2)高原地区施工增加费

高原地区施工增加费指在海拔 2 000 m 以上的高原地区施工时,由于人工和机械受气候、气压的影响而降低工作效率,所应增加的费用。

高原地区施工增加费根据工程所在地的不同海拔高度,不分工程类别,按下列算法计列:

高原地区施工增加费=定额工天×编制期综合工费单价×高原地区工天定额增加幅度＋
　　　　　　　　　　　定额机械台班量×编制期机械台班单价×高原地区机械台班定额
　　　　　　　　　　　增加幅度
　　　　　　　　　　　　　　　　　　　　　　　　　　　　　　　　　　　(3.21)

高原地区施工定额增加幅度,如表 3.17 所示。

表 3.17　铁路工程高原地区施工定额增加幅度

海拔高度(m)	定额增加幅度(%)	
	机械台班定额	工天定额
2 000～3 000	12	20
3 001～4 000	22	34
4 001～4 500	33	54
4 501～5 000	40	60
5 000 以上	60	90

3)原始森林地区施工增加费

原始森林地区施工增加费指在原始森林地区进行新建或增建二线铁路施工,由于受气候影响,其路基土方工程应增加的费用。本项费用按下列算法计算:

原始森林地区施工增加费＝(路基土方工程的定额工天×编制期综合工费单价＋路基土
方工程的定额机械台班量×编制期机械台班单价)×30%

$$(3.22)$$

4)行车干扰施工增加费

铁路工程行车干扰施工增加费指在不封锁的营业线上,在维持正常通车的情况下,进行建筑安装工程施工时,由于受行车影响造成局部停工或妨碍施工而降低工作效率等所需增加的费用。

(1)行车干扰施工增加费的计费范围,具体详见表 3.18。

在封锁的营业线上施工(包括要点施工在内,封锁期间邻线行车的除外),在未移交正式运营的线路上施工和在避难线、安全线、存车线及其他段管线上施工均不计列行车干扰施工增加费。

(2)行车次数的确定

①行车次数,应按铁路局运输部门现行的计划运行图所编列的正线每昼夜运行列车次数为准。如在单向行车线和复线的单线绕行地段上施工时,其行车次数应按计划行车次数折半计算。所有计划外的小运转、轨道车、补机、加点车等均不计算。

②枢纽项目,按各线通过的行车次数分别计算,站内的调车、编组等作业的运行,均不作为行车次数计算。

③站内各股道间施工,包括站线、货物线、编组线等,计算行车干扰施工增加费的行车次数均以正线的行车次数为依据。

表 3.18　行车干扰施工增加费计费范围

工程名称	受行车干扰		附　注	
	不包括	范　围	项　目	包　括
路基	在行车线上或在行车中心平距 5 m 以内	填挖土方,填石方	路基抬高落坡全部工程	路基加固防护及附属土石方工程
	在行车线的路堑内	开挖土石方的全部数量以及路堑内的挡土墙、护墙、护坡、边沟、吊沟的全部砌筑工程数量	以邻近行车线的一股道为限	路堤挡土墙、护坡
	平面跨越行车线运土石方	跨越运输的全部数量	隧道弃砟	
桥涵	在行车线上或在行车线中心平距 5 m 及以内	涵洞的主体坞工,桥梁工程的下部建筑主体坞工	桥梁的锥体护坡和桥头填土	桥涵其他附属工程及桥梁架立和桥面系等,框架桥、涵管的挖土、顶进,框架桥内、涵洞内的路面、排水等工程
隧道及明洞	在行车线的隧道内施工	改扩建隧道或增设通风,照明设备的全部工程数量	明洞、棚洞的挖基及砌筑工程	明洞、棚洞拱上的回填及防水层、排水沟等

续上表

| 工程名称 | 受行车干扰 | | 附　注 | |
	不包括	范　围	项　目	包　括
轨道	在行车线上或在行车线中心距 5 m 及以内或在行车线的线间距≤5 m 的邻线上施工	全部数量	包括拆铺、改拨线路，更换钢轨、轨枕及线路整修作业	线路备料
电力牵引供电工程	在行车线上或在行车线两侧中心平距 5 m 及以内或在行车线的线间距≤5 m 的邻线上施工	在既有线上非封闭线路作业的全部数量和邻线上未封闭线路作业的全部数量	封闭线路作业的项目(邻线未封闭的除外)；牵引变电及供电段的全部工程
其他室外建筑安装及拆除工程	在站内行车线两侧中心平距 5 m 及以内	全部数量	靠行车线较近的基本站台、货物站台、天桥、灯桥、地道的上下楼梯，信号工的室内安装	站台土方不跨线取土者

(3)行车干扰施工增加费的计算

行车干扰施工增加费用，根据每昼夜的行车次数，按受行车干扰范围内的工程项目的工程数量，以其定额工天和机械台班量乘以行车干扰施工定额增加幅度计算。

每次行车的行车干扰施工定额，人工和机械台班增加幅度，按 0.31% 计(接触网工程按 0.40% 计)。行车干扰施工定额增加幅度包含施工期间因行车而应做的整理和养护工作，以及在施工时为防护所需的信号工、电话工、看守工等的人工费用及防护用品的维修、摊销费用。

①土石方施工及跨股道运输的行车干扰施工增加费，不论施工方法如何，均按下列算法计列：

行车干扰施工增加费＝行车干扰工天(表 3.19)×编制期综合工费单价×受干扰土石方

数量×每昼夜行车次数×0.31%　　　　　　　　(3.23)

②接触网工程的行车干扰施工增加费按下列算法计列：

行车干扰施工增加费＝受行车干扰范围内的工程数量×(所对应定额的应计行车干

扰的工天×编制期综合工费单价＋所对应定额的应计行车干

扰的机械台班量×编制期机械台班单价)×每昼夜行车次

数×0.40%　　　　　　　　(3.24)

表 3.19　土石方施工及跨股道运输计行车干扰的工天

单位：工日/100 m³ 天然密实体积

序号	工作内容	土方	石方
1	仅挖、装(爆破石方仅为装)在行车干扰范围内	20.4	8.0
2	仅卸在行车干扰范围内	4.0	5.4
3	挖、装、卸(爆破石方为装、卸)均在行车干扰范围内	24.4	13.4
4	平面跨越行车线运输土石方，仅跨越一股道或跨越双线、多线股道的第一股道	15.7	23.0
5	平面跨越行车线运输土石方，每增跨一股道	3.1	4.6

③其他工程的行车干扰施工增加费按下列算法计列:

行车干扰施工增加费＝受行车干扰范围内的工程数量×(所对应定额的应计行车干扰的工天×编制期综合工费单价＋所对应定额的应计行车干扰的机械台班量×编制期机械台班单价)×每昼夜行车次数×0.31%　　(3.25)

4. 大型临时设施和过渡工程费计算

大型临时设施和过渡工程费指施工企业为进行建筑安装工程施工及维持既有线正常运营,根据施工组织设计确定,所需修建的大型临时建筑和过渡工程所发生的费用。

1)大型临时设施(简称大临)

(1)铁路岔线、便桥。指通往混凝土成品预制厂、材料厂、道砟场(包括砂、石场)、轨节拼装场、长钢轨焊接基地、钢梁拼装场、制(存)梁场的岔线,机车转向用的三角线和架梁岔线,独立特大桥的吊机走行线,以及重点桥隧等工程专设的运料岔线等。

(2)铁路便线、便桥。指混凝土成品预制厂、材料厂、道砟场(包括砂、石场)、轨节拼装场、长钢轨焊接基地、钢梁拼装场、制(存)梁场等场(厂)内为施工运料所需修建的便线、便桥。

(3)汽车运输便道。指通行汽车的运输干线及其通往隧道、特大桥、大桥和轨节拼装场、混凝土成品预制厂、材料厂、砂石场、钢梁拼装场、制(存)梁场、混凝土集中拌和站、填料集中拌和站、大型道砟存储场、长钢轨焊接基地、换装站等的引入线,以及机械化施工的重点土石方工点的运输便道。

(4)运梁便道。指专为运架大型混凝土成品梁而修建的运输便道。

(5)轨节拼装场、混凝土成品预制厂、材料厂、制(存)梁场、钢梁拼装场、混凝土集中拌和站、填料集中拌和站、大型道砟存储场、长钢轨焊接基地、换装站等的场地土石方、圬工及地基处理。

(6)通信工程。指困难山区(起伏变化很大或比高>80 m的山地)铁路施工所需的临时通信干线(包括由接轨点最近的交接所为起点所修建的通信干线),不包括由干线到工地或施工地段沿线各施工队伍所在地的引入线、场内配线和地区通信线路。当采用无线通信时,其费用应控制在有线通信临时工程费用水平内。

(7)集中发电站、集中变电站(包括升压站和降压站)。

(8)临时电力线(供电电压在6 kV及以上)。包括临时电力干线及通往隧道、特大桥、大桥和混凝土成品预制厂、材料厂、砂石场、钢梁拼装场、制(存)梁场等的引入线。

(9)给水干管路。指为解决工程用水而铺设的给水干管路(管径100 mm及以上或长度2 km及以上)。

(10)为施工运输服务的栈桥、缆索吊。

(11)渡口、码头、浮桥、吊桥、天桥、地道。指通行汽车为施工服务者。

(12)铁路便线、岔线、便桥和汽车运输便道的养护费。

(13)修建"大临"而发生的租用土地、青苗补偿、拆迁补偿、复垦及其他所有与土地有关的费用等。

2)过渡工程

过渡工程指由于改建既有线、增建第二线等工程施工,需要确保既有线(或车站)运营工作的安全和不间断地运行,同时为了加快建设进度,尽可能地减少运输与施工之间的相互干扰和影响,从而对部分既有工程设施必须采取的施工过渡措施。

内容包括临时性便线、便桥和其他建筑物及设备,以及由此引起的租用土地、青苗补偿、拆迁补偿、复垦及其他所有与土地有关的费用等。

3)费用计算规定

(1)大型临时设施和过渡工程,应根据施工组织设计确定的项目、规模及工程量,按铁建设〔2006〕113 号文规定的各项费用标准,采用定额或分析指标,按单项概(预)算计算程序计算。

(2)大型临时设施和过渡工程,均应结合具体情况,充分考虑借用本建设项目正式工程的材料,以尽可能节约投资,其有关费用的计算规定如下:

①借用正式工程的材料

a. 钢轨、道岔计列一次铺设的施工损耗,钢轨配件、轨枕、电杆计列铺设和拆除各一次的施工损耗(拆除损耗与铺设同),便桥枕木垛所用的枕木,计列一次搭设的施工损耗。

b. 借用水泥、木材、钢材、给水排水管材、砂、石、石灰、黏土、土工材料、花草苗木、钢轨、道岔、轨枕、钢梁、钢管拱、斜拉索、钢筋混凝土梁、铁路桥梁支座、钢筋混凝土预制桩、电杆、铁塔、机柱、接触网支柱、接触网及电力线材、光电缆线等材料,计列由材料堆存地点至使用地点和使用完毕由材料使用地点运至指定归还地点的运杂费,其余材料不另计运杂费。

c. 借用正式工程的材料,在概(预)算中一律不计折旧费,损耗率均按《铁路工程基本定额》执行。

②使用施工企业的工程器材

a. 使用施工企业的工程器材,按表 3.20 所列的施工器材年使用率,计算使用费。

表 3.20　临时工程施工器材年使用费率

序号	材　料　名　称	年使用费率(%)
1	钢轨、道岔	5
2	钢筋混凝土枕、钢筋混凝土电杆	8
3	钢铁构件、钢轨配件、铁横担、钢管	10
4	油枕、油浸电杆、铸铁管	12.5
5	木制构件	15
6	素枕、素材电杆、木横担	20
7	通信、信号及电力线材(不包括电杆及横担)	30

注:①不论按摊销或折旧计算。均一律按表列费率作为编制概(预)算的依据。其中通信、信号及电力器材的使用年限超过 3 年时,超过部分的年使用费率按 10%计。困难山区使用的钢筋混凝土电杆,不论其使用年限多少,均按 100%摊销。

②计算单位为季节,不足一季度,按一季度计。

b. 表中材料、构件的运杂费,属水泥、木材、钢材、给水排水管材、砂、石、石灰、黏土、土工材料、花草苗木、钢轨、道岔、轨枕、钢梁、钢管拱、斜拉索、钢筋混凝土梁、铁路桥梁支座、钢筋混凝土预制桩、电杆、铁塔、机柱、接触网支柱、接触网及电力线材、光电缆线等材料计算由始发地点至工地的往返运杂费,其余不再另计运杂费。

③利用旧道砟,除计运杂费外,还应计列必要的清筛费用。

④不能倒用的材料,如圬工用料,道砟(不论倒用时),计列全部价值。

⑤铁路便线、便桥的养护费计费标准

为使铁路便线、岔线、便桥经常保持完好状态,其养护费按表 3.21 规定的标准计列。

表 3.21　铁路便线、岔线、便桥养护费

项目	人　工	零星材料费	道砟[m³/(月·km)]		
			3 个月以内	3~6 个月	6 个月以上
便线岔线	32[工日/(月·km)]		20	10	5
便桥	11[工日/(月·百换算米)]	1.25 元/(月·延长米)			

注:①人工费按编制期概算综合工费标准计算。

②便桥换算长度的计算:钢梁桥:1 m=1 换算米;木便桥:1 m=1.5 换算米;圬工及钢筋混凝土梁桥:1 m=0.3 换算米。

③便线长度不满 100 m 者,按 100 m 计;便桥长度不满 1 m 者,按 1 m 计;计算便线长度,不扣除道岔及便桥长度。

④养护的期限,根据施工组织设计确定,按月计算,不足一个月者,按一个月计算。

⑤道砟数量采用累计法计算(例:1 km 便道当其使用期为一年时,所需道砟数量=3×20+3×10+6×5=120 m³)。

⑥费用内包括冬季积雪清除和雨季养护等一切有关养护费用。

⑦架梁及架梁岔线等,均不计列养护费。

⑧便线、便桥、岔线,如通行工程列车或临管列车,并按有关规定计列运费者,因运费已包括了养护费用,不应另列养护费;如修建的临时岔线(如运土、运料岔线等)只计取送车费或机车、车辆租用费者,可计列养护费。

⑨营业线上施工,为保证不间断行车而修建通行正式列车的便线、便桥,在未办理交接前,其养护费按照表列规定加倍计算。

⑥汽车便道养护费计费标准

为使通行汽车的运输便道经常保持完好的状态,其养护费按表 3.22 规定的标准计算。

表 3.22　汽车便道养护费计费标准

项　　目		人　工	碎石或粒料
		工日/(月·km)	m³/(月·km)
土　路		15	—
粒料路(包括泥结碎石路面)	干线	25	2.5
	引入线	15	1.5

注:①人工费按编制期概算综合工费标准计算。

②计算便道长度,不扣除便桥长度。不足 1 km 者,按 1 km 计。

③养护的期限,根据施工组织设计确定,按月计算,不足一个月者,按一个月计。

④费用内包括冬季清除积雪和雨季养护等一切有关养护费用。

⑤便道中的便桥不另计养护费。

大型临时设施和过渡工程费用需要单独编制单项概(预)算,列入第十章第 28 节。

直接费=直接工程费+施工措施费+特殊施工增加费+大型临时设施和过渡工程费

5. 间接费计算

间接费包括企业管理费、规费和利润。

1)间接费用内容

(1)企业管理费

企业管理费是指建筑安装企业为组织施工生产和经营管理所需的费用,其内容包括:

①企业管理人员工资:是指管理人员的基本工资、津贴和补贴、辅助工资、职工福利费、劳动保护费等。

②办公费:指管理办公用的文具、纸张、账表、印刷、邮电、书报、宣传、会议、水、电、烧水和集体取暖用煤等费用。

③差旅交通费:指企业职工因公出差、调动工作的差旅费,助勤补助费,市内交通费和误餐补助费,职工探亲路费,劳动力招募费,职工离退休、退职一次性路费,以及企业管理部门使用的交通工具的油燃料费、养路费、牌照费等。

④固定资产使用费:是指管理和试验部门及附属生产单位使用的属于固定资产的房屋、车辆、设备仪器等的折旧、大修、维修或租赁费。

⑤工具用具使用费:指企业管理使用的不属于固定资产的工具、用具、家具、交通工具、检验、试验、消防用具等的摊销和维修费用等。

⑥财产保险费:是指施工管理用财产、车辆保险。

⑦税金:是指企业按规定交纳的房产税、车船使用税、土地使用税、印花税等各项税费。

⑧施工单位进退场及工地转移费:指施工单位根据建设任务需要,派遣人员和机具设备从基地迁往工程所在地或从一个项目迁至另一个项目所发生的往返搬迁费用及施工队伍在同一建设项目内,因工程进展需要,在本建设项目内往返转移,以及民工上、下路所发生的费用。包括:承担任务职工的调遣差旅费,调遣期间的工资,施工机械、工具、用具、周转性材料及其他施工装备的搬运费用;施工队伍在转移期间所需支付的职工工资、差旅费、交通费、转移津贴等;民工的上、下路所需车船费、途中食宿补贴及行李运费等。

⑨劳动保险费:指由企业支付离退休职工的易地安家补助费、职工退职金、6 个月以上病假人员的工资、职工死亡丧葬补助费、抚恤费以及按规定支付给离休干部的各项经费等。

⑩工会经费:指企业按照职工工资总额计提的工会经费。

⑪职工教育经费:指企业为职工学习先进技术和提高文化水平,按职工工资总额计提的费用。

⑫财务费用:指企业为筹集资金而发生的各种费用,包括企业经营期间发生的短期贷款利息净支出,金融机构手续费,以及其他财务费用。

⑬其他:包括技术转让费、技术开发费、业务招待费、绿化费、广告费、公证费、法律顾问费、审计费、咨询费、无形资产摊销费、投标费、企业定额测定费等。

(2)规费

规费是指政府和有关部门规定必须缴纳的费用(简称规费),其内容包括:

①社会保障费:是指企业按规定缴纳的基本养老保险费、失业保险费、基本医疗保险费、工伤保险费、生育保险费。

②住房公积金:是指企业按规定缴纳的住房公积金。

③工程排污费:是指施工现场按规定缴纳的工程排污费用。

(3)利润

利润是指施工企业完成所承包的工程获得的盈利。

2)间接费用计算

$$间接费=\sum(基期人工费+基期施工机械使用费)\times间接费率 \qquad (3.26)$$

式中,间接费率见表 3.23。

表 3.23 间接费率

类别代号	工程类别	费率(%)	附 注
1	人力施工土石方	59.7	包括人力拆除工程,绿色防护、绿化,各类工程中单独挖填的土石方,爆破工程

续上表

类别代号	工程类别	费率(%)	附 注
2	机械施工土石方	19.5	包括机械拆除工程,填级配碎石、砂砾石、渗水土,公路路面,各类工程中单独挖填的土石方
3	汽车运输土石方采用定额"增运"部分	9.8	包括隧道出砟洞外运输
4	特大桥、大桥	23.8	不包括梁部及桥面系
5	预制混凝土梁	67.6	包括桥面系
6	现浇混凝土梁	38.7	包括梁的横向联结和湿接缝,包括分段预制后拼接的混凝土梁
7	运架混凝土简支箱梁	24.5	
8	隧道、明洞、棚洞,自采砂石	29.6	
9	路基加固防护工程	36.5	包括各类挡土墙及抗滑桩
10	框架桥、中桥、小桥,涵洞,轮渡、码头,房屋,给排水、工务、站场、其他建筑物等建筑工程	52.1	不包括梁式中、小桥梁部及桥面系
11	铺轨、铺岔、架设混凝土梁(简支箱梁除外)、钢梁、钢管拱	97.4	包括支座安装,轨道附属工程,线路备料
12	铺砟	32.5	包括线路沉落整修、道床清筛
13	无砟道床	73.5	包括道床过渡段
14	通信、信号、信息、电力、牵引变电、供电段、机务、车辆、动车,所有安装工程	78.9	
15	接触网建筑工程	69.5	

注:大型临时设施和过渡工程按表列同类正式工程的费率乘以 0.8 的系数计列。

6. 税金

税金指按国家税法规定应计入建筑安装工程造价内的营业税,城市维护建设税及教育费附加。

1)税金计列标准

(1)营业税按营业额的 3% 计。

(2)城市维护建设税以营业税税额作为计税基数,其税率随纳税人所在地区的不同而异,即市区按 7%,县城、镇按 5%,不在市区、县城或镇者按 1%。

(3)教育费附加按营业税的 3%。

2)税金的计算

为简化概(预)算编制,铁路工程税金统一按建筑安装工程费(不含税金)的 3.35% 计列。

$$税金=(直接费+间接费)\times税率(3.35\%) \tag{3.27}$$

7. 价差调整计算

1)人工费价差

人工费价差=∑定额人工消耗量(不包括施工机械台班中的人工)×(编制期综合工费单

价－基期综合工费单价) (3.28)

2)材料费价差

(1)水泥、木材、钢材、砖、瓦、砂、石、石灰、黏土、土工材料、花草苗木、钢轨、道岔、轨枕、钢梁、钢管拱、斜拉索、钢筋混凝土梁、铁路桥梁支座、钢筋混凝土预制桩、电杆、铁塔、机柱、接触网支柱、接触网及电力线材、光电缆线、给排水管材等材料的价差。

$$材料费价差 = \sum 定额材料消耗量 \times (编制期材料价格 - 基期材料价格) \quad (3.29)$$

(2)水、电价差(不包括施工机械台班消耗的水、电)。

$$水、电价差 = \sum 定额材料消耗量 \times (编制期水、电的价格 - 基期水、电的价格) \quad (3.30)$$

(3)其他材料的价差。

其他材料的价差以定额消耗材料的基期价格为基数,按原铁道部颁材料价差系数调整,系数中不含机械台班中的油燃料价差。

$$其他材料的价差 = \sum 其他材料基期材料价格 \times (价差系数 - 1) \quad (3.31)$$

3)施工机械使用费价差

$$施工机械使用费价差 = \sum 定额机械台班消耗量 \times (编制期施工机械台班单价 - 基期施工机械台班单价) \quad (3.32)$$

4)设备费的价差

编制设计概预算时,以现行的《铁路工程建设设备预算价格》中的设备原价作为基期设备原价。编制期设备原价由设计单位按照国家或主管部门发布的信息价和生产厂家的现行出厂价分析确定。基期至编制期设备原价的差额,按价差处理,不计取运杂费。

8. 设备购置费计算

设备购置费指构成固定资产标准的设备和虽低于固定资产标准,但属于设计明确列入设备清单的设备,按设计规定的规格、型号、数量,以设备原价加设备运杂费计算的购置费用。工程竣工验交时,设备(包括备品备件)应移交运营部门。

购买计算机硬件设备时所附带的软件若不单独计价,其费用应随设备硬件一起列入设备购置费中。

$$设备购置费 = 设备原价 \times (1 + 运杂费率) \quad (3.33)$$

1)设备购置费的内容

(1)设备原价

设备原价指设计单位根据生产厂家的出厂价及国家机电产品市场价格目录和设备信息价格等资料综合确定的设备原价。内容包括按专业标准规定的保证在运输过程中不受损失的一般包装费,及按产品设计规定配带的工具、附件和易损件的费用。非标准设备的原价(包括材料费、加工费及加工厂的管理费等),可按厂家加工订货价格资料,并结合设备信息价格,经分析论证后确定。

(2)设备运杂费

设备自生产厂家(来源地)运至施工工地料库(或安装地点)所发生的运输费、装卸费、供销部门手续费、采购及保管费等统称为设备运杂费。

2)设备购置费的计算规定

(1)编制设计概(预)算时,采用现行的《铁路工程建设设备预算价格》中的设备原价,作为基期设备原价。编制期设备原价由设计单位根据调查资料确定。编制期与基期设备原价的差额按价差处理,直接列入设备购置费中。缺项设备由设计单位进行补充。

(2)设备运杂费:为简化概(预)算编制工作,设备运杂费以基期设备原价为计算基数乘以设备运杂费费率计算。设备运杂费费率,一般地区按 6.1%计列,新疆、西藏按 7.8%计列,即:

$$设备运杂费＝基期设备原价×运杂费率(\%) \tag{3.34}$$

9. 其他费

其他费是指根据有关规定,应由基本建设投资支付并列入建设项目总概算内,除建筑安装工程费、设备及工器具购置费以外的有关费用。

1)土地征用及拆迁补偿费

指按照《中华人民共和国土地管理法》规定,为进行铁路建设所支付的土地征用及拆迁补偿费用。

(1)土地征用及拆迁补偿费内容

①土地征用补偿费:土地补偿费,安置补助费,被征用土地地上、地下附着物及青苗补偿费,征用城市郊区菜地缴纳的菜地开发建设基金,征用耕地缴纳的耕地开垦费,耕地占用税等。

②拆迁补偿费:被征用土地上的房屋及附属构筑物、城市公共设施等迁建补偿费等。

③土地征用、拆迁建筑物手续费:在办理征地拆迁过程中,所发生的相关人员的工作经费及土地登记管理费等。

④用地勘界费:委托有资质的土地勘界机构对铁路建设用地界进行勘定所发生的费用。

(2)土地征用及拆迁补偿费计算:

①土地征用补偿费、拆迁补偿费应根据设计提出的建设用地面积和补偿动迁工程数量,按工程所在地区的省(自治区、直辖市)人民政府颁发的各项规定和标准计列。

②土地征用、拆迁建筑物手续费按土地补偿费与征用土地安置补助费的 0.4%计列。

③用地勘界费按国家和工程所在地区的省(自治区、直辖市)人民政府的有关规定计列。

(3)铁路工程拆迁一般补偿标准

①征地:征地补偿按征地前 3 年平均年产值的 6 倍计算,安置补偿按征地前 3 年平均年产值的 4 倍计算,合计按 10 倍计算。

②房屋:动什么补什么,动多少补多少。

③林地:按"森林法"规定。

④电力、邮电、水利等,按成本价计算。

⑤其他:按当地政府规定。

⑥不可预见费:通常按拆迁总费用的 3%考虑。

⑦管理费:通常按拆迁总费用的 2%考虑。

2)建设项目管理费

(1)建设单位管理费

①建设单位管理费:是指建设单位从筹建之日起至办理竣工财务决算之日止发生的管理性质开支。内容包括:工作人员工资、基本养老保险费、基本医疗保险费、失业保险费、工伤保险费、生育保险费、住房公积金,办公费、差旅交通费、劳动保护费、工具用具使用费、固定资产使用费、零星购置费、招募生产工人费、技术图书资料费、印花税、业务招待费、施工现场津贴、竣工验收费和其他管理性质开支。业务招待费支出不得超过建设单位管理费总额的 10%。施工现场津贴标准比照当地财政部门制定的差旅费标准执行。

②建设单位管理费计算:

建设单位管理费实行总额控制,总额控制数以项目审批部门批准的投资总概算(不含建设单位管理)为基数,即以第二章~第十章费用总额为计算基数,按表 3.24 规定的费率,采用累进法计列。

表 3.24　建设单位管理费率

第二章~第十章费用总额(万元)	费率(%)	算例(万元)	
		基　数	建设单位管理费
500 及以内	1.74	500	500×1.74%=8.7
501~1 000	1.64	1 000	8.7+500×1.64%=16.9
1 001~5 000	1.35	5 000	16.9+4 000×1.35%=70.9
5 001~10 000	1.10	10 000	70.9+5 000×1.10%=125.9
10 001~50 000	0.87	50 000	125.9+40 000×0.87%=473.9
50 001~100 000	0.48	100 000	473.9+50 000×0.48%=713.9
100 001~200 000	0.20	200 000	713.9+100 000×0.20%=913.9
200 000 以上	0.10	300 000	913.9+100 000×0.10%=1 013.9

【例 3.7】　某铁路建设项目第二章~第十章费用总和为 56 000 万元,试计算该项目的建设单位管理费。

【解】:根据表 3.24 提供的建设单位管理费费率,按累进法计算的建设单位管理费为:

473.9+(56 000-50 000)×0.48%=502.70(万元)

(2)建设管理其他费

①内容包括:建设期交通工具购置费,建设单位前期工作费,建设单位招标工作费,审计(查)费,合同公证费,经济合同仲裁费,法律顾问费,工程总结费,宣传费,按规定应缴纳的税费,以及要求施工单位对具有出厂合格证明的材料进行试验、对构件破坏性试验和其他特殊要求检验试验的费用及建设单位其他工作经费等。

②计算:建设期交通工具购置费按表 3.25 所列的标准计列,其他费用按第二章~第十章费用总额的 0.12% 计列。

表 3.25　建设期交通工具购置标准

线路长度(正线公里)	交通工具配置情况		
	数量(台)		价格(万元/台)
	平原丘陵区	山　区	
100 及以内	5	6	40~60
101~300	6	7	
301~700	8	9	
700 以上	10	11	

注:①平原丘陵区指起伏小或比高≤80 m 的地区;山区指起伏大或比高>80 m 的山地。

　　②工期 4 年及以上的工程,在计算建设期,交通工具购置费时,均按 100% 摊销;工期小于 4 年的工程,在计算建设期交通工具购置费时,按每年 25% 计算。

　　③海拔 4 000 m 以上的工程,交通工具价格另行分析确定。

购置交通工具时,按表 3.25 标准,实行费用总额控制。在编制铁路工程概预算时,此项费用以确实发生计算。项目竣工后,交通工具资产应严格按原铁道部相关规定处置。铁路局作为建设单位或作为出资者代表的建设项目,项目竣工后应加强交通工具的调配使用管理。

(3)建设项目管理信息系统购建费

建设项目管理信息系统购建费指为利用现代信息技术,实现建设项目管理信息化需购建项目管理信息系统所发生的费用,包括有关设备购置与安装、软件购置与开发等。

计算本项费用,按原铁道部有关规定计列,以确实发生计算。

(4)工程监理与咨询服务费

工程监理与咨询服务费指由建设单位委托具有相应资质的单位,在铁路建设项目的招投标、勘察、设计、施工、设备采购监造(包括设备联合调试)等阶段实施监理与咨询的费用。在设计概(预)算中每项监理与咨询服务费应列出详细条目。

①招投标咨询服务费:本项费用按原铁道部有关规定计列。

②勘察监理与咨询费:本项费用按原铁道部有关规定计列。

③设计监理与咨询服务费:本项费用按原铁道部有关规定计列。

④施工监理与咨询服务费:其中施工监理费以第二~第九章建筑安装工程费用总额为基数,按表 3.26 费率,采用内插法计列。施工咨询费按国家和原铁道部有关规定计列。

⑤设备采购监造监理与咨询服务费:本项费用按原铁道部有关规定计列。

表 3.26　施工监理费率

第二章~第九章建筑安装工程费用总额 M(万元)	费率 b(%)	
	新建单线、独立工程、增建一线电气化改造工程	新建双线
$M \leqslant 500$	2.5	
$500 < M \sim \leqslant 1\,000$	$2.5 > b \geqslant 2.0$	
$1\,000 < M \leqslant 5\,000$	$2.0 > b \geqslant 1.7$	
$5\,000 < M \leqslant 10\,000$	$1.7 > b \geqslant 1.4$	0.7
$10\,000 < M \leqslant 50\,000$	$1.4 > b \geqslant 1.1$	
$50\,000 < M \leqslant \sim 100\,000$	$1.1 > b \geqslant \sim 0.8$	
$M > 100\,000$	0.8	

建设工程监理与相关服务的主要内容,见表 3.27。

表 3.27　建设工程监理与相关服务的主要内容

服务阶段	主要工作内容	备　注
勘察阶段	协助发包人编制勘察要求,选择勘察单位,核查勘察方案并监督实施和进行相应的控制,参与验收勘察成果	建设工程勘察、设计、施工、保修等阶段监理与相关服务的具体工作内容执行国家、行业有关规范、规定
设计阶段	协助发包人编制设计要求,选择设计单位,组织评选设计方案,对各设计单位进行协调管理,监督合同履行,审查设计进度计划并监督实施,核查设计大纲和设计深度及使用技术规范合理性,提出设计评估报告(包括各阶段设计的核查意见和优化建议),协助审核设计概算	
施工阶段	施工过程中的质量、进度、费用控制、安全生产监督管理、合同、信息等方面的协调管理	
保修阶段	检查和记录工程质量缺陷,对缺陷原因进行调查分析并确定责任归属,审核修复方案,监督修复过程并验收,审核修复费用	

⑥铁路工程监理与咨询服务费的计算:按建筑安装工程费分档定额计费方式计算。

施工监理服务收费＝施工监理服务收费基准价×(1 ± 浮动调度值)　　　(3.35)

其中:

施工监理服务收费基准价＝施工监理服务收费基价×专业调整系数×工程复杂程度调整
系数×高程调整系数　　　　　　　　(3.36)

a. 施工监理服务收费基价:按《施工监理收费基价表》确定,见表 3.28。计费额处于两个数值之间的,采用内插法确定。

表 3.28　施工监理服务收费基价表

序号	计费额	收费基价	序号	计费额	收费基价
1	500	16.5	9	60 000	991.4
2	1 000	30.1	10	80 000	1 255.8
3	3 000	78.1	11	100 000	1 507.0
4	5 000	120.8	12	200 000	2 712.5
5	8 000	181.0	13	400 000	4 882.6
6	10 000	218.6	14	600 000	6 835.6
7	20 000	393.4	15	800 000	8 658.4
8	40 000	708.2	16	1 000 000	10 390.7

注:计费额大于 1 000 000 万元的,以计费额乘以 1.039％的收费率计算收费基价。其他未包含的其他费由双方协商议定。

b. 专业调整系数:桥梁、隧道为 1.1。

c. 工程复杂程度调整系数,见表 3.29,工程复杂程度划分,见表 3.30。

d. 高程调系数,见表 3.31。

表 3.29　工程复杂程度调整系数

一般(Ⅰ级)	较复杂(Ⅱ级)	复杂(Ⅲ级)
0.85	1.0	1.15

表 3.30　铁路工程复杂程度表

等级	工 程 特 征
Ⅰ级	Ⅱ、Ⅲ铁路
Ⅱ级	时速 200 km 客货共线;Ⅰ级铁路;货运专线;独立特大桥;独立隧道
Ⅲ级	客运专线;技术特别复杂的工程

表 3.31　高程调整系数

海拔高程	2 001 m 以上	2 001～3 000	3 001～3 500	3 501～4 000	4 000 以上
调整系数	1.0	1.1	1.2	1.3	协商

其他阶段的相关服务收费一般按相关服务工作所需工日和《建设工程监理与相关服务人员人工日费用标准》收费,《建设工程监理与相关服务人员人工日费用标准》见表 3.32。

表 3.32 建设工程监理与相关服务人员人工日费用标准

建设工程监理与相关服务人员职级	工日费用标准(元)
高级专家	1 000～1 200
高级专业技术职称的监理与相关服务人员	800～1 000
中级专业技术职称的监理与相关服务人员	600～800
初级及以下专业技术职称的监理与相关服务人员	300～600

注:本表适用于提供短期服务的人工费用标准。

(5)工程质量检测费

工程质量检测费指为保证工程质量,根据原铁道部规定由建设单位委托具有相应资质的单位对工程进行检测所需的费用。本项费用按原铁道部有关规定计列,以确实发生计算。

(6)工程质量安全监督费

工程质量安全监督费指按国家有关规定实行工程质量安全监督所发生的费用。本项费用第二章～第十章费用总额的 0.02%～0.07%计列。

(7)工程定额测定费

工程定额测定费指为制定铁路工程定额和计价标准,实现对铁路工程造价的动态管理而发生的费用。

本项费用按第二章～第九章建筑安装工程费用总额的 0.01%～0.05%计列。

(8)施工图审查费

施工图审查费指建设主管部门认定的施工图审查机构按照有关法律、法规,对施工图涉及公共利益、公共安全和工程建设强制性标准的内容进行审查所需的费用,在初步设计审查时纳入总概算。施工图审查费用为建设项目施工图设计费的 18%～25%(枢纽、独立桥隧工程按18%考虑)。

(9)环境保护专项监理费

环境保护专项监理费指为保证铁路施工对环境及水土保持不造成破坏,而从环保的角度对铁路施工进行专项检测、监督、检查所发生的费用。本项费用按国家有关部委及建设项目所经地区省(自治区、直辖市)环保监理部门的有关规定计列。

(10)营业线施工配合费

营业线施工配合费指施工单位在营业线上进行建筑安装工程施工时,需要运营单位在施工期间参加配合工作所发生的费用(含安全监督检查费用)。本项费用按不同工程类别的计算范围,以编制期人工费与编制期施工机械使用费之和为基数,乘以表 3.33 所列费率计列。

营业线施工配合费=(编制期人工费+编制期机械使用费)×营业线施工配合费费率 (3.37)

此项费用在单项概算中计算,但不计入单项概算费用中,计入综合概算第十一章第 29 节,其他费中。

表 3.33 营业线施工配合费费率表

工程类别	费率(%)	计算范围	说 明
一、路基			
1. 石方爆破开挖	0.5	既有线改建、既有线增建二线需要封锁线路作业的爆破	不含石方装、运、卸及压实、码砌

工程类别	费率(%)	计算范围	说　明
一、路基			
2. 路基基床加固	0.9	挤密桩等既有基床加固及基床换填	仅限于行车线路基,不含土石方装、运、卸
二、桥涵			
1. 架梁	9.1	既有线改建、增建二线拆除和架设成品梁	增建二线限于线间距 10 m 以内
2. 既有桥涵改建	2.7	既有桥梁墩台、基础的改建、加固,既有桥梁部加固,既有涵洞接长、加固、改建	
3. 顶进框架桥、顶进涵洞	1.4	行车线加固及防护,行车线范围内主体的开挖及顶进	不包括主体预制、工作坑、引道、土方外运及框架桥、涵洞内的路面、排水等工程
三、隧道及明洞	4.1	需要封锁线路作业的既有隧道及明、棚洞的改建、加固、整修	
四、轨道			
1. 正线铺轨	3.5	既有轨道拆除、起落、重铺及拨移;换铺无缝线路	仅限于行车线
2. 铺岔	5.5	既有道岔拆除、起落、重铺及拨移	仅限于行车线
3. 道床	2.4	既有道床扒除、清筛、回填或换铺、补砟及沉落整修	仅限于行车线
五、通信、信息	2.0	通信、信息改建建安工程	
六、信号	24.4	信号改建建安工程	
七、电力	1.1	电力改建建安工程	
八、接触网	2.0	既有线增建电气化接触网建安工程和既有电气化改造接触网建安工程	已含牵引变电所,供电段等工程的施工配合费
九、给排水	0.5	全部建安工程	

　　3)建设项目前期工作费

　　(1)项目筹融资费

　　项目筹融资费指为筹措项目建设资金而支付的各项费用。主要包括向银行借款的手续费以及为发行股票、债券而支付的各项发行费用等。

　　本项费用根据项目融资情况,按国家和原铁道部的有关规定计列。

　　(2)可行性研究费

　　可行性研究费指编制和评估项目建议书(或预可行性研究报告)、可行性研究报告所需的费用。本项费用按国家和原铁道部有关规定计列。

　　(3)环境影响报告编制与评估费

　　环境影响报告编制与评估费指按照有关规定编制与评估建设项目环境影响报告研发生的费用。本项费用按国家和原铁道部有关规定计列。

　　(4)水土保持方案报告编制与评估费

　　水土保持方案报告编制与评估费指按照有关规定编制与评估建设项目水土保持方案报告

所发生的费用。本项费用按国家和原铁道部有关规定计列。

(5)地质灾害危险性评估费

地质灾害危险性评估费指按照有关规定对建设项目所在地区的地质灾害危险性进行评估所需的费用。本项费用按国家有关规定计列。

(6)地震安全性评估费

地震安全性评估费指按照有关规定对建设项目进行地震安全性评估所需费用。本项费用按国家有关规定计列。

(7)洪水影响评价报告编制费

洪水影响评价报告编制费指按照有关规定就洪水对建设项目可能产生的影响和建设项目对防洪可能产生的影响做出评价,并编制洪水影响评价报告所需的费用。本项费用按国家有关规定计列。

(8)压覆矿藏评估费

压覆矿藏评估费指按照有关规定对建设项目压覆矿藏情况进行评估所需费用。本项费用按国家有关规定计列。

(9)文物保护费

文物保护费指按照有关规定对受建设项目影响的文物进行原址保护、迁移、拆除所需的费用。本项费用按国家有关规定计列。

(10)森林植被恢复费

指按照有关规定缴纳的所征用林地的植被恢复费用。本项费用按国家有关规定计列。

(11)勘察设计费

①勘察费:指勘察单位根据国家有关规定,按承担任务的工作量应收取的勘察费用。本项费用按国家主管部门颁发的工程勘察收费标准和原铁道部有关规定计列。

②设计费:指设计单位根据国家有关规定,按承担任务的工作量应收取的设计费用。本项费用按国家主管部门颁发的工程设计收费标准和原铁道部有关规定计列。

③标准设计费:指采用铁路工程建设标准设计图所需支付的费用。本项费用按国家主管部门颁发的工程设计收费标准和原铁道部有关规定计列。

4)研究试验费

研究试验费指为建设项目提供或验证设计数据、资料等所进行的必要的研究试验,以及按照设计规定在施工中必须进行的试验、验证所需的费用。不包括:

(1)应由科技三项费用(即新产品试制费、中间试验费和重要科学研究补助费)开支的项目。

(2)应由检验试验费开支的施工企业对建筑材料、设备、构件和建筑物等进行一般鉴定、检查所发生的费用及技术革新的研究试验费。

(3)应由勘察设计费开支的项目。

本项费用应根据设计提出的研究试验内容和要求,经建设主管单位批准后,按有关规定计列。

5)计算机软件开发与购置费

计算机软件开发与购置费指购买计算机硬件所附带的单独计价的软件,或需另行开发与购置的软件所需的费用。不包括项目建设、设计、施工、监理、咨询工作所需软件。本项费用应根据设计提出的开发与购置计划,经建设主管单位批准后按有关规定计列。

6)配合辅助工程费

配合辅助工程费指在该建设项目中,凡全部或部分投资由铁路基本建设投资支付修建的工程,而修建后的产权不属铁路部门所有者,其费用应按协议额或具体设计工程量,按本办法的有关规定计算完整的第一章～第十一章概(预)算费用。

7)联合试运转及工程动态检测费

联合试运转及工程动态检测费指铁路建设项目在施工全面完成后至运营部门全面接收前,对整个系统进行负荷或无负荷联合试运转或进行工程动态检测所发生的费用,包括所需的人工、原料、燃料、油料和动力的费用,机械及仪器、仪表使用费,低值易耗品及其他物品的购置费用等。其计算标准以现行的《关于发布铁路工程联调联试系有关费用标准的通知》(铁建设[2010]7 号)为依据。

(1)本项费用的计算方法

①需要临管运营的,按 0.15 万元/正线公里计列。

②不需临管运营而直接交付运营部门接收的,按下列指标计列:

新建单线铁路:3.0 万元/正线公里

新建双线铁路:5.0 万元/正线公里

③时速 200 km 及以上客运专线铁路联合试运转费另行分析确定。

(2)铁路工程静态检测费

铁路工程静态检测费是指主体工程及其配套工程建成后,检测工作组对建设项目进行检查,确认工程是否按设计完成且质量合格、系统设备是否已安装并调试完毕所发生的费用。主要包括静态检测工作组人员的食宿费、交通费、会议费、办公费、检验检测费(包括检测工作组自带的检验检测仪器设备使用费及委外的检验检测费)和税费等,费用标准见表 3.34。

表 3.34 静态检测、联调联试、安全评估等费用标准

费用名称			$v<200$	项目设计最高行车速度(km/h)					
				200≤v<250		250≤v<300		v≥300	
				正线长度(km)					
				200以内部分	200以外部分	200以内部分	200以外部分	200以内部分	200以外部分
静态检测			—	0.5	0.5	0.5	0.5	0.5	0.5
联调联试费	动态检测试验费	常规检测费	2.1	4.4	3.7	6.6	5.6	8.2	6.5
		专项检测费	1.7	3.7	3.1	5.6	4.6	6.8	5.5
	配合费		0.3	1.6	1.1	2.4	1.6	2.9	1.9
	小计		4.11	9.7	7.9	14.6	11.8	17.9	13.9
安全评估费			0.2	0.2	0.1	0.2	0.1	0.2	0.1
电费			0.7	2.3	2.3	2.9	2.9	3.5	3.5
合计			5.0	12.7	10.8	18.2	15.3	22.1	18.0

注:①单线铁路按列表数值乘以 0.6 系数计列。

②设计概(预)算中检测费用按常规检测,专项检测费用标准完整计列;实施时专项检测费用按实际发生的检测项目根据铁建设[2010]7 号文中规定进行调整。

③设计概(预)算中电费按本表标准计列,最终按实核算。

(3)联调联试费

联调联试费是指铁路在工程建设项目静态验收完成后,采用试验列车和检测列车对项目各系统的工作状态、性能、功能及系统间匹配关系进行综合测试所发生的动态检测测试费和配合费等,见表 3.34。

①动态检测试验费,包括试验人员人工费、规费、差旅费、材料费、设备费、会议费、办公费、汽车使用费、工棚搭建费、测力轮对有关费用、管理费、利润、税费、其他费等。不含应由科研经费支出的费用,费用标准见表 3.34。

②配合费内容,包括铁路局现场配合人员的食宿费、安全防护费、办公费、劳动保护费、宣传费、各种试验用机车、检测车、动车组使用维修费及油燃料费、货车检修及货物装卸费、汽车使用费、税费等。其中各种试验用机车、车辆、检测车等由铁路局提供,均不计折旧费。联调联试期间抢修备料由建设单位负责提供,费用暂在备料款中支付,最终按实核算。

③联调联试专项检测费标准,见表 3.35。

表 3.35　联调联试专项检测费标准(万元/正线公里)

序号	费用名称	$v<200$	项目设计最高行车速度(km/h)					
			$200{\leqslant}v<250$		$250{\leqslant}v<300$		$v{\geqslant}300$	
			正线长度(km)					
			200以内部分	200以外部分	200以内部分	200以外部分	200以内部分	200以外部分
1	路基及过渡段动力性能测试	0.22	0.49	0.41	0.74	0.61	0.90	0.73
2	道床与路基结构车载探地雷达测试	0.09	0.20	0.16	0.30	0.24	0.36	0.29
3	桥梁动力性能测试	0.25	0.54	0.45	0.81	0.67	0.99	0.80
4	道岔动力性能测试	0.21	0.46	0.39	0.70	0.58	0.85	0.69
5	列车通过隧道时气动力性能测试	0.19	0.41	0.35	0.63	0.52	0.76	0.62
6	轨道结构动力性能测试	0.25	0.55	0.46	0.84	0.69	1.02	0.82
7	防灾安全监控系统动态检测	0.09	0.20	0.16	0.30	0.24	0.36	0.29
8	客运服务系统动态检测	0.09	0.19	0.16	0.28	0.23	0.34	0.28
9	货车动力学性能监测	0.06	0.13	0.11	0.20	0.16	0.24	0.19
10	环境噪声、振动及减振降噪措施测试	0.25	0.54	0.45	0.81	0.67	0.99	0.80
	合　计	1.7	3.7	3.1	5.6	4.6	6.8	5.5

注:单线铁路按表列数值乘 0.6 系数计列。

(4)安全评估费

安全评估费是指初步验收合格后,由原铁道部(铁路局)安全监察部门组织对铁路工程建设项目进行安全(预)评估,就试运营提出安全评价意见。责成客运专线公司或接管运营单位完善安全措施,完成安全评估工作所发生的费用,包括参加安全评估的专家咨询费及接管运营单位配合人员的食宿费、交通费、会议费、办公费、综合检测车使用费及税费等,费用标准,见表 3.34。

(5)电费

电费,包括静态检测、联调联试、安全评估等阶段发生的容量电费及实际使用电费,不包括运行试验阶段发生的电费。

(6)运行试验费

运行试验费是指铁路工程建设项目完成联调联试后,组织列车试运行,对铁路整体系统在正常和非正常条件下运行的行车组织、客运服务及应急救援等能力进行的全面演练,验证是否具备开通运营条件所发生的检测试验费、配合费、电费等,费用标准见表3.36。此项费用按确实发生计列。

表 3.36　运行试验费标准(万元/正线公里)

序号	费用名称	项目设计最高行车速度(km/h)		
		$200 \leqslant v < 250$	$250 \leqslant v < 300$	$v \geqslant 300$
1	检测试验费	0.8	1.1	1.4
2	配合费	0.3	0.3	0.3
3	电费	1.9	1.9	1.9
	小计	3.0	3.3	3.6

注:表中标准系按1个月计算。设计概(预)算中电费按本表标准计列,最终根据实际运行试验时间和本标准核算。

8)生产准备费

(1)生产职工培训费

生产职工培训费指新建和改扩建铁路工程,在交验投产以前对运营部门生产职工培训所必需的费用。内容包括:培训人员工资、津贴和补贴、职工福利费、差旅交通费、劳动保护费、培训及教学实习费等。本项费用按表3.37所规定的标准计列。

表 3.37　生产职工培训费标准(单位:元/正线公里)

线路类别　　　　　　　铁路类别	非电气化铁路	电气化铁路
新建单线	7 500	11 200
新建双线	11 300	16 000
增建第二线	5 000	6 400
既有线增建电气化	—	3 200

注:时速200 km及以上客运专线铁路的生产职工培训费另行分析确定。

(2)办公和生活家具购置费

指为保证新建、改扩建项目初期正常生产、使用和管理,所必需购置的办公和生活家具、用具的费用。包括:行政、生产部门的办公室、会议室、资料档案室、文娱室、食堂、浴室、单身宿舍、行车公寓等的家具用具;不包括应由企业管理费、奖励基金或行政开支的改扩建项目所需的办公和生活家具购置费。本项费用,按表3.38所规定的标准计列。

表 3.38　办公和生活家具购置费标准(单位:元/正线公里)

线路类别　　　　　　　铁路类别	非电气化铁路	电气化铁路
新建单线	6 000	7 000
新建双线	9 000	10 000
增建第二线	3 500	4 000
既有线增建电气化	—	2 000

注:时速200 km及以上客运专线铁路的办公和生活家具购置费另行分析确定。

③工器具及生产家具购置费

指新建、改建项目和扩建项目的新建车间,验交后为满足初期正常运营必须购置的第一套不构成固定资产的设备、仪器、仪表、工卡模具、器具、工作台(框、架、柜)等的费用。不包括:构成固定资产的设备、工器具和备品、备件;已列入设备购置费中的专用工具和备品、备件。本项费用按表 3.39 所规定的标准计列。

表 3.39　生产工器具购置费标准(单位:元/正线公里)

线路类别　　　铁路类别	非电气化铁路	电气化铁路
新建单线	12 000	14 000
新建双线	18 000	20 000
增建第二线	7 000	8 000
既有线增建电气化	—	4 000

注:时速 200 km 及以上客运专线铁路的工器具及生产家具购置费另行分析确定。

9)其他

其他指以上费用之外的,经原铁道部批准或国家和部委及工程所在省(自治区、直辖市)规定应纳入设计概(预)算的费用。

以上九项其他费,均列入第十一章第 29 节其他费中。

10. 基本预备费

1)铁路工程基本预备费

铁路工程基本预备费是指在初步设计阶段,编制总概(预)算时,由于设计限制而发生的难以预料的工程和费用,属于静态投资部分。本项费用由建设单位统筹管理,其主要用途如下:

①在进行设计和施工过程中,在批准的初步设计范围,必须增加的工程和按规定需要增加的费用。本项费用不含Ⅰ类变更设计增加的费用。

②在建设过程中,未投保工程遭受一般自然灾害所造成的损失和为预防自然灾害所采取的措施费用,及为了规避风险而投保全部或部分工程的建筑、安装工程一切险和第三者责任险的费用。

③验收委员会(或小组)为鉴定工程质量,必须开挖和修复隐蔽工程的费用。

④由于设计变更所引起的废弃工程,但不包括施工质量不符合设计要求而造成的返工费用和废弃工程。

⑤征地、拆迁的价差。

2)基本预备费的计费标准

基本预备费按第一~第十一章费用总额为基数,初步设计概算按 5% 计列;施工图预算、投资检算按 3% 计列。

$$\text{基本预备费} = \sum(\text{建筑安装工程费}_i + \text{设备购置费}_i + \text{其他费}_i) \times \text{基本预备费费率} \quad (3.38)$$

式中,i 为章号,$i = 1, 2, 3, \cdots 11$。

11. 工程造价增涨预留费

工程造价增涨预留费指为正确反映铁路基本建设工程项目的概(预)算总额,在设计概

(预)算编制年度到项目建设竣工的整个期限内,因形成工程造价诸因素的正常变动(如材料、设备价格的上涨,人工费及其他有关费用标准的调整等),导致必须对该建设项目所需的总投资额进行合理的核定和调整,而需预留的费用。此项费用在铁路工程中属于动态投资。

根据建设项目施工组织设计安排,以其分年度投资额及不同年限,按国家及原铁道部公布的工程造价年上涨指数计算,计算公式:

$$E = \sum_{n=1}^{N} F_n [(1+P)^{c+n} - 1] \tag{3.39}$$

式中　E——工程造价增涨预留费;

　　　N——施工总工期(年);

　　　F_n——施工期第 n 年的分年度投资额;

　　　c——编制年至开工年年限(年);

　　　n——开工年至结(决)算年年限(年);

　　　p——工程造价年增长率。

【例 3.8】　某铁路建设项目,建设期为 3 年。分年度投资额为第一年 30 000 万元、第二年 40 000 万元、第三年 30 000 万元,编制期至开工期为 1 年,工程造价年增长率为 3%,则该铁路建设项目的工程造价增长预留费为多少?

【解】:$E = 30\ 000 \times [(1+3\%)^{1+1} - 1] + 40\ 000 \times [(1+3\%)^{1+2} - 1] + 30\ 000 \times [(1+3\%)^{1+3} - 1]$

　　　$= 1\ 827 + 3\ 709.08 + 3\ 765.26 = 9\ 301.34(万元)$

12. 建设期投资贷款利息

建设期投资贷款利息指建设项目中分年度使用国内贷款,在建设期内应归还的贷款利息。计算公式:

建设期投资贷款利息 $= \sum$(年初付息贷款本金累计 $+$ 本年度付息贷款额 $\div$ 2)$\times$ 年利率,即

$$S = \sum_{n=1}^{N} (\sum_{m=1}^{m} F_m \times b_m - F_n \times b_n \div 2 \times i \tag{3.40}$$

式中　S——建设期投资贷款利息;

　　　N——建设总工期(年);

　　　n——施工年度;

　　　m——还息年度;

　F_n、F_m——在建设的第 n 和第 m 年的分年度资金供应量;

　b_n、b_m——在建设的第 n 和第 m 年份还息贷款占当年投资比例;

　　　i——建设期贷款年利率。

【例 3.9】　某新建铁路,建设期为 3 年。在建设期第一年资金供应量为 3 000 万,其中贷款占 30%;第二年为 6 000 万,贷款占 60%;第三年为 4 000 万,贷款占 80%。银行贷款年利率为 8%,计算建设期投资贷款利息。

【解】:第一年利息为:$q_1 = 1/2 \times 3\ 000 \times 30\% \times 8\% = 36(万元)$

第二年利息为:$q_2 = (3\ 000 \times 30\% + 36 + 1/2 \times 6\ 000 \times 60\%) \times 8\% = 218.88(万元)$

第三年利息为:$q_3 = (3\ 000 \times 30\% + 6\ 000 \times 60\% + 36 + 218.88 + 1/2 \times 4\ 000 \times 80\%) \times 8\%$

$=509.39$(万元)

建设期投资贷款利息总和为:$S=36+218.88+509.39=763.27$(万元)。

13. 机车车辆购置费

机车车辆购置费应根据原铁道部《铁路机车、客车投资有偿占用暂行办法》有关规定,在新建铁路、增建二线和电气化技术改造等基建大中型项目总概(预)算中,增列按初期运量所需要的新增机车车辆的购置费。

本项费用按设计确定的初期运量所需要的新增机车车辆的型号、数量及编制期机车车辆购置价格计算。

14. 铺底流动资金

为保证新建铁路项目投产初期正常运营所需流动资金有可靠来源,而计列本项费用。主要用于购买原材料、燃料、动力,支付职工工资和其他有关费用。

本项费用按下列标准计列:

1)地方铁路

(1)新建Ⅰ级地方铁路:6.0万元/正线 km。

(2)新建Ⅱ级地方铁路:4.5万元/正线 km。

(3)既有地方铁路改扩建、增建二线以及电气化改造工程不计列铺底流动资金。

2)其他铁路

(1)新建单线Ⅰ级铁路:8.0万元/正线 km。

(2)新建单线Ⅱ级铁路:6.0万元/正线 km。

(3)新建双线:12.0万元/正线 km。

如初期运量较小,上述指标可酌情核减。既有线改扩建、增建二线以及电气化改造工程不计列铺底流动资金。

典型工作任务5　概(预)算案例及概(预)算软件应用

3.5.1　工作任务

通过实际的工程案例学习,使学生系统掌握铁路工程项目各类概(预)算编制的方法及铁路工程概(预)算软件应用的技巧。

3.5.2　相关配套案例

1. 概(预)算案例

【案例1】　　　　　　　　　单项工程概(预)算的编制

甘肃省白银地区新建铁路××线,线路全长 44.179 km,其中有盖板箱涵 5 座,全长 62.20 横延米,编制其单项概(预)算。

基期的综合工费单价为 20.35 元/工日,编制期的综合工费单价为 23.47 元/工日。

基期材料价格采用铁建设〔2006〕129 号文《铁路工程建设材料基期价格(2005 年度)》,编制期主要材料价格执行市场价格。价差系数执行铁路工程建设上一年度辅助材料价差系数,涵洞工程为 1.193。该盖板箱涵工程的单项概算编制方法如表 3.40 所示。编制时还应填写单项工程主要材料单价表、单项概预算明细劳材统计表等。

表 3.40 单项工程概（预）算表（节选）

建设名称	××新建铁路		预算编号		（××）单—06	
工程名称	盖板箱涵工程		工程总量		62.2 横延米	
工程地点	DK29＋418～DK73＋597		预算价值		814 232 元	
所属章节	第三章第九节		预算指标		13 090.55 元/横延米	
单价编号	工作项目或费用名称	单位	数量	费用(元)		
				单价	合价	
QY-1	人力挖土方人力提升 基坑深≤1.5 m 无水	10 m³	60	53.01	3 180	
QY-3	人力挖土方人力提升 基坑深≤3 m 无水	10 m³	26	67.34	1 751	
QY-815	涵洞基础混凝土 C20	10 m³	24.75	1 490.68	36 894	
QY-816	涵洞基础 钢筋	t	26.192	3 573.28	93 591	
QY-823	中边墙 混凝土 C20	10 m³	46.04	1 864	85 819	
QY-833	盖板箱涵 预制箱涵盖板 混凝土 C20	10 m³	15.01	2 527.96	37 945	
QY-834	盖板箱涵 预制箱涵盖板 钢筋	t	19.115	3 757.17	71 818	
QY-835	盖板箱涵 盖板安砌 M10 钢筋混凝土盖板	10 m³	15.01	300.45	4 510	
QY-1028	冷作式防水层 THF—I（甲）	10 m²	42.09	505.42	21 273	
QY-1049	伸缩缝、沉降缝 黏土	10 m²	30.2	29.17	881	
QY-45	基坑回填 原土	10 m³	26	57.17	1 486	
QY-1080	桥头检查台阶 浆砌片石 M10	10 m³	2.47	835.65	2 067	
QY-1059	浆砌片石 锥体护坡 M10	10 m³	42.07	864.14	36 355	
QY-1063	浆砌片石 河床护坡及导流堤 M10	10 m³	52.8	770.13	40 663	
一	定额直接工程费	元			438 233	
	基期人工费	元			85 034	
	基期材料费	元			342 283.4	
	主要材料费	元			314 669.06	
	水电、燃油料费，非机械台班用	元			391.43	
	其他材料费	元			27 222.88	
	基期机械使用费	元			10 915.5	
二	运杂费	元	4 902.209	15.89	77 891	
三	价差	元			199 177	
	人工费价差	元	4 178.57	3.12	13 037	
	主要材料价差	元			177 768	
	其他材料价差	元	27 222.88	0.193	5 254	
	机械使用费价差	元			3 117	
五	直接工程费	元			715 301	
六	施工措施费	%	95 950	23.5	22 548	
七	特殊施工增加费	元				
八	直接费	元			737 849	
九	间接费	%	95 950	52.1	49 990	

续上表

单价编号	工作项目或费用名称	单位	数量	费用(元) 单价	费用(元) 合价
十	税金	%	787 839	3.35	26 393
	以上合计	元			814 232
	单项概(预)算总额	元			814 232

编制:　　　年 月 日　　　　　复核:　　　年 月 日　　　　　负责人:

【案例2】　　　　　　　　综合概预算编制(节选)

综合概预算是概预算文件的基本文件,所有的工程项目、数量、概算费用都要在综合概预算表中反映出来,如表3.41所示。

表3.41　××建设项目综合概算表(节选)　　　第　页共　页

工程名称	新建铁路××线	编制范围	DK29+418~DK73+597		编　号	(××)综—01
工程总量	44.179 正线公里	概算总额	103 921.7 万元		技术经济指标	2 352.29 万元/正线公里

章别	节号	概算编号	工程及费用名称	单位	数量	Ⅰ建筑工程	Ⅱ安装工程	Ⅲ设备工器具	Ⅳ其他费	合计	指标(元)
			第一部分:静态投资	元						839 007 369	
一	1		拆迁及征地费用	元	44.179	22 505 893			13 668 120	36 174 013	818 805.6
			一、拆迁工程	元		22 505 893				22 505 893	
			.Ⅰ建筑工程	元		22 505 893				22 505 893	
			(一)拆迁建筑物	元		11 738 273				11 738 273	
			(二)改移道路	元		3 948 518				3 948 518	
			(三)迁移通信线路	元		660 000				660 000	
	……					…	…	…	…	…	
	……					…	…	…	…	…	
十五	33		机车车辆购置费	元						70 000 000	
			第四部分:铺底流动资金	元						2 650 735	
十六	34		铺底流动资金	元						2 650 735	
			概算总额	正线公里						1 039 217 177	23 522 876.9

编制:××　　年 月 日　　　　复核:　　年 月 日　　　　项目总工程师　　　　年 月 日

综合概预算是在单项概预算的基础上编制的,它依据《铁路基本建设工程设计概算编制办法》规定的"综合概预算章节表"的顺序和章节汇编,是编制总概预算表的基础。"综合概预算章节表"中的章节顺序及工程名称不应改动,没有费用的章节其章别、节号应保留,作为空项处理。工程细目可根据实际情况增减,其序号按增减后的序号连号填写。

【案例 3】　　　　　　　　　　　总概预算编制(节选)

总概预算具有归类汇总性质,如表 3.42 所示。它必须在综合概预算完成后才能编制。当综合概预算完成后,按照前述四部分十六章的费用规划方法,填定在"总概算表"中。沿表的横向根据综合概预算不同费用性质分别填定建筑工程、安装工程、设备工器具、其他费 4 项费用,然后计算"合计"、"技术经济指标"和"费用比重"。"技术经济指标"指单位工程量(正线公里)所含某章的费用值,即等于各对应"合计"值与工程总量的比值;"费用比重"指各章费用占概算总额的百分比,即等于各对应"合计"值与概算总额之比。沿表纵向计算"四部分合计",并填入对应概算总额栏中。最后,填写总概预算表的表头,并请相关责任人在表尾签字,总概算表编制即结束。

表 3.42　××建设项目总概算表(节选)　　　　　第　页共　页

| 工程名称 | 新建铁路××线 | 编制范围 | DK29+418～DK73+597 | | 编　号 | | (××)综-01 |
| 工程总量 | 44.179正线公里 | 概算总额 | 103 921.7 万元 | | 技术经济指标 | | 2 352.29 万元/正线公里 |

| 章别 | 工程及费用名称 | 概算价值(万元) | | | | | 技术经济指标(万元) | 费用比例(%) |
		Ⅰ建筑工程	Ⅱ安装工程	Ⅲ设备工器具	Ⅳ其他费	合计		
	第一部分:静态投资					83 900.7	1 899.11	80.73
一	拆迁及征地费用	2 250.6			1 366.8	3 617.4	81.88	3.48
二	路基	1 264.6				1 264.6	28.62	1.22
三	桥涵	21 916.1				21 916.1	496.08	21.09
四	隧道及明洞	35 763.5				35 763.5	809.51	34.41
五	轨道	5 502.6				5 502.6	124.55	5.29
六	通信及信号	451.1	34.4	66.2		551.8	12.49	0.53
七	电力及电力牵引供电	162.1	23.1	19.5		204.7	4.63	0.20
八	房屋	259.1	0.2	1.2		260.5	5.90	0.25
九	其他运营生产设备及建筑物	269.7	3.8	311.1		584.6	13.23	0.56
十	大临和过渡工程	3 509.0				3 509.0	79.43	3.38
十一	其他费用			6.7	6 724.0	6 730.7	152.35	6.48
	以上各章合计	71 348.4	61.5	404.7	8 090.7	79 905.5	1 808.68	76.89
十二	基本预备费					3 995.3	90.43	3.84
	第二部分:动态投资					12 755.9	288.73	12.27
十三	工程造价增涨预留费					7 803.9	176.64	7.51
十四	建设期投资贷款利息					4 952.0	112.09	4.77
	第三部分:机车车辆购置费					7 000.0	158.45	6.74
十五	机车车辆购置费					7 000.0	158.45	6.74

续上表

章别	工程及费用名称	概 算 价 值(万元)					技术经济指标(万元)	费用比例(%)
		Ⅰ建筑工程	Ⅱ安装工程	Ⅲ设备工器具	Ⅳ其他费	合计		
	第四部分:铺底流动资金					265.1	6.00	0.26
十六	铺底流动资金					265.1	6.00	0.26
	概算总额					103 921.7	2 352.29	100.00

编制:×× 　年 月 日　　　复核:　　　年 月 日　　　项目总工程师　　　年 月 日

2. 铁路工程概(预)算软件应用

铁路工程概(预)算编制软件是提高铁路工程造价管理水平,掌握和积累铁路建设项目概预算基础资料,更方便更高效地进行铁路工程投资(预)估算、概算、预算、投标报价的编制工作的重要信息化手段。其主要内容包括:

(1)用户登录及项目管理。

(2)概(预)算的编制。利用软件进行概(预)算编制流程,如图 3.9 所示。

(3)特殊算法费用详解。

(4)概预算软件的具体操作步骤和方法详见铁路工程投资控制系统操作手册。

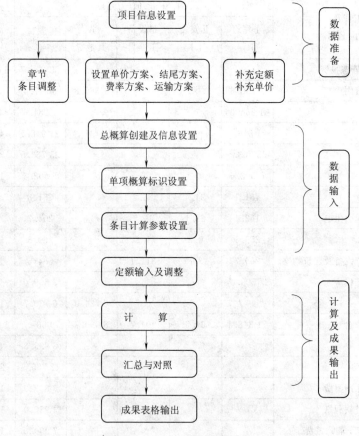

图 3.9　概(预)算编制流程图

项目小结

本项目着重讲述了铁路工程概(预)算费用的组成及其计算的方法和铁路工程概(预)算编制的程序。特别在概预算费用组成及其计算方法上采用图表、公式、实例等手段,使复杂难懂的知识点,简单化、明朗化,为学生能够适应社会的需要,从事"造价员、施工员、监理员"工作打下一个良好的知识基础。

项目拓展

建筑工程概、预算

1. 建筑工程概预算的发展进程

建筑工程概、预算制度产生于早期的资本主义国家,其历史可以追溯到 16 世纪。概预算的发展过程大致可分为三个阶段,如图 3.13 所示。16 世纪到 18 世纪末,是第一阶段,由"测量员"对已完工程的工程量进行测量并估价。19 世纪初期,是预算工作发展的第二阶段,由"预算师"在开工之前,按照施工图纸进行工程量计算,以作为承包商投标的基础,中标后的预算书就成为合同文件的重要组成部分。20 世纪 40 年代发展到第三阶段,建立了"投资计划和控制的制度",他们的投资计划相当于我国的初步设计概算和投资估算,作为投资者预测其投资效果,进行投资决策和控制的依据。

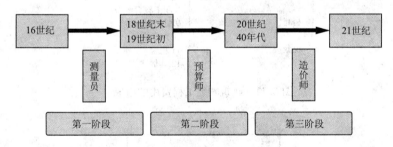

图 3.10　概预算的发展过程

2. 建筑安装工程费用的组成

建设部　财政部关于印发《建筑安装工程费用项目组成》的通知

建标〔2003〕206 号

各省、自治区建设厅、财政厅,直辖市建委、财政局,国务院有关部门:

为了适应工程计价改革工作的需要,按照国家有关法律、法规,并参照国际惯例,在总结建设部、中国人民建设银行《关于调整建筑安装工程费用项目组成的若干规定》(建标〔1993〕894号)执行情况的基础上,我们制定了《建筑安装工程费用项目组成》(以下简称《费用项目组成》),现印发给你们。为了便于各地区、各部门做好《费用项目组成》发布后的贯彻实施工作,现将新的建筑安装工程费用的组成通知如下,如图 3.11 所示。

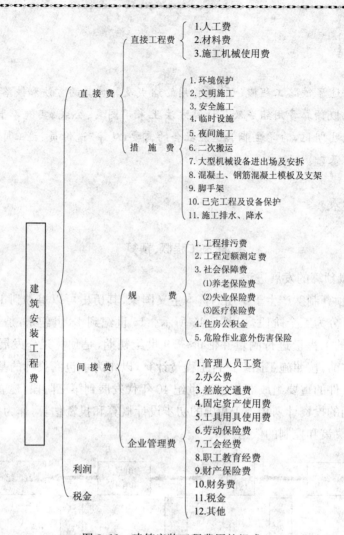

图 3.11　建筑安装工程费用的组成

项目训练

1. 单项工程概预算计算的方法有几种? 有何特点?

2. 为什么铁路运杂费需要单独计算? 如何进行计算?

3. 如何计算设备及工、器具购置费用?

4. 铁路工程建设基本预备费用包括那些内容? 如何计算?

5. 如何计算建设期贷款利息?

6. 什么是大型临时设施和过渡工程? 如何计算该项费用?

项目4 公路工程概(预)算编制方法

 项目描述

公路工程概(预)算是反映建设项目设计内容全部费用的经济文件,它不仅为控制工程造价、办理工程价款的拨付和结算提供依据,而且更重要的是促进设计部门提高设计水平,改进设计方案,促进施工企业搞好经济核算和企业管理。因此,概(预)算的编制是工程造价管理工作的重要环节。不断提高概(预)算的编制质量,对加强公路基本建设管理、核算和监督都具有十分重要的意义。

 拟实现的教学目标

知识目标

1. 掌握公路工程概(预)算费用的组成;
2. 掌握公路工程概(预)算各项费用的计算程序及方法;
3. 掌握公路工程概(预)算编制的内容及要求;
4. 掌握公路工程概(预)算编制程序及原则。

技能目标

1. 能较全面的掌握公路工程概(预)算各种费用的名称及计算方法;
2. 能够全面掌握公路工程建设各项费用编制步骤、计算程序及计算方式,提高判断和解决问题的能力。

素质目标

1. 具有拓展学习的能力;
2. 具有很强的团队精神和协作意识;
3. 养成吃苦耐劳,严谨求实的工作作风;
4. 具备一定的协调、组织管理能力。

典型工作任务 1 公路工程概(预)算费用组成

4.1.1 工作任务

了解公路基本建设概(预)算的文件组成,掌握公路基本建设概(预)算的项目划分及费用组成。

4.1.2 相关配套知识

1. 公路工程概(预)算的文件组成

概、预算文件由封面及目录,概、预算编制说明及全部概、预算计算表格组成。

1)封面及目录

概、预算文件的封面和扉页应按《公路工程基本建设项目概算预算编制办法》(JTG B06—2007)中的规定制作,扉页的次页应有建设项目名称,编制单位,编制、复核人员姓名并加盖执业(从业)资格印章,编制日期及第几册共几册等内容。目录应按概、预算表的表号顺序编排。

2)概、预算编制说明

概、预算编制完成后,应写出编制说明,文字要求简明扼要。应叙述的内容一般有:

(1)建设项目设计资料的依据及有关文号,如建设项目可行性研究报告批准文号、初步设计和概算批准文号(编修正概算及预算时),以及根据何时的测设资料及比选方案进行编制等。

(2)采用的定额、费用标准,人工、材料、机械台班单价的依据或来源,补充定额及编制依据的详细说明。

(3)与概、预算有关的委托书、协议书、会议纪要的主要内容(或将抄件附后)。

(4)总概、预算金额,人工、钢材、水泥、木料、沥青的总需要量情况,各设计方案的经济比较,以及编制中存在的问题。

(5)其他与概、预算有关但不能在表格中反映的事项。

3)概、预算表格

公路工程概、预算应按统一的概、预算表格计算(表格样式见编制办法附录五),其中概、预算相同的表式,在印制表格时,应将概算表与预算表分别印制。

(1)甲组文件与乙组文件

概、预算文件是设计文件的组成部分,按不同的需要分为两组,甲组文件为各项费用计算表,乙组文件为建筑安装工程费各项基础数据计算表(只供审批使用)。甲、乙组文件应按《公路工程基本项目设计文件编制办法》关于设计文件报送份数的要求,随设计文件一并报送。报送乙组文件时,还应提供"建筑安装工程费各项基础数据计算表"的电子文档和编制补充定额的详细资料,并随同概、预算文件一并报送。

乙组文件中的"建筑安装工程费计算数据表"(08.1)和"分项工程概(预)算表"(08.2)应根据审批部门或建设项目业主单位的要求全部提供或仅提供其中的一种。

概、预算应按一个建设项目[如一条道路或一座大(中)桥、隧道]进行编制。当一个建设项目需要分段或分部编制时,应根据需要分别编制,但必须汇总编制"总概(预)算汇总表"。甲、乙组文件包括的内容如图 4.1 所示。

甲组文件
- 编制说明
- 总概(预)算汇总表(01.1 表)
- 总概(预)算人工、主要材料、机械台班数量汇总表(02.1 表)
- 总概(预)算表(01 表)
- 人工、主要材料、机械台班数量汇总表(02 表)
- 建筑安装工程费计算表(03 表)
- 其他工程费及间接费综合费率计算表(04 表)
- 设备、工具、器具购置费计算表(05 表)
- 工程建设其他费用及回收金额计算表(06 表)
- 人工、材料、机械台班单价汇总表(07 表)

图 4.1

$$
乙组文件
\begin{cases}
建筑安装工程费计算数据表(08.1表) \\
分项工程概(预)算表(08.2表) \\
材料预算单价计算表(09表) \\
自采材料料场价格计算表(10表) \\
机械台班单价计算表(11表) \\
辅助生产工、料、机械台班单位数量表(12表)
\end{cases}
$$

图 4.1　甲、乙组文件包括的内容

2. 概(预)算的项目划分及费用组成

1)概(预)算项目

概、预算项目应按项目表的序列及内容编制,如实际出现的工程和费用项目与项目表的内容不完全相符时,一、二、三部分和"项"的序号应保留不变,"目"、"节"、"细目"可随需要增减,并按项目表的顺序以实际出现的"目"、"节"、"细目"依次排列,不保留缺少的"目"、"节"、"细目"的序号。如第二部分,设备及工具、器具购置费在该项工程中不发生时,第三部分工程建设其他费用仍为第三部分。同样,路线工程第一部分第六项为隧道工程,第七项为公路设施及预埋管线工程,若路线中无隧道工程项目,但其序号仍保留,公路设施及预埋管线工程仍为第七项。但如"目"、"节"或"细目"发生这样的情况时,可依次递补改变序号。路线建设项目中的互通式立体交叉、辅道、支线,如工程规模较大时,也可按概、预算项目表单独编制建筑安装工程,然后将其概、预算建筑安装工程总金额列入路线的总概、预算表中相应的项目内。概、预算项目表见表4.1。

表 4.1　概、预算项目表

项	目	节	细目	工程或费用名称	单位	备　　注
				第一部分 建筑安装工程费	公路公里	建设项目路线总长度(主线长度)
一				临时工程	公路公里	
	1			临时道路	km	新建便道与利用原有道路总长
		1		临时便道的修建与维护	km	新建便道长度
		2		原有道路的维护与恢复	km	利用原有道路长度
			......			
	2			临时便桥	m/座	指汽车便桥
	3			临时轨道铺设	km	
	4			临时电力线路	km	
	5			临时电信线路	km	不包括广播线
	6			临时码头	座	按不同的形式划分节或细目
二				路基工程	km	扣除桥梁、隧道和互通立交的主线长度、独立桥梁或隧道为引道或接线长度
	1			场地清理	km	
		1		清理与掘除	m²	按清除内容的不同划分细目
			1	清除表土	m²	
			2	伐树、挖根、除草	m²	
			......			

续上表

项	目	节	细目	工程或费用名称	单位	备　注
		2		挖除旧路面	m²	按不同的路面类型和厚度划分细目
			1	挖除水泥混凝土路面	m²	
			2	挖除沥青混凝土路面	m²	
			3	挖除碎(砾)石路面	m²	
				……		
		3		拆除旧建筑物、构筑物	m³	按不同的构筑材料划分细目
			1	拆除钢筋混凝土结构	m³	
			2	拆除混凝土结构	m³	
			3	拆除砖石及其他砌体	m³	
				……		
	2			挖方	m³	
		1		挖土方	m³	按不同的地点划分细目
			1	挖路基土方	m³	
			2	挖改路、改河、改渠土方	m³	
				……		
		2		挖石方	m³	按不同的地点划分细目
			1	挖路基石方	m³	
			2	挖改路、改河、改渠石方	m³	
				……		
		3		挖非适用材料	m³	
		4		弃方运输	m³	
	3			填方	m³	
		1		路基填方	m³	按不同的填筑材料划分细目
			1	换填土	m³	
			2	利用土方填筑	m³	
			3	借土方填筑	m³	
			4	利用石方填筑	m³	
			5	填砂路基	m³	
			6	粉煤灰及填石路基	m³	
				……		
		2		改路、改河、改渠填方	m³	按不同的填筑材料划分细目
			1	利用土方填筑	m³	
			2	借土方填筑	m³	
			3	利用石方填筑	m³	
				……		
		3		结构物台背回填	m³	按不同的填筑材料划分细目
			1	填碎石	m³	
				……		

项	目	节	细目	工程或费用名称	单位	备 注
	4			特殊路基处理	km	按需要处理的软弱路基长度
		1		软土处理	km	按不同的处治方法划分细目
			1	抛石挤淤	m³	
			2	砂、砂砾垫层	m³	
			3	灰土垫层	m³	
			4	预压与超载预压	m²	
			5	袋装砂井	m	
			6	塑料排水板	m	
			7	粉喷桩与旋喷桩	m	
			8	碎石桩	m	
			9	砂桩	m	
			10	土工布	m²	
			11	土工格栅	m²	
			12	土工格室	m²	
				……		
		2		滑坡处理	处	按不同的处理方式划分细目
			1	卸载土石方	m³	
			2	抗滑桩	m³	
			3	预应力锚索	m	
				……		
		3		岩溶洞回填	m³	按不同的回填材料划分细目
			1	混凝土	m³	
				……		
		4		膨胀土处理	km	按不同的处理方式划分细目
			1	改良土	m³	
				……		
		5		黄土处理	m³	按黄土的不同特性划分细目
			1	陷穴	m³	
			2	湿陷性黄土	m³	
				……		
		6		盐渍土处理	m³	按不同的厚度划分细目
				……		
	5			排水工程	km	按不同的结构类型分节
		1		边沟	m³/m	按不同的材料、尺寸划分细目
			1	现浇混凝土边沟	m³/m	
			2	浆砌混凝土预制块边沟	m³/m	
			3	浆砌片石边沟	m³/m	

续上表

项 目	节	细目	工程或费用名称	单位	备 注
		4	浆砌块石边沟	m³/m	
			………		
	2		排水沟	处	按不同的材料、尺寸划分细目
		1	现浇混凝土排水沟	m³/m	
		2	浆砌混凝土预制块排水沟	m³/m	
		3	浆砌片石排水沟	m³/m	
		4	浆砌块石排水沟	m³/m	
			………		
	3		截水沟	m³/m	按不同的材料、尺寸划分细目
		1	浆砌混凝土预制块截水沟	m³/m	
		2	浆砌片石截水沟	m³/m	
			………		
	4		急流槽	m³/m	按不同的材料、尺寸划分细目
		1	现浇混凝土急流槽	m³/m	
		2	浆砌片石急流槽	m³/m	
			………		
	5		暗沟	m³	按不同的材料、尺寸划分细目
			………		
	6		渗(盲)沟	m³/m	按不同的材料、尺寸划分细目
			………		
	7		排水管	m	按不同的材料、尺寸划分细目
			………		
	8		集水井	m³/个	按不同的材料、尺寸划分细目
			………		
	9		泄水槽	m³/个	按不同的材料、尺寸划分细目
			………		
	6		防护与加固工程	km	按不同的结构类型分节
	1		坡面植物防护	m²	按不同的材料划分细目
		1	播种草籽	m²	
		2	铺(植)草皮	m²	
		3	土工织物植草	m²	
		4	植物袋植草	m²	
		5	液压喷播植草	m²	
		6	客土喷播植草	m²	
		7	喷混植草	m²	
			………		
	2		坡面圬工防护	m³/m²	按不同的材料和形式划分细目

续上表

项	目	节	细目	工程或费用名称	单位	备　注
			1	现浇混凝土护坡	m^3/m^2	
			2	预制块混凝土护坡	m^3/m^2	
			3	浆砌片石护坡	m^3/m^2	
			4	浆砌块石护坡	m^3/m^2	
			5	浆砌片石骨架护坡	m^3/m^2	
			6	浆砌片石护面墙	m^3/m^2	
			7	浆砌块石护面墙	m^3/m^2	
				……		
			3	坡面喷浆防护	m^2	按不同的材料划分细目
			1	抹面、捶面护坡	m^2	
			2	喷浆护坡	m^2	
			3	喷射混凝土护坡	m^3/m^2	
				……		
			4	坡面加固	m^2	按不同的材料划分细目
			1	预应力锚索	t/m	
			2	锚杆、锚钉	t/m	
			3	锚固板	m^2	
				……		
			5	挡土墙	m^3/m	按不同的材料和形式划分细目
			1	现浇混凝土挡土墙	m^3/m	
			2	锚杆挡土墙	m^3/m	
			3	锚碇板挡土墙	m^3/m	
			4	加筋土挡土墙	m^3/m	
			5	扶臂式、悬臂式挡土墙	m^3/m	
			6	桩板墙	m^3/m	
			7	浆砌片石挡土墙	m^3/m	
			8	浆砌块石挡土墙	m^3/m	
			9	浆砌护肩墙	m^3/m	
			10	浆砌(干砌)护脚	m^3/m	
				……		
			6	抗滑桩	m^3	按不同的规格划分细目
				……		
			7	冲刷防护	m^3	按不同的材料和形式划分细目
			1	浆砌片石河床铺砌	m^3	
			2	导流坝	$m^3/处$	
			3	驳岸	m^3/m	
			4	石笼	$m^3/处$	
				……		

项	目	节	细目	工程或费用名称	单位	备　注
		8		其他工程	km	根据具体情况划分细分
				……		
三				路面工程	km	
	1			路面垫层	m²	按不同的材料分节
		1		碎石垫层	m²	按不同的厚度划分细目
		2		砂砾垫层	m²	按不同的厚度划分细目
				……		
	2			路面底基层	m²	按不同的材料分节
		1		石灰稳定类底基层	m²	按不同的厚度划分细目
		2		水泥稳定类底基层	m²	按不同的厚度划分细目
		3		石灰粉煤灰稳定类底基层	m²	按不同的厚度划分细目
		4		级配碎(砾)石底基层	m²	按不同的厚度划分细目
				……		
	3			路面基层	m²	按不同的材料分节
		1		石灰稳定类基层	m²	按不同的厚度划分细目
		2		水泥稳定类基层	m²	按不同的厚度划分细目
		3		石灰粉煤灰稳定类基层	m²	按不同的厚度划分细目
		4		级配碎(砾)石基层	m²	按不同的厚度划分细目
		5		水泥混凝土基层	m²	按不同的厚度划分细目
		6		沥青碎石混合料基层	m²	按不同的厚度划分细目
				……		
	4			透层、粘层、封层	m²	按不同的形式分节
		1		透层	m²	
		2		粘层	m²	
		3		封层	m²	按不同的材料划分细目
			1	沥青表处封层	m²	
			2	稀浆封层	m²	
				……		
		4		单面烧毛纤维土工布	m²	
		5		玻璃纤维格栅	m²	
				……		
	5			沥青混凝土面层	m²	指上面层面积
		1		粗粒式沥青混凝土面层	m²	按不同的厚度划分细目
		2		中粒式沥青混凝土面层	m²	按不同的厚度划分细目
		3		细粒式沥青混凝土面层	m²	按不同的厚度划分细目
		4		改性沥青混凝土面层	m²	按不同的厚度划分细目
		5		沥青玛蹄脂碎石混合料面层	m²	按不同的厚度划分细目
				……		

项	目	节	细目	工程或费用名称	单位	备　注
	6			水泥混凝土面层	m²	按不同的材料分节
		1		水泥混凝土面层	m²	按不同的厚度划分细目
		2		连续配筋混凝土面层	m²	按不同的厚度划分细目
		3		钢筋	t	
	7			其他面层	m²	按不同的类型分节
		1		沥青表面处治面层	m²	按不同的厚度划分细目
		2		沥青贯入式面层	m²	按不同的厚度划分细目
		3		沥青上拌下贯式面层	m²	按不同的厚度划分细目
		4		泥结碎石面层	m²	按不同的厚度划分细目
		5		级配碎(砾)石面层	m²	按不同的厚度划分细目
		6		天然砂砾面层	m²	按不同的厚度划分细目
				……		
	8			路槽、路肩及中央分隔带	km	
		1		挖路槽	m²	按不同的土质划分目
			1	土质路槽	m²	
			2	石质路槽	m²	
		2		培路肩	m²	按不同的厚度划分细目
		3		土路肩加固	m²	按不同的加固方式划分细目
			1	现浇混凝土	m²	
			2	铺砌混凝土预制块	m²	
			3	浆砌片石	m²	
				……		
		4		中央分隔带回填土	m³	
		5		路缘石	m³	按现浇和预制安装划分细目
				……		
	9			路面排水	km	按不同类型分节
		1		拦水带	m	按不同的材料划分细目
			1	沥青混凝土	m	
			2	水泥混凝土	m	
		2		排水沟	m	按不同的类型划分细目
			1	路肩排水沟	m	
			2	中央分隔带排水沟	m	
				……		
		3		排水管	m	按不同的类型划分细目
			1	纵向排水管	m	
			2	横向排水管	m/道	
				……		

续上表

项	目	节	细目	工程或费用名称	单位	备 注
		4		集水井	m³/个	按不同的规格划分细目
				······		
四				桥梁涵洞工程	km	指桥梁长度
	1			漫水工程	m/处	
		1		过水路面	m/处	
		2		混合式过水路面	m/处	
	2			涵洞工程	m/道	按不同的结构类型分节
		1		钢筋混凝土管涵	m/道	按管径和单、双孔划分细目
			1	1—φ1.0 m圆管涵	m/道	
			2	1—φ1.5 m圆管涵	m/道	
			3	倒虹吸管	m/道	
				······		
		2		盖板涵	m/道	按不同的材料和涵径划分细目
			1	2.0 m×2.0 m石盖板涵	m/道	
			2	2.0 m×2.0 m钢筋混凝土盖板涵	m/道	
				······		
		3		箱涵	m/道	按不同的涵径划分细目
			1	4.0 m×4.0 m钢筋混凝土箱涵	m/道	
				······		
		4		拱涵	m/道	按不同的材料和涵径划分细目
			1	4.0 m×4.0 m石拱涵	m/道	
			2	4.0 m×4.0 m钢筋混凝土拱涵	m/道	
				······		
	3			小桥工程	m/座	按不同的结构类型分节
		1		石拱桥	m/座	按不同的跨径划分细目
		2		钢筋混凝土矩形板桥	m/座	按不同的跨径划分细目
		3		钢筋混凝土空心板桥	m/座	按不同的跨径划分细目
		4		钢筋混凝土T形梁桥	m/座	按不同的跨径划分细目
		5		预应力混凝土空心板桥	m/座	按不同的跨径划分细目
	4			中桥工程	m/座	按不同的结构类型或桥名分节
		1		钢筋混凝土空心板桥	m/座	按不同的跨径或工程部位划分细目
		2		钢筋混凝土T形梁桥	m/座	按不同的跨径或工程部位划分细目
		3		钢筋混凝土拱桥	m/座	按不同的跨径或工程部位划分细目
		4		预应力混凝土空心板桥	m/座	按不同的跨径或工程部位划分细目
				······		
	5			大桥工程	m/座	按桥名或不同的工程部位分节

续上表

项	目	节	细目	工程或费用名称	单位	备　注
		1		××××大桥	m³/m	按不同的工程部位划分细目
			1	天然基础	m³	
			2	桩基础	m³	
			3	沉井基础	m³	
			4	桥台	m³	
			5	桥墩	m³	
			6	上部构造	m³	注明上部构造跨径组成及结构形式
				……		
		2		……	m³/m	
	6			××特大桥工程	m³/m	按桥名分目,按不同的工程部位分节
		1		基础	m³/座	按不同的形式划分细目
			1	天然基础	m³	
			2	桩基础	m³	
			3	沉井基础	m³	
			4	承台	m³	
				……		
		2		下部构造	m³/座	按不同的形式划分细目
			1	桥台	m³	
			2	桥墩	m³	
			3	索塔	m³	
				……		
		3		上部构造	m³	按不同的形式划分细目
			1	预应力混凝土空心板	m³	
			2	预应力混凝土 T 形梁	m³	
			3	预应力混凝土连续梁	m³	
			4	预应力混凝土连续刚构	m³	
			5	钢管拱桥	m³	
			6	钢箱梁	t	
			7	斜拉索	t	
			8	主缆	t	
			9	预应力钢材	t	
				……		
		4		桥梁支座	个	按不同规格划分细目
			1	矩形板式橡胶支座	dm²	
			2	圆形板式橡胶支座	dm²	
			3	矩形四氟板式橡胶支座	dm²	
			4	圆形四氟板式橡胶支座	dm²	

项	目	节	细目	工程或费用名称	单位	备　注
			5	盆式橡胶支座	个	
				……		
		5		桥梁伸缩缝	m	指伸缩缝长度,按不同规格划分细目
			1	橡胶伸缩装置	m	
			2	模数式伸缩装置	m	
			3	填充式伸缩装置	m	
				……		
		6		桥面铺装	m²	按不同的材料划分细目
			1	沥青混凝土桥面铺装	m²	
			2	水泥混凝土桥面铺装	m²	
			3	水泥混凝土垫平层	m²	
			4	防水层	m²	
				……		
		7		人行道系	m	指桥梁长度,按不同的类型划分细目
			1	人行道及栏杆	m³/m	
			2	桥梁钢防撞护栏	m	
			3	桥梁波形梁护栏	m	
			4	桥梁水泥混凝土防撞墙	m	
			5	桥梁防护网	m	
				……		
		8		其他工程	m	指桥梁长度,按不同的类型划分细目
			1	看桥房及岗亭	座	
			2	砌筑工程	m³	
			3	混凝土构件装饰	m³	
				……		
五				交叉工程	处	按不同的交叉形式分目
	1			平面交叉道	处	按不同的类型分节
			1	公路与铁路平面交叉	处	
			2	公路与公路平面交叉	处	
			3	公路与大车道平面交叉	处	
				……		
	2			通道	m/处	按结构类型分节
			1	钢筋混凝土箱式通道	m/处	
			2	钢筋混凝土板式通道	m/处	
				……		
	3			人行天桥	m/处	
		1		钢结构人行天桥	m/处	

续上表

项	目	节	细目	工程或费用名称	单位	备　注
		2		钢筋混凝土结构人行天桥	m/处	
	4			渡槽	m/处	按结构类型分节
		1		钢筋混凝土渡槽	m/处	
		2		……		
	5			分离式立体交叉	处	按交叉名称分节
		1		×××分离式立体交叉	处	按不同的工程内容划分细目
			1	路基土石方	m³	
			2	路基排水防护	m³	
			3	特殊路基处理	km	
			4	路面	m²	
			5	涵洞及通道	m³/m	
			6	桥梁	m²/m	
				……		
		2		……		
	6			××互通式立体交叉	处	按互通名称分目(注明其类项),按不同的分部工程分节
		1		路基土石方	m³/km	
			1	清理与掘除	m²	
			2	挖土方	m³	
			3	挖石方	m³	
			4	挖非适用材料	m³	
			5	弃方运输	m³	
			6	换填土	m³	
			7	利用土方填筑	m³	
			8	借土方填筑	m³	
			9	利用石方填筑	m³	
			10	结构物台背回填	m³	
		2		特殊路基处理	km	
			1	特殊路基垫层	m³	
			2	预压与超载预压	m²	
			3	袋装砂井	m	
			4	塑料排水板	m	
			5	粉喷桩与旋喷桩	m	
			6	碎石桩	m	
			7	砂桩	m	
			8	土工布	m²	
			9	土工格栅	m²	

续上表

项	目	节	细目	工程或费用名称	单位	备　注
			10	土工格室	m²	
				······		
		3		排水工程	m³	
			1	混凝土边沟、排水沟	m³/m	
			2	砌石边沟、排水沟	m³/m	
			3	现浇混凝土急流槽	m³/m	
			4	浆砌片石急流槽	m³/m	
			5	暗沟	m³	
			6	渗(盲)沟	m³/m	
			7	拦水带	m	
			8	排水管	m	
			9	集水井	m³/个	
				······		
		4		防护工程	m³	
			1	播种草籽	m²	
			2	铺(植)草皮	m²	
			3	土工织物植草	m²	
			4	植生袋植草	m²	
			5	液压喷播植草	m²	
			6	客土喷播植草	m²	
			7	喷混植草	m²	
			8	现浇混凝土护坡	m³/m²	
			9	预制块混凝土护坡	m³/m²	
			10	浆砌片石护坡	m³/m²	
			11	浆砌块石护坡	m³/m²	
			12	浆砌片石骨架护坡	m³/m²	
			13	浆砌片石护面墙	m³/m²	
			14	浆砌块石护面墙	m³/m²	
			15	喷射混凝土护坡	m³/m²	
			16	现浇混凝土挡土墙	m³/m	
			17	加筋土挡土墙	m³/m	
			18	浆砌片石挡土墙	m³/m	
			19	浆砌块石挡土墙	m³/m	
				······		
		5		路面工程	m²	
			1	碎石垫层	m²	
			2	砂砾垫层	m²	

续上表

项	目	节	细目	工程或费用名称	单位	备　注
			3	石灰稳定类底基层	m²	
			4	水泥稳定类底基层	m²	
			5	石灰粉煤灰稳定类底基层	m²	
			6	级配碎(砾)石底基层	m²	
			7	石灰稳定类基层	m²	
			8	水泥稳定类基层	m²	
			9	石灰粉煤灰稳定类基层	m²	
			10	级配碎(砾)石基层	m²	
			11	水泥混凝土基层	m²	
			12	透层、粘层、封层	m²	
			13	沥青混凝土面层	m²	
			14	改性沥青混凝土面层	m²	
			15	沥青玛蹄脂碎石混合料面层	m²	
			16	水泥混凝土面层	m²	
			17	中央分隔带回填土	m³	
			18	路缘石	m³	
				……		
		6		涵洞工程	m/道	
			1	钢筋混凝土管涵	m/道	
			2	倒虹吸管	m/道	
			3	盖板涵	m/道	
			4	箱涵	m/道	
			5	拱涵	m/道	
		7		桥梁工程	m²/m	
			1	天然基础	m³	
			2	桩基础	m³	
			3	沉井基础	m³	
			4	桥台	m³	
			5	桥墩	m³	
			6	上部构造	m³	
				……		
		8		通道	m/处	
六				隧道工程	km/座	按隧道名称分目,并注明其形式
	1			×××隧道	m	按明洞、洞门、洞身开挖、衬砌等分节
		1		洞门及明洞开挖	m³	
			1	挖土方	m³	
			2	挖石方	m³	
				……		

续上表

项	目	节	细目	工程或费用名称	单位	备 注
		2		洞门及明洞修筑	m³	
			1	洞门建筑	m³/座	
			2	明洞衬砌	m³/m	
			3	遮光棚(板)	m³/m	
			4	洞口坡面防护	m³	
			5	明洞回填	m³	
				⋯⋯		
		3		洞身开挖	m³/m	
			1	挖土石方	m³	
			2	注浆小导管	m	
			3	管棚	m	
			4	锚杆	m	
			5	钢拱架(支撑)	t/榀	
			6	喷射混凝土	m³	
			7	钢筋网	t	
				⋯⋯		
		4		洞身衬砌	m³	
			1	现浇混凝土	m³	
			2	仰拱混凝土	m³	
			3	管、沟混凝土	m³	
				⋯⋯		
		5		防水与排水	m³	
			1	防水板	m²	
			2	止水带、条	m	
			3	压浆	m³	
			4	排水管	m	
				⋯⋯		
		6		洞内路面	m²	按不同的路面结构和厚度划分细目
			1	水泥混凝土路面	m²	
			2	沥青混凝土路面	m²	
				⋯⋯		
		7		通风设施	m	按不同的设施划分细目
			1	通风机安装	台	
			2	风机启动柜洞门	个	
				⋯⋯		
		8		消防设施	m	按不同的设施划分细目
			1	消防室洞门	个	

续上表

项	目	节	细目	工程或费用名称	单位	备 注
			2	通道防火闸门	个	
			3	蓄(集)水池	座	
			4	喷防水涂料	m²	
				………		
		9		照明设施	m	按不同的设施划分细目
			1	照明灯具	m	
				………		
		10		供电设施	m	按不同的设施划分细目
		11		其他工程	m	按不同的内容划分细目
			1	卷帘门	个	
			2	检修门	个	
			3	洞身及洞门装饰	m²	
				………		
	2			×××隧道	m	
七				公路设施及预埋管线工程	公路公里	
	1			安全设施	公路公里	按不同的设施分节
		1		石砌护栏	m³/m	
		2		钢筋混凝土防撞护栏	m³/m	
		3		波形钢板护栏	m	按不同的形式划分细目
		4		隔离栅	km	按不同的材料划分细目
		5		防护网	km	
		6		公路标线	km	按不同的类型划分细目
		7		轮廓标	根	
		8		防眩板	m	
		9		钢筋混凝土护栏	根/m	
		10		里程碑、百米桩、公路界碑	块	
		11		各类标志牌	块	按不同的规格和材料划分细目
		12		………		
	2			服务设施	公路公里	按不同的设施分节
		1		服务区	处	按不同的内容划分细目
		2		停车区	处	按不同的内容划分细目
		3		公共汽车停靠站	处	按不同的内容划分细目
	3			管理、养护设施	公路公里	按不同的设施分节
		1		收费系统设施	处	按不同的内容划分细目
			1	设备安装	公路公里	
			2	收费亭	个	
			3	收费天棚	m²	

续上表

项	目	节	细目	工程或费用名称	单位	备　　注
			4	收费岛	个	
			5	通道	m/道	
			6	预埋管线	m	
			7	架设管线	m	
				……		
		2		通信系统设施	公路公里	按不同的内容划分细目
			1	设备安装	公路公里	
			2	管道工程	m	
			3	人(手)孔	个	
			4	紧急电话平台	个	
				……		
		3		监控系统设施	公路公里	
			1	设备安装	公路公里	按不同的内容划分细目
			2	光(电)缆敷设	km	
				……		
		4		供电、照明系统设施	公路公里	按不同的内容划分细目
			1	设备安装	公路公里	
		5		养护工区	处	按不同的内容划分细目
			1	区内道路	km	
				……		
		4		其他工程	公路公里	
			1	悬出路台	m/处	
			2	渡口码头	处	
			3	辅道工程	km	
			4	支线工程	km	
			5	公路交工前养护费	km	按附录一计算
八				绿化及环境保护工程	公路公里	
	1			撒播草种和铺植草皮	m²	按不同的内容分节
			1	撒播草种	m²	按不同的内容划分细目
			2	铺植草皮	m²	按不同的内容划分细目
			3	绿地喷灌管道	m	按不同的内容划分细目
	2			种植乔、灌木	株	按不同的内容分节
			1	种植乔木	株	按不同的树种划分细目
			1	高山榕	株	
			2	美人蕉	株	
				……		

续上表

项	目	节	细目	工程或费用名称	单位	备 注
		2		种植灌木	株	按不同的树种划分细目
			1	夹竹桃	株	
			2	月季	株	
				……		
		3		种植攀缘植物	株	按不同的树种划分细目
			1	爬山虎	株	
			2	葛藤	株	
				……		
		4		种植竹类植物	株	按不同的内容划分细目
		5		种植棕榈类植物	株	按不同的内容划分细目
		6		栽植绿篱	m	
		7		栽值绿色带	m²	
	3			声屏障	m	按不同的类型分节
		1		消声板声屏障	m	
		2		吸音砖声屏障	m³	
		3		砖墙声屏障	m³	
				……		
	4			污水处理	处	按不同的内容分节
	5			取、弃土场防护	m³	按不同的内容分节
九				管理、养护及服务房屋	m²	
	1			管理房屋	m²	
		1		收费站	m²	
		2		管理站	m²	
		3		……		
	2			养护房屋	m²	按房屋名称分节
		1		……		
	3			服务房屋	m²	按房屋名称分节
		1		……		
				第二部分 设备及工具、器具购置费	公路公里	
一				设备购置费	公路公里	
	1			需安装的设备	公路公里	
		1		监控系统设备	公路公里	按不同设备分别计算
		2		通信系统设备	公路公里	按不同设备分别计算
		3		收费系统设备	公路公里	按不同设备分别计算
		4		供电照明系统设备	公路公里	按不同设备分别计算
	2			不需安装的设备	公路公里	
		1		监控系统设备	公路公里	按不同设备分别计算

项	目	节	细目	工程或费用名称	单位	备　　注
		2		通信系统设备	公路公里	按不同设备分别计算
		3		收费系统设备	公路公里	按不同设备分别计算
		4		供电照明系统设备	公路公里	按不同设备分别计算
二				工具、器具购置	公路公里	
三				办公及生活用家具购置	公路公里	
				第三部分　工程建设其他费用	公路公里	
一				土地征用及拆迁补偿费	公路公里	
二				建设项目管理费	公路公里	
	1			建设单位(业主)管理费	公路公里	
	2			工程质量监督费	公路公里	
	3			工程监理费	公路公里	
	4			工程定额测定费	公路公里	
	5			设计文件审查费	公路公里	
	6			竣(交)工验收试验检测费	公路公里	
三				研究试验费	公路公里	
四				前期工作费	公路公里	
五				施工机构迁移费	公路公里	
六				供电贴费	公路公里	
七				联合试运转费	公路公里	
八				生产人员培训费	公路公里	
九				固定资产投资方向调节税	公路公里	
十				建设期贷款利息	公路公里	
				第一、二、三部分费用合计	公路公里	
				预留费用	元	
				1. 价差预备费	元	
				2. 基本预备费	元	预算实行包干时列系数包干费
				概(预)算总金额	元	
				其中:回收金额	元	
				公路基本造价	公路公里	

由项目表可知,公路工程基本建设费用是由建筑安装工程费、设备及工具、器具购置费和工程建设其他费用三大部分组成的。其中建筑安装时一个复杂庞大的综合体,其费用通常占总造价的90%左右。因此,在一定意义上讲,编制公路工程概算、预算,主要是计算建筑安装工程费,建筑安装工程费用的测算精度将直接影响工程概算、预算的编制质量。

2)概、预算费用的组成

根据《公路工程基本建设项目概算预算编制办法》(JTG B06—2007)的规定,公路工程概预算费用由建设安装工程费,设备、工具、器具及家具购置费,工程建设其他费用,预留费用共四大部分费用组成如图4.2所示。

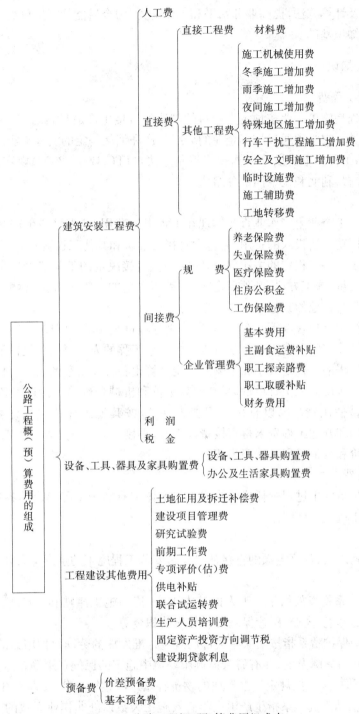

图 4.2　公路工程概(预)算费用组成表

典型工作任务 2　公路工程概(预)算费用的计算

4.2.1　工作任务

通过对公路工程概预算各种费用计算方法的学习,使学生较全面的掌握公路工程概预算各种费用的名称及计算方法,提高业务水平和工作能力,为今后能从事造价员、施工员、监理员工作打下良好的知识基础。

4.2.2 相关配套知识

1. 建筑安装工程费

建筑安装工程是施工企业按预定生产目的创造的直接生产成果,包括建筑安装工程和设备安装工程两大类。它必须通过施工企业的分组生产和消耗一定的资源来实现。

现行的《公路工程基本建设项目概预算编制办法》(JTG B06—2007)规定,建筑安装工程费由直接费、间接费、利润和税金四部分组成。

1)直接费

直接费是指施工企业生产作业直接体现在工程上的费用,即直接使生产资料发生转移而形成具有预定使用功能所投入的费用,它包含直接工程费和其他工程费两大部分。

直接费是建筑安装工程费的主题部分,它的高低直接决定的工程造价的高低。直接费的多少取决于设计质量、施工方法、概预算定额、工程所在地的人工工日价,材料预算价格、机械台班单价以及工程所在地的其他工程费费率等因素。

直接费的计算主要包含以下几个方面:①将工程项目按要求分解成分项工程,并计算各分项工程的工程量。②查阅和套用定额项目表中各分项工程的人工、材料、机械消耗量及定额基价。③根据分项工程的工程量大小和定额的规定计算出各分项工程的人工、材料、机械台班消耗量及定额基价。④用人工工日单价、材料预算单价和机械台班单价计算出各分项工程的人工费、材料费、机械使用费。⑤以直接工程费为基数,按其他工程费费率计算其他工程费。⑥由工、料、机费用和其他工程费求得直接费。因此,直接费的计算是以直接工程费为基础,以工、料、机预算单价和其他工程费费率为依据进行的。

(1)直接工程费

直接工程费是指施工过程中耗费的构成工程实体和有助于工程形成的各项费用,包括人工费、材料费、施工机械使用费。

①人工费

人工费系指列入概、预算定额的直接从事建筑安装工程施工的生产工人开支的各项费用,内容包括:

a. 基本工资 系指发放给生产工人的基本工资、流动施工津贴和生产工人劳动保护费,以及为职工缴纳的养老、失业、医疗保险费和住房公积金等。

生产工人劳动保护费系指按国家有关部门规定标准发放的劳动保护用品的购置费及修理费、徒工服装补贴、防暑降温费、在有碍身体健康环境中施工的保健费用等。

b. 工资性补贴 系指按规定标准发放的物价补贴,煤、燃气补贴,交通费补贴,地区津贴。

c. 生产工人辅助工资 系指生产工人年有效施工天数以外非作业天数的工资,包括开会和执行必要的社会义务时间的工资,职工学习、培训期间的工资,调动工作、探亲、休假期间的工资,因气候影响停工期间的工资,女工哺乳期间的工资,病假在六个月以内的工资及产、婚、丧假期的工资。

d. 职工福利费 系指按国家规定计提职工福利费(按 14%计提)。

人工费以概、预算定额人工工日数乘以每工日人工费计算。

人工费金额在编制概、预算时,是通过表格计算的,具体计算方法如下:

$$人工费＝\sum(劳动定额×工程数量×工资单价) \tag{4.1}$$

公路工程生产工人每工日人工费按如下公式计算：

$$工日单价(元/工日)＝[基本工资(元/月)＋地区生活补贴(元/月)＋$$
$$工资性补贴(元/月)]×(1＋14\%)×12月÷240(工日) \tag{4.2}$$

式中　基本工资——按不低于工程所在地政府主管部门发布最低工资标准的 1.2 倍计算；

地区生活补贴——指国家规定的边远地区生活补贴、特区补贴；

工资性津贴——指物价补贴，煤、燃气补贴，交通费补贴等。

以上各项标准由各省、自治区、直辖市公路(交通)工程造价(定额)管站，并根据当地人民政府的有关规定核定后公布执行，并抄送交通部公路司备案。并应按照最低工资标准的变化情况及时调整公路工程生产工人工资标准。

人工费单价仅作为编制概、预算的依据，不作为施工企业实发工资的依据。

【例 4.1】　某泥结碎石路面，长 2 km，宽 8 m，面层压实厚度 14 cm，采用机械摊铺。已知生产工人的基本工资为 540 元/月，副食及粮煤价格补贴 155 元/月，交通补贴 50 元/月，求预算人工费。

【解】：由式(4.1)得：人工费＝定额×工程数量×工资单价

(1)定额：根据《公路工程预算定额》编号〔2-2-1-5＋7×6〕，见表 4.2 得：

劳动定额：14.7＋1.6×6＝24.3(工日)

(2)工程数量：2 000×8÷1 000＝16

(3)工资单价：(540＋155＋50)×(1＋14\%)×12÷240＝42.47(元/工日)

人工费＝人工定额×工程数量×工资单价

＝24.3×16×42.47＝16 512(元)

表 4.2　2-2-1 泥结碎石路面

工程内容：1)清扫整理下承层；2)铺料、整平；3)调浆、灌浆；4)撒铺嵌缝料、整形、洒水、碾压、找补。

单位：1 000 m²

顺序号	项目	单位	代号	人工摊铺				机械摊铺			
				压实厚度 8 cm		每增加 1 cm		压实厚度 8 cm		每增加 1 cm	
				面层	基层	面层	基层	面层	基层	面层	基层
				1	2	3	4	5	6	7	8
1	人工	工日	1	27.4	27.4	3.0	3.0	14.7	14.6	1.6	1.6
2	水	m³	866	21	21	3	3	—	—	—	—
3	黏土	m³	911	22.62	22.62	2.83	2.83	22.62	22.62	2.83	2.83
4	石屑	m³	961	8.83	8.83	1.10	1.10	8.83	8.83	1.10	1.10
5	路面用碎石(1.5 cm)	m³	965	8.88	—	1.11	—	8.88	—	1.11	—
6	路面用碎石(3.5 cm)	m³	967	80.28	8.88	10.03	1.11	80.28	8.88	10.03	1.11
7	路面用碎石(6 cm)	m³	967	—	80.28	—	10.03	—	80.28	—	10.03
8	120 kW 以内自行式平地机	台班	1057	—	—	—	—	0.29	0.17	—	—
9	6～8 t 光轮压路机	台班	1075	0.27	0.27			0.27	0.27		

续上表

顺序号	项目	单位	代号	人工摊铺				机械摊铺			
				压实厚度 8 cm		每增加 1 cm		压实厚度 8 cm		每增加 1 cm	
				面层	基层	面层	基层	面层	基层	面层	基层
				1	2	3	4	5	6	7	8
10	12~15 t 光轮压路机	台班	1078	0.73	0.73	—	—	0.73	0.73	—	—
11	6 000 L 以内洒水汽车	台班	1405	—	—	—	—	0.46	0.46	0.06	0.06
12	基价	元	1999	8 122	7 301	948	845	7 987	7 052	908	806

②材料费

材料费系指施工过程中耗用的构成工程实体的原材料、辅助材料、构(配)件、零件、半成品、成品的用量和周转材料的摊销量,按工程所在地的材料预算价格计算的费用。

$$材料费 = \sum(材料定额消耗量×工程数量×预算价格) +$$
$$其他材料费×工程数量 \qquad (4.3)$$

材料预算价格由材料原价、运杂费、场外运输损耗、采购及仓库保管费组成。

$$材料预算价格 = (材料原价+运杂费)×(1+场外运输损耗率)×(1+采购及保管费率) -$$
$$包装品回收价格 \qquad (4.4)$$

a. 材料原价

各种材料原价按以下规定计算。

外购材料:国家或地方的工业产品,按工业产品出厂价格或供销部门的供应价格计算,并根据情况加计供销部门手续费和包装费。如供应情况、交货条件不明确时,可采用当地规定的价格计算。

即: $$外购材料原价 = 出厂价+供销手续费+包装费 \qquad (4.5)$$

地方性材料:地方性材料包括外购的砂、石材料等,按实际调查价格或当地主管部门规定的预算价格计算。

自采材料:自采的砂、石、黏土等材料,按定额中开采单价加辅助生产间接费和矿产资源税(如有)计算。辅助生产间接费以人工费的5%计算。即自采材料原价(也称料场价格)按下式计算:

$$自采材料原价 = 人工费(1+5\%)+材料费+机械使用费 \qquad (4.6)$$

材料原价应按实计算。各省、自治区、直辖市公路(交通)工程造价(定额)管理站应通过调查,编制本地区的材料价格信息,供编制概、预算使用。

【例 4.2】 某料场机械轧碎石,碎石规格为 4 cm,未筛分,已知人工单价49.2元/工日,片石 34 元/m³,400×250 电动破碎机 149.44 元/台班,试求碎石的料场单价。

【解】:由《公路工程预算定额》(JTG/T B06-02—2007)编号〔8-1-9-5〕,见表 4.3 得:每100 m³碎石(4 cm)定额值为:人工45 工日,片石 114.90 m³,400×250 电动颚式破碎机 3.42 台班,根据式(4.6),得:

$$碎石(4 cm)料场单价 = 45×49.2(1+5\%)+114.90×34+3.42×149.44$$
$$= 6\ 742.38\ 元/100\ m³ = 67.42(元/m³)$$

表 4.3　8-1-9 机械轧碎石

工程内容:(1)取运片石(2)机械轧、筛分碎石(3)接运碎石(4)成品堆方

单位:100 m³

顺序号	项目	单位	代号	未　筛　分								
				碎石机装料口径(mm×mm)								
				250×150				400×250				
				碎石规格(最大粒径 cm)								
				1.0	1.5	2.0	2.5	4.0	5.0	6.0	7.0	8.0
				1	2	3	4	5	6	7	8	9
1	人工	工日	1	52.3	49.7	48.3	45.9	45.0	42.5	41.7	41.2	40.9
2	片石	m³	931	119.5	117.60	116.90	115.30	114.90	113.00	111.10	110.50	109.90
3	150 mm×250 mm 电动颚式破碎机	台班	1756	7.91	7.01	6.49	4.80	—	—	—	—	—
4	250 mm×400 mm 电动鄂式破碎机	台班	1757	—	—	—	—	3.42	2.89	2.71	2.58	2.45
5	滚筒式筛分机	台班	1775									
6	基价	元	1999	5 105	4 853	4 715	4 381	4 291	4 063	3 971	3 919	3 876

b. 运杂费

运杂费系指材料自供应地点至工地仓库(施工地点存放材料的地方)的运杂费用,包括装卸费、运费,如果发生,还应计囤存费及其他费用(如过磅、标签、支撑加固、路桥通行等费用)。

运杂费确切地说应是"材料单位运杂费",计算式如下:

$$材料单位运杂费＝单位运费＋单位装卸费＋单位杂费 \tag{4.7}$$

a)单位运费

通过铁路、水路和公路运输部门运输的材料,按铁路、航运和当地交通部门规定的运价计算运费。

施工单位自办的运输,依据下列规定办理:

(a)单程运距 15 km 以上的长途汽车运输按当地交通部门规定的统一运价计算运费:

$$单位运费＝运价率×运距×单位毛重 \tag{4.8}$$

式中　运价率——每吨货物每运输 1 km 所需的运费(元/t·km),按当地运输部门规定采用;

运距——指材料从供应点运至工地仓库的距离。当一种材料有两个以上供应地点时,应根据不同运距、运量、运价采用加权平均的方法计算运费;

单位毛重——单位毛重＝单位重×毛重系数。其中单位重根据《公路工程预算定额》(JTG/T B06-02—2007)附录四采用。毛重系数按表 4.4 确定。

(b)单程运距 5~15 km 的汽车运输按当地交通部门规定的同意运价计算运费,当工程所在地交通不便、社会运输力量缺乏时,如边远地区和某些山岭区,允许按当地交通部门规定的统一运价加 50%计算运费;

$$单位运费＝1.5×运价率×运距×单位毛重 \tag{4.9}$$

(c)单程运距 5 km 及以内的汽车运输以及人力场外运输,按预算定额计算运费,其中人力装卸和运输另按人工费加计辅助生产间接费。

人力运输时:　　　　　　单位运费＝人工费×(1＋5%)

机械运输时：　　　　　　　　单位运费＝台班定额×台班单价

一种材料如有两个以上供应点时，都应根据不同的运距、运量、运价采用加权平均的方法计算运费。

由于预算定额中汽车运输台班已考虑工地便道特点，以及定额中已计入了"工地小搬运"项目，因此平均运距中汽车运输便道里程不得乘调整系数，也不得在工地仓库或堆料场之外再加场内运距或二次倒运的运距。

有容器或包装的材料或长大轻浮的材料，应按表 4.4 规定的毛重计算。桶装沥青、汽油、柴油按每吨摊销一个旧汽油桶计算包装费(不计回收)。

表 4.4　材料毛重系数及单位毛重表

材料名称	单位	毛重系数	单位毛重
爆破材料	t	1.35	—
水泥、块状沥青	t	1.01	—
铁钉、铁件、焊条	t	1.10	—
液体沥青、液体燃料、水	t	桶装 1.17，油罐车装 1.0	—
木料	m	—	1.000 t
草料	个	—	0.004 t

【例 4.3】　某工地运输钢材，运距 36 km，运价率为 1.45(元/t·km)，试求单位运费。

【解】由于运距大于 15 km，根据式(4.8)得：

单位运费＝运价率×运距×单位毛重

　　　　＝1.45×(元/t·km)×36 km×1(t)×1(毛重系数)＝52.20(元/t)

【例 4.4】　某桥梁工地运输电焊条，运距 14 km，运价率 1.48(元/t·km)，若工程所在地为边远地区，求单位运费。

【解】由于运距在 5～15 km 之间，且为边远地区

故单位运费＝1.5×1.48(元/t·km)×14(km)×0.001(t)×1.1(毛重系数)＝0.03(元/kg)

在计算上例时，值得注意的是电焊条的预算单价是按元/kg 计算的，由于运价率的单位是元/t·km，故应将电焊条的单位重 kg 换算为 t，计算式中 0.001 就是单位重的换算。

【例 4.5】　人工挑抬运黏土，运距 20 m，已知人工单价 49.2 元/工日，求单位运费。

【解】根据《公路工程预算定额》编号〔9-1-1-4〕，见表 4.5 得：

单位运费＝1.8×2×49.2(1＋5%)＝185.98 元/100 m³＝1.86(元/m³)

表 4.5　9-1-1 人工挑抬运输

工程内容：(1)装料；(2)挑(抬)运；(3)卸料；(4)空回。

单位：100 m³ 及 100 t

顺序号	项目	单位	代号	土、砂石屑		黏土		砂砾、碎(砾)石碎(砾)石土		片石、大卵石		块石	
				100 m³									
				装卸	挑运 10 m³	装卸	挑运 10 m³	装卸	挑运 10 m³	装卸	挑运 10 m³	装卸	挑运 10 m³
				1	2	3	4	5	6	7	8	9	10
1	人工	工日	1	9.1	1.9	11.2	1.8	13.1	2.0	15.8	2.5	18.2	3.4
2	基价	元	1999	448	93	551	89	645	98	777	123	895	167

【例4.6】 5 t以内自卸汽车运碎石4 km,已知汽车台班单价为369.17元/台班,求单位运费。

【解】:根据《公路工程预算定额》编号〔9-1-6-23+24×3〕,见表4.6得:

单位运费=(1.03+0.27×3)×369.17=679.27元/100 m³=6.79元/m³

表4.6 9-1-6自卸汽车运输(配合装载机装车)

Ⅱ 6 t以内自卸汽车 单位:100 m³ 及 100 t

顺序号	项 目	单位	代号	土、砂、石屑		黏 土		砂砾、碎(砾)石、碎(砾)石土		片石、大卵石	
				第一个1 km	每增运1 km	第一个1 km	每增运1 km	第一个1 km	每增运1 km	第一个1 km	每增运1 km
				19	20	21	22	23	24	25	26
1	6 t以内自卸汽车	台班	1384	0.94	0.24	0.89	0.23	1.03	0.27	1.09	0.27
2	基价	元	1999	379	97	359	93	415	109	440	109

b)单位装卸费

单位装卸费的计算应注意如下两点:

(a)单位装卸费按《公路工程预算定额》第九章"材料运输"的定额计算或按当地运输部门规定计算。

(b)当人工装卸时,应另按人工费的5%加计辅助生产间接费。

【例4.7】 试计算例4.5中人工挑抬黏土的单位装卸费。

【解】:由《公路工程预算定额》定额表〔9-1-1〕可知:

单位装卸费=11.2×49.2(1+5%)=578.59元/100 m³=5.79(元/m³)

【例4.8】 试计算例4.6中用1 m³以内轮胎式装载机装碎石的单位装卸费。已知该装载机的台班单价为402.37元/台班。

【解】:由《公路工程预算定额》〔9-1-10-1〕,见表4.7得:

单位装卸费=0.26×402.37=104.62元/100 m³=1.05(元/m³)

表4.7 9-1-10装载机装汽车

1.1 m³ 以内轮式装载机

工程内容(1)铲车;(2)装车。

单位:100 m³ 及 100 t

顺序号	项 目	单位	代号	土、砂、石屑、黏土、碎(砾)石、碎(砾)石土、煤渣、矿渣、粉煤灰	片石、大卵石	块石	生石灰	煤
				100 m³				
				1	2	3	4	5
1	1.0 m³ 以内轮式装载机	台班	1048	0.26	0.31	0.38	0.29	0.26
2	基价	元	1999	105	125	153	117	105

c)单位杂费

单位杂费是指单位材料(每 t、m³、kg 等)所需的囤存费、过磅费、支撑加固费等。

c. 场外运输损耗

场外运输损耗系指有些材料在正常运输过程中发生的损耗,这部分损耗应摊入材料单价内。材料场外运输操作损耗率见表 4.8。

表 4.8　材料场外运输操作损耗率表(%)

材料名称		场外运输(包括一次装卸)	每增加一次装卸
块状沥青		0.5	0.2
石屑、碎砾石、沙砾、煤渣、工业废渣、煤		1.0	0.4
砖、瓦、桶装沥青、石灰、黏土		3.0	1.0
草皮		7.0	3.0
水泥(袋装、散装)		1.0	0.4
砂	一般地区	2.5	1.0
	多风地区	5.0	2.0

注:汽车运水泥,如运距超过 500 km 时,增加损耗率:袋装 0.5%。

d. 采购及保管费

材料采购及保管费系指材料供应部门(包括工地仓库及个材料管理部门)在组织采购、供应和保管材料过程中,所需的各项费用及工地仓库的材料储存损耗。

材料采购及保管费,以材料的原价加运杂费及场外运输损耗的合计数为基数,乘以采购保管费率计算。材料的采购及保管费费率为 2.5%。

外购的构件、成品及半成品的预算价格,其计算方法与材料相同,但构件(如构件的钢桁梁、钢筋混凝土构件及加工钢材等半成品)的采购保管率为 1%,商品混凝土预算价格的计算方法与材料相同,但其采购保管费率为 0。

【例 4.9】　某钢材供应价为 4 200 元/t,用 4 t 载重汽车人工装卸运输 5 km。已知人工 49.2 元/工日,汽车 239.84 元/台班,求钢材的预算单价。

【解】:由下式得:

材料预算价格=(材料原价+运杂费)×(1+场外运输损耗率)×(1+采购及保管费率)—
　　　　　　　包装品回收价格

1. 材料原价:材料原价为供应价 4 200 元/t

2. 运杂费:由《公路工程预算定额》〔9-1-5-5+6×4〕(表 4.9)及〔9-1-9-3〕(表 4.10)得:

1)单位运费=(2.39+0.21×4)×239.84=774.68 元/100 t=7.75(元/t)

2)单位装卸费=8.3×49.2×(1+5%)=428.78 元/100 t=4.29(元/t)

3)单位杂费=0

故运杂费=7.75+4.29=12.04(元/t)

3. 场外运输损耗率为 0%

4. 采购及保管费率

钢材采购及保管费率为 2.5%。

5. 包装品回收价值

钢材不需包装,故包装品的回收价值为 0。

综上计算得:

　　钢材的预算单价=(4 200+12.04)×(1+0%)(1+2.5%)=4 317.34(元/t)

表 4.9　9-1-5 载货汽车运输(配合人工装卸)

工程内容:1)等待装料;2)运走;3)卸料;4)空回。

单位:100 m³ 及 100 t

顺序号	项　目	单位	代号	料石、盖板石		木材		钢材	
				100 m³				100 t	
				第一个 1 km	每增运 1 km	第一个 1 km	每增运 1 km	第一个 1 km	每增运 1 km
				1	2	3	4	5	6
1	4 t 以内载货汽车	台班	1372	6.97	0.53	2.69	0.25	2.39	0.21
2	基价	元	1999	2 048	156	790	73	702	62

表 4.10　9-1-9 人工装卸汽车

工程内容:1)装车;2)捆绑;3)解绳;4)卸车堆放。

单位:100 m³ 及 100 t

顺序号	项目	单位	代号	料石、盖板石	木材	钢材	水泥、矿粉	爆破材料	沥青、油料
				100 m³			100 m³		
				第一个 1 km	每增运 1 km	第一个 1 km	每增运 1 km	第一个 1 km	每增运 1 km
				1	2	3	4	5	6
1	人工	工日	1	33.5	9.2	8.3	10.5	12.7	16.2
2	基价	元	1999	1 648	453	408	517	625	797

【例 4.10】　某工地距料场 350 m,采用人工装卸手扶拖拉机运输片石。已知拖拉机 131.43 元/台班,人工单价 50 元/工日,钢钎 5.62 元/kg,硝铵炸药 6.00 元/kg,导火线 0.80 元/m,普通雷管 0.60 元/个,煤 265.00 元/t。求片石的预算单价。

【解】:依题意得:

1. 材料原价:即料场单价＝人工费×(1+5%)＋材料费＋机械使用费

由《公路工程预算定额》[8-1-6-1],见表 4.11 得,

材料原价＝68.5×50×(1+5%)＋3.8×5.62＋20.4×6.00＋52×0.8＋49×

0.60＋0.024×265.00＝3 817.37 元/100 m³＝38.17(元/m³)

2. 运杂费:由《公路工程预算定额》[9-1-4-7＋8×2.5](表 4.12)和[9-1-8-4](表 4.13)所示:

1)单位运费＝(5.36＋0.37×2.5)×131.43＝826.04 元/100 m³＝8.26(元/m³)

2)单位装卸费＝11.0×50×(1+5%)＝577.5 元/100 m³＝5.78(元/m³)

3)单位杂费＝0

故单位运杂费＝8.26＋5.78＋0＝14.04(元/m³)

3. 场外运输损耗率,查表得费率为 1.0%

4. 采购及保管费率为 2.5%

5. 包装品回收价值为 0

综上计算,片石预算单价＝(38.17＋14.04)(1+1.0%)(1+2.5%)＝53.52(元/m³)

表 4.11　8-1-6 开采片石、块石

工程内容:片石:开采:打眼、爆破、撬石、锲开、解小、码方。

　　　　　　捡清:撬石、解小、码方。

　　　　　　块石:开采:打眼、爆破、锲开、劈石、粗清、码方。

　　　　　　捡清:选石、劈石、粗清、码方。

单位:100 m³ 码方

顺序号	项目	单位	代号	片石			块石		
				人工开采	机械开采	捡清	人工开采	机械开采	捡清
				1	2	3	4	5	6
1	人工	工日	1	68.5	39.2	27.7	202.5	118.4	101.0
2	钢钎	kg	211	3.8	—	—	3.0	—	—
3	空心钢钎	kg	212	—	2.1	—	—	0.9	—
4	合金钻头	个	213	—	3.0	—	—	3.0	—
5	硝铵炸药	kg	841	20.4	20.4	—	11.9	11.9	—
6	导火线	m	842	52	52	—	36	36	—
7	普通雷管	个	845	49	49	—	35	35	—
8	煤	t	864	0.024	—	—	0.018	—	—
9	9 m³/min 内动空压机	台班	1842	—	1.31	—	—	3.95	—
10	小型机具使用费	元	1998	—	54.9	—	—	165.3	—
11	基价	元	1999	3 596	2 996	1 363	10 109	8 368	4 969

表 4.12　9-1-4 手扶拖拉机(配合人工装车)

工程内容:1)等待装料;2)运走;3)卸料;4)空回。

单位:100 m³ 及 100 t

项目序	项目	单元	代号	土、砂、石屑		粘土		砂砾、碎(砾)石、碎(砾)石土		片石、大卵石	
				100 m³							
				第一个100 m	每增运100 m	第一个100 m	每增运100 m	第一个100 m	每增运100 m	第一个100 m	每增运100 m
				1	2	3	4	5	6	7	8
1	手扶式拖拉机(带拖斗)	台班	1415	3.46	0.33	3.70	0.31	4.27	0.35	5.36	0.37
2	基价	元	1999	455	43	486	41	561	46	704	49

表 4.13　9-1-8 人工装卸手扶拖拉机

工程内容:1)装车;2)卸车堆放。

单位:100 m³ 及 100 t

顺序号	项目	单位	代号	土、砂、石屑	粘土	砂砾、碎(砾)石、碎(砾)石	片石、大卵石	块石	煤渣、矿渣	粉煤灰	生石灰
				100 m³							
				1	2	3	4	5	6	7	8
1	人工	工日	1	6.1	6.9	8.3	11.0	12.7	4.6	4.4	8.8
2	基价	元	1999	300	339	408	541	625	226	216	433

③施工机械使用费

施工机械使用费系指列入概(预)算定额的施工机械台班数量,按相同的机械台班费用定额计算的施工机械使用费和小型机具使用费。按下式计算:

$$施工机械使用费＝\left[\sum(台班定额\times台班单价)＋小型机具使用费\right]\times工程数量　(4.10)$$

施工机械台班预算价格应按交通部公布的现行《公路工程机械台班费用定额》(JTG/TB 06-03—2007)计算,台班单价由不变费用和可变费用组成。

(2)其他工程费

①工程类别

其他工程费及间接费的费率与工程类别有关,工程类别划分如下:

a. 人工土方。系指人工施工的路基、改河等土方工程,以及人工施工的砍树、挖根、除草、平整场地、挖盖山土等工程项目,并适用于无路面的便道工程。

b. 机械土方。系指机械施工的路基、改河等土方工程,以及机械施工的砍树、挖根、除草等工程项目。

c. 汽车运输。系指汽车、拖拉机、机动翻斗车等运送的路基、改河土(石)方、路面基层和面层混合料、水泥混凝土及预制构件、绿化苗木等。

d. 人工石方。系指人工施工的路基、改河等石方工程,以及人工施工的挖盖山石项目。

e. 机械石方。系指机械施工的路基、改河等石方工程(机械打眼即属机械施工)。

f. 高级路面。系指沥青混凝土路面、厂拌沥青碎石路面和水泥混凝土路面的面层。

g. 其他路面。系指除高级路面以外的其他路面面层,各等级路面的基层、底基层、垫层、透层、黏层、封层,采用结合料稳定的路基和软土等特殊路基处理等工程,以及有路面的便道工程。

h. 构造物Ⅰ。系指无夜间施工的桥梁、涵洞、防护(包括绿化)及其他工程,交通工程及沿线设施工程〔设备安装及金属标志牌、防撞钢护栏、防眩板(网)、隔离栅、防护网除外〕,以及临时工程中的便桥、电力电信线路、轨道铺设等工程项目。

i. 构造物Ⅱ。系指有夜间施工的桥梁工程。

j. 构造物Ⅲ。系指商品混凝土(包括沥青混凝土和水泥混凝土)的浇筑和外购构件及设备的安装工程。商品混凝土和外购构件及设备的费用不作为其他工程费和间接费的计算基数。

k. 技术复杂大桥。系指单孔跨径在 120 m 以上(含 120 m)和基础水深在 10 m 以上(含 10 m)的大桥主桥部分的基础、下部和上部工程。

l. 隧道。系指隧道工程的洞门及洞内土建工程。

m. 钢材及钢结构。系指钢桥及钢索吊桥的上部构造,钢沉井、钢围堰、钢套箱及钢护筒等基础工程,钢索塔,钢锚箱,钢筋及预应力钢材,模数式及橡胶板式伸缩缝,钢盆式橡胶支座,四氟板式橡胶支座,金属标志牌、防撞钢护栏、防眩板(网)、隔离栅、防护网等工程项目。

②其他工程费的计算

其他工程费系指直接工程费之外施工过程中发生的直接用于工程的费用。内容包括冬季施工增加费、雨季施工增加费、夜间施工增加费、特殊地区施工增加费、行车干扰工程施工增加费、安全及文明施工措施费、临时设施费、施工辅助费、工地转移费等九项。公路工程中的水、电费及因场地狭小等特殊情况而发生的材料二次搬运等其他工程费已包括在概、预算定额中,不再另计。

a. 冬季施工增加费

冬季施工增加费系指按照公路工程施工及验收规范所规定的冬季施工要求,为保证工程质量和安全生产所需采取的防寒保暖、工效降低和机械作业率降低以及技术操作过程的改变等所增加的有关费用。

冬季施工增加费的内容包括:

(a)因冬季施工所需增加的一切人工、机械与材料的支出;

(b)施工机具所需修建的暖棚(包括拆、移),增加油脂及其他保温设备费用;

(c)因施工组织设计确定,需增加的保温、加温及照明等有关支出;

(d)与冬季施工有关的其他各项费用,如清除工作地点的冰雪等费用。

全国冬季施工气温区划分见附录C。若当地气温资料与附录C中划定的冬季气温区划分有较大出入时,可按当地气温资料及上述划分标准确定工程所在地的冬季气温区。

冬季施工增加费的计算方法,是根据各类工程的特点,规定各取费区的取费标准。为了简化计算手续,采用全年平均摊销的方法,即不论是否在冬季施工,均按规定的取费标准计取冬季施工增加费。一条路线穿过两个以上的气温区时,可分段计算或按各区的工程量比例求得全线的平均增加率,计算冬季施工增加费。

冬季施工增加费以各类工程的直接工程费之和为基数,按工程所在地的气温区选用表4.14的费率计算。

表4.14　公路工程冬季施工增加费费率表(%)

气温区 / 工程类别	冬季期平均温度(℃)								准一区	准二区
	−1以上		−1~−4		−4~−7	7~−10	−10~−14	−14~以下		
	冬一区		冬二区		冬三区	冬四区	冬五区	冬六区		
	I	II	I	II						
人工土方	0.28	0.44	0.59	0.76	1.44	2.05	3.07	4.61	—	—
机械土方	0.43	0.67	0.93	1.17	2.21	3.14	4.71	7.07	—	—
汽车运土	0.08	0.12	0.17	0.21	0.40	0.56	0.84	1.27	—	—
人工石方	0.06	0.10	0.13	0.15	0.30	0.44	0.65	0.98	—	—
机械石方	0.08	0.13	0.18	0.21	0.42	0.61	0.91	1.37	—	—
高级路面	0.37	0.52	0.72	0.81	1.48	2.00	3.00	4.50	0.06	0.16
其他路面	0.11	0.20	0.29	0.37	0.62	0.80	1.20	1.80	—	—
构造物I	0.34	0.49	0.66	0.75	1.36	1.84	2.76	4.14	0.06	0.15
构造物II	0.42	0.60	0.81	0.92	1.67	2.27	3.40	5.10	0.08	0.19
构造物III	0.83	1.18	1.60	1.81	3.29	4.46	6.69	10.03	0.15	0.37
技术复杂大桥	0.48	0.68	0.93	1.05	1.91	2.58	3.87	5.81	0.08	0.21
隧　道	0.10	0.19	0.27	0.35	0.58	0.75	1.12	1.69	—	—
钢材及钢结构	0.02	0.05	0.07	0.09	0.15	0.19	0.29	0.43	—	—

b. 雨季施工增加费

雨季施工增加费系指雨季期间施工为保证工程质量和安全生产所需采取的防雨、排水、防水和防护措施,功效降低和机械作业率降低以及技术作业过程的改变等,所需增加的有关费用。

雨季施工增加费的内容包括：

（a）因雨季施工所需增加的工、料、机费用的支出，包括工作效率的降低及易被雨水冲毁的工程所增加的工作内容等（如基坑坍塌和排水沟等堵塞的清理、路基边坡冲沟的填补等）。

（b）路基土方工程的开挖和运输，因雨季施工（非土壤中水影响）而引起的黏附工具，降低功效所增加的费用。

（c）因防止雨水必须采取的防护措施的费用，如挖临时排水沟，防止基坑坍塌所需的支撑、挡板等费用。

（d）材料因受潮、受湿的耗损费用。

（e）增加防雨、防潮设备的费用。

（f）其他有关雨季施工所需增加的费用，如因河水高涨致使工作困难而增加的费用等。

雨季施工增加费的计算方法，是将全国划分为若干雨量区和雨季期，并根据各类工程的特点规定各雨量区和雨季期的取费标准，采用全年平均摊销的方法，即不论是否在雨季施工，均按规定的取费标准计取雨季施工增加费。

一条路线通过不同的雨量区和雨季期时，应分别计算雨季施工增加费或按工程量比例求得平均的增加率，计算全线雨季施工增加费。

室内管道及设备安装工程不计雨季施工增加费。

雨季施工增加费以各类工程的直接工程费之和为基数，按工程所在地的雨量区、雨季期选用表 4.15 的费率计算。

表 4.15　雨季施工增加费费率表（%）

工程类别＼雨季期（月数）／雨量区	1	1.5	2	2.5		3		3.5		4		4.5		5		6		7		8
	Ⅰ	Ⅰ	Ⅰ	Ⅰ	Ⅱ	Ⅰ	Ⅱ	Ⅰ	Ⅱ	Ⅰ	Ⅱ	Ⅰ	Ⅱ	Ⅰ	Ⅱ	Ⅰ	Ⅱ	Ⅰ	Ⅱ	Ⅱ
人工土方	0.04	0.05	0.07	0.11	0.09	0.13	0.11	0.15	0.13	0.17	0.15	0.20	0.17	0.23	0.19	0.26	0.21	0.31	0.36	0.42
机械土方	0.04	0.06	0.07	0.11	0.09	0.13	0.11	0.15	0.13	0.17	0.15	0.20	0.17	0.23	0.19	0.27	0.22	0.32	0.37	0.43
汽车运输	0.04	0.05	0.07	0.11	0.09	0.13	0.11	0.16	0.13	0.19	0.15	0.22	0.17	0.25	0.19	0.27	0.22	0.32	0.37	0.43
人工石方	0.02	0.03	0.05	0.07	0.06	0.09	0.07	0.11	0.08	0.13	0.09	0.15	0.10	0.17	0.12	0.19	0.15	0.23	0.27	0.32
机械石方	0.03	0.04	0.06	0.10	0.08	0.12	0.10	0.14	0.12	0.16	0.14	0.18	0.16	0.22	0.18	0.25	0.20	0.29	0.34	0.39
高级路面	0.03	0.04	0.06	0.08	0.08	0.13	0.10	0.15	0.12	0.16	0.14	0.19	0.16	0.21	0.18	0.25	0.20	0.29	0.34	0.39
其他路面	0.03	0.04	0.06	0.09	0.08	0.12	0.09	0.14	0.11	0.16	0.12	0.18	0.14	0.21	0.16	0.24	0.19	0.28	0.32	0.37
构造物Ⅰ	0.03	0.04	0.05	0.08	0.06	0.09	0.07	0.11	0.08	0.12	0.11	0.15	0.12	0.17	0.14	0.19	0.16	0.23	0.27	0.31
构造物Ⅱ	0.03	0.04	0.05	0.08	0.07	0.10	0.08	0.12	0.09	0.14	0.11	0.16	0.13	0.18	0.15	0.21	0.17	0.25	0.30	0.34
构造物Ⅲ	0.06	0.08	0.11	0.17	0.14	0.21	0.17	0.25	0.20	0.30	0.23	0.35	0.27	0.40	0.31	0.45	0.35	0.52	0.60	0.69
技术复杂大桥	0.03	0.05	0.07	0.10	0.08	0.12	0.10	0.14	0.12	0.16	0.14	0.19	0.16	0.22	0.18	0.25	0.20	0.29	0.34	0.39
隧道	—	—	—	—	—	—	—	—	—	—	—	—	—	—	—	—	—	—	—	—
钢材及钢结构	—	—	—	—	—	—	—	—	—	—	—	—	—	—	—	—	—	—	—	—

c. 夜间施工增加费

夜间施工增加费系指根据设计、施工的技术要求和合理的施工进度要求,必须在夜间连续施工而发生的功效降低、夜班津贴以及有关照明设施(包括所需照明设施的安拆、摊销、维修及油燃料、电)等增加的费用。

夜间施工增加费按夜间施工工程项目(如桥梁工程项目包括上、下部构造全部工程)的直接工程费之和为基数,按表 4.16 的费率计算。

表 4.16 夜间施工增加费费率表(%)

工 程 类 别	费 率	工 程 类 别	费 率
构造物Ⅱ	0.35	技术复杂大桥	0.35
构造物Ⅲ	0.70	钢材及钢结构	0.35

注:设备安装工程及金属标志牌、防撞钢护栏、防眩板(网)、隔离栅、防护网等不计夜间施工增加费。

d. 特殊地区施工增加费

特殊地区施工增加费包括高原地区施工增加费、风沙地区施工增加费和沿海地区施工增加费三项。

(a)高原地区施工增加费

高原地区施工增加费系指在海拔高度 1 500 m 以上地区施工,由于受气候、气压的影响,致使人工、机械效率降低而增加的费用。该费用以各类工程人工费和机械使用费之和为基数,按表 4.17 的费率计算。

一条路线通过两个以上(含两个)不同的海拔高度分区时,应分别计算高原地区施工增加费或按工程量比例求得平均的增加率,计算全线高原地区施工增加费。

表 4.17 高原地区施工增加费费率表(%)

工程类别	海拔高度(m)							
	1 500~2 000	2 001~2 500	2 501~3 000	3 001~3 500	3 501~4 000	4 001~4 500	4 501~5 000	5 000 以上
人工土方	7.00	13.25	19.75	29.75	43.25	60.00	80.00	110.00
机械土方	6.56	12.60	18.66	25.60	36.05	49.08	64.72	83.80
汽车运输	6.50	12.50	18.50	25.00	35.00	47.50	62.50	80.00
人工石方	7.00	13.25	19.75	29.75	43.25	60.00	80.00	110.00
机械石方	6.71	12.82	19.03	27.01	38.50	52.80	69.92	92.72
高级路面	6.58	12.61	18.69	25.72	36.26	49.41	65.17	84.58
其他路面	6.73	12.84	19.07	27.15	38.74	53.17	70.44	93.60
构造物Ⅰ	6.87	13.06	19.44	28.56	41.18	56.86	75.61	102.47
构造物Ⅱ	6.77	12.90	19.17	27.54	39.41	54.18	71.85	96.03
构造物Ⅲ	6.73	12.85	19.08	27.19	38.81	53.27	70.57	93.84
技术复杂大桥	6.70	12.81	19.01	26.94	38.37	52.61	69.65	92.27
隧道	6.76	12.90	19.16	27.50	39.35	54.09	71.72	95.81
钢材及钢结构	6.78	12.92	19.20	27.66	39.62	54.50	72.30	96.80

(b)风沙地区施工增加费

风沙地区施工增加费系指在沙漠地区施工时,由于受风沙影响,按照施工及验收规范的要求,为保证工程质量和安全生产而增加的有关费用。内容包括防风、防沙及气候影响的措施费,材料费,人工、机械效率降低增加的费用,以及积沙、风蚀的清理修复等费用。

全国风沙地区公路施工区划见附录九。若当地气象资料及自然特征与附录九中的风沙地区划分有较大出入时,由工程所在省、自治区、直辖市公路(交通)工程造价(定额)管理站按当地气象资料和自然特征及上述划分标准确定工程所在地的风沙区划,并抄送交通部公路司备案。

一条路线通过两个以上(含两个)不同的风沙区时,按路线长度经过不同的风沙区加权计算项目全线风沙地区施工增加费。

风沙地区施工增加费以各类工程的人工费和机械使用费之和为基数,根据工程所在地的风沙区划及类别,按表4.18的费率计算。

表 4.18 风沙地区施工增加费费率(%)

风沙区划	风沙一区			风沙二区			风沙三区		
	沙　漠　类　型								
工程类别	固定	半固定	流动	固定	半固定	流动	固定	半固定	流动
人工土方	6.00	11.00	18.00	7.00	17.00	26.00	11.00	24.00	37.00
机械土方	4.00	7.00	12.00	5.00	11.00	17.00	7.00	15.00	24.00
汽车运输	4.00	8.00	13.00	5.00	12.00	18.00	8.00	17.00	26.00
人工石方	—	—	—	—	—	—	—	—	—
机械石方	—	—	—	—	—	—	—	—	—
高级路面	0.50	1.00	2.00	1.00	2.00	3.00	2.00	3.00	5.00
其他路面	2.00	4.00	7.00	3.00	7.00	10.00	4.00	10.00	15.00
构造物Ⅰ	4.00	7.00	12.00	5.00	11.00	17.00	7.00	16.00	24.00
构造物Ⅱ	—	—	—	—	—	—	—	—	—
构造物Ⅲ	—	—	—	—	—	—	—	—	—
技术复杂大桥	—	—	—	—	—	—	—	—	—
隧道	—	—	—	—	—	—	—	—	—
钢材及钢结构	1.00	2.00	4.00	2.00	3.00	5.00	2.00	5.00	7.00

(c)沿海地区工程施工增加费

沿海地区工程施工增加费系指工程项目在沿海地区施工受海风、海浪和潮汐的影响致使人工、机械效率降低等所需增加的费用。本项费用由沿海各省、自治区、直辖市交通厅(局)制定具体的适用范围(地区),并抄送交通部公路司备案。

沿海地区工程施工增加费以各类工程的直接工程费之和为基数,按表4.19费率计算。

表 4.19 沿海地区工程施工增加费费率表(%)

工程类别	费率	工程类别	费率
构造物Ⅱ	0.15	技术复杂大桥	0.15
构造物Ⅲ	0.15	钢材及钢结构	0.15

e. 行车干扰工程施工增加费

行车干扰工程施工增加费系指由于边施工边维护通车,受行车干扰的影响,致使人工、机械效率降低而增加的费用。该费用以受行车影响部分的工程项目的人工费和机械使用费之和为基数,按表 4.20 的费率计算。

表 4.20　行车干扰工程施工增加费费率表(%)

工程类别	施工期间平均每昼夜双向行车次数(汽车、畜力车合计)							
	51~100	101~500	501~1 000	1 001~2 000	2 001~3 000	3 001~4 000	4 001~5 000	5 000 以上
人工土方	1.64	2.46	3.28	4.10	4.76	5.29	5.86	6.44
机械土方	1.39	2.19	3.00	3.89	4.51	5.02	5.66	6.11
汽车运输	1.36	2.09	2.85	3.75	4.35	4.84	5.36	5.89
人工石方	1.66	2.40	3.33	4.06	4.71	5.24	5.81	6.34
机械石方	1.16	1.71	2.38	3.19	3.76	4.12	4.56	5.01
高级路面	1.24	1.87	2.50	3.11	3.61	4.01	4.45	4.88
其他路面	1.17	1.77	2.36	2.94	3.41	3.79	4.20	4.62
构造物 I	0.94	1.41	1.89	2.36	2.74	3.04	3.37	3.71
构造物 II	0.95	1.43	1.90	2.37	2.75	3.06	3.39	3.72
构造物 III	0.95	1.42	1.90	2.37	2.75	3.05	3.38	3.72
技术复杂大桥	—	—	—	—	—	—	—	—
隧道	—	—	—	—	—	—	—	—
钢材及钢结构	—	—	—	—	—	—	—	—

f. 安全及文明施工措施费

安全及文明施工措施费系指工程施工期间为满足安全生产、文明施工、职工生活所发生的费用。该费用不包括施工期间为保证交通安全而设置的临时安全设施和标志、标牌的费用,需要时,应根据设计要求计算。安全及文明施工措施费以各类工程的直接工程费之和为基数,按表 4.21 的费率计算。

表 4.21　安全及文明施工措施费费率表(%)

工程类别	费率	工程类别	费率
人工土方	0.59	构造物 I	0.72
机械土方	0.59	构造物 II	0.78
汽车运输	0.21	构造物 III	1.57
人工石方	0.59	技术复杂大桥	0.86
机械石方	0.592	隧道	0.73
高级路面	1.00	钢材及钢结构	0.53
其他路面	1.02		

注:设备安装工程按表中费率的 50% 计算

g. 临时设施费

临时设施费系指施工企业为进行建筑安装工程施工所需的生活和生产用的临时建筑物、

构筑物和其他临时设施的费用等,但不包括概、预算定额中临时工程在内。

临时设施包括:临时生活及居住房屋(包括职工家属房屋及探亲房屋)、文化福利及公用房屋(如广播室、文体活动室等)和生产、办公房屋(如仓库、加工厂、加工棚、发电站、空压机站、停机棚等),工地范围内的各种临时的工作便道(包括汽车、畜力车、人力车道)、人行便道,工地临时用水、用电的水管支线和电线支线,临时构筑物(如水井、水塔等)以及其他小型临时设施。

临时设施费用内容包括:临时设施的搭设、维修、拆除费或摊销费。

临时设施费以各类工程的直接工程费之和为基数,按表 4.22 的费率计算。

表 4.22　临时设施费费率表(%)

工程类别	费率	工程类别	费率
人工土方	1.57	构造物Ⅰ	2.65
机械土方	1.42	构造物Ⅱ	3.14
汽车运输	0.92	构造物Ⅲ	5.81
人工石方	1.60	技术复杂大桥	2.92
机械石方	1.97	隧道	2.57
高级路面	1.92	钢材及钢结构	2.48
其他路面	1.87		

h. 施工辅助费

施工辅助费包括生产工具用具使用费、检验试验费和工程定位复测、工程点交、场地清理等费用。

生产工具用具使用费系指施工所需不属于固定资产的生产工具、检验用具、试验用具及仪器、仪表等的购置、摊销和维修费,以及支付给生产工人自备工具的补贴费。

检验试验费系指施工企业对建筑材料、构件和建筑安装工程进行一般鉴定、检查所发生的费用,包括自设实验室进行试验所耗用的材料和化学药品的费用,以及技术革新和研究试验费,但不包括新结构、新材料的试验费和建设单位要求对具有出厂合格证明的材料进行检验、对构件进行破坏性试验及其他特殊要求检验的费用。

施工辅助费以各类工程的直接工程费之和为基数,按表 4.23 的费率计算。

表 4.23　施工辅助费费率表(%)

工程类别	费率	工程类别	费率
人工土方	0.89	构造物Ⅰ	1.30
机械土方	0.49	构造物Ⅱ	1.56
汽车运输	0.16	构造物Ⅲ	3.03
人工石方	0.85	技术复杂大桥	1.68
机械石方	0.46	隧道	1.23
高级路面	0.80	钢材及钢结构	0.56
其他路面	0.74		

i. 工地转移费

工地转移费系指施工企业根据建设任务的需要,由已竣工的工地或后方基地迁至新工地的搬迁费用。其内容包括：

(a)施工单位全体职工及随职工迁移的家属向新工地转移的车费、家具行李运费、途中住宿费、行程补助费、杂费及工资与工资附加费等。

(b)公物、工具、施工设备器材、施工机械的运杂费，以及外租机械的往返费及本工程内部各工地之间施工机械、设备、公物、工具的转移费等。

(c)非固定工人进退场及一条路线中各工地转移的费用。

工地转移费以各类工程的直接工程费之和为基数，按表4.24的费率计算。

表4.24　工地转移费费率表(%)

工程类别	工地转移距离(km)					
	50	100	300	500	1 000	每增加100
人工土方	0.15	0.21	0.32	0.43	0.56	0.03
机械土方	0.50	0.67	1.05	1.37	1.82	0.08
汽车运输	0.31	0.40	0.62	0.82	1.07	0.05
人工石方	0.16	0.22	0.33	0.45	0.58	0.03
机械石方	0.36	0.43	0.74	0.97	1.28	0.06
高级路面	0.61	0.83	1.30	1.70	2.27	0.12
其他路面	0.56	0.75	1.18	1.54	2.06	0.10
构造物Ⅰ	0.56	0.75	1.18	1.54	2.06	0.11
构造物Ⅱ	0.66	0.89	1.40	1.83	2.45	0.13
构造物Ⅲ	1.31	1.77	2.77	3.62	4.85	0.25
技术复杂大桥	0.75	1.01	1.58	2.06	2.76	0.14
隧道	0.52	0.71	1.11	1.45	1.94	0.10
钢材及钢结构	0.72	0.97	1.51	1.97	2.64	0.13

转移距离以工程承包单位(如工程处、工程公司等)转移前后驻地距离或两路线中点的距离为准；编制概(预)算时，如施工单位不明确时，高速、一级公路及独立大桥、隧道按省会(自治区首府)至工地的里程，二级及以下公路按地区(市、盟)至工地里程计算工地转移费；工地转移里程数在表列里程之间时，费率可内插计算。工地转移距离在50 km以内的工程不计取本项费用。

【例4.11】　湖南省某路基工程，人工挖运普通土48 000 m³天然密实土，手推车运输30 m，若人工单价为50元/工日，不受行车干扰，工地转移距离在50 km以内，试计算其他工程费。

【解】：其他工程费＝直接工程费×其他工程费综合费率Ⅰ＋(人工费＋机械使用费)×其他工程费综合费率Ⅱ

1. 直接工程费

由《公路工程预算定额》〔1-1-6-2＋5〕见表4.25所得：

直接工程费中只包含人工费，其余两项都为0。

直接工程费＝(181.1＋7.3)×(48 000÷1 000)×50＝452 160(元)

表 4.25　1-1-6 人工挖运土方

工程内容 1)挖土;2)装土;3)运送;4)卸除;5)空回。

单位:1 000 m³ 天然密实方

顺序号	项　　目	单位	代号	第一个 20 m 挖运			每增运 10 m	
				松土	普通土	硬土	人工挑抬	手推车
				1	2	3	4	5
1	人工	工日	1	122.6	181.1	258.5	18.2	7.3
2	基价	元	1999	6 032	8 910	12 718	895	359

2. 其他工程费各项费率计算

湖南属于准一区,雨量区为Ⅱ区,雨季期为 6 个月,工程类别为人工土方,由此查相应费率表得:

冬季施工增加费费率 0%;

雨季施工增加费费率 0.31%;

夜间施工增加费费率 0%;(无夜间施工)

高原地区施工增加费费率 0%;(海拔高度小于 1 500 m)

风沙地区施工增加费费率 0%;(不是风沙区)

沿海地区施工增加费费率 0%;(不是沿海工程)

行车干扰工程施工增加费费率 0%;(无行车干扰)

安全及文明施工增加费费率 0.59%;

临时设施费费率 1.57%

施工辅助费费率 0.89%

工地转移费费率 0%(工地转移距离在 50 km 以内)

故:综合费率Ⅱ=高原地区施工增加费费率+风沙地区施工增加费费率+

行车干扰工程施工增加费费率=0%

综合费率Ⅰ=其余各项费率之和为

=0%+0.31%+0%+0%+0.59%+1.57%+0.89%+0%=3.36%

其他工程费=452 160×3.36%=15 193(元)

3. 增工量的计算

在编制概、预算中,除了计算冬季、雨季、夜间和临时设施的施工增加费外,还应计算因冬季、雨季、夜间和临时施工而增的人工数量。

1)冬季施工增工数量

冬季施工增工数量=概、预算工日数之和×冬季施工增工百分率

2)雨季施工增工数量

雨季施工增工数量=概、预算工日数之和×雨季施工增工百分率×雨季期

3)夜间施工增工数量

夜间施工增工数量=概、预算工日数之和×4%

4)临时设施用工量:利用用工指标计算。

表 4.26　冬雨期施工增工百分率

项目	雨期施工 (雨量区)		冬 期 施 工							
			冬一区		冬二区		冬三区	冬四区	冬五区	冬六区
	I	II	I	II	I	II				
路线	0.30	0.45	0.70	1.00	1.40	1.80	2.40	3.00	4.50	6.75
独立大中桥	0.30	0.45	0.30	0.40	0.50	0.60	0.80	1.00	1.50	2.25

注:表中雨期施工增工百分率为每个雨期月的增加率,如雨期为两个半月时,表列数值应乘 2.5。

表 4.27　临时施工用工指标

项目	路 线 (1 km)					独立大中桥 (100 m²)
	公 路 等 级					
	高速公路	一级公路	二级公路	三级公路	四级公路	
工日	2 340	1 160	340	160	100	60

【例 4.12】　河北保定某人工沿路拌合石灰、粉煤灰稳定土基层 86 000 m² 压实厚度 12 cm,三级路长 11 km。石灰:粉煤灰为 20:80。已知人工 50 元/工日,水 0.5 元/m³,生石灰 105.0 元/t,粉煤灰 20.97 元/m³,柴油 4.90 元/kg,不受行车干扰,工地转移距离 80 km。预算该工程的直接费及增工数量。

【解】:直接费＝直接工程费＋其他工程费

1. 直接工程费＝人工费＋材料费＋机械使用费＝347 440＋541 581＋50 920＝
　　　　　　　939 941(元)

由《公路工程预算定额》[2-1-4-1-2×3],见表 4.28 所得:

1)人工费＝(98.5－5.9×3)×(86 000÷1 000)×50＝347 440(元)

2)材料费＝[(60－3×3)×0.5＋(36.153－2.41×3)×105＋(192.82－12.85×3)×
　　　　　20.97]×(86 000÷1 000)＝541 581(元)

3)机械使用费＝[0.27×252.29＋1.27×412.57]×(86 000÷1 000)＝50 920(元)

(查机械台班定额见表 4.29)

(1)6～8 t 光轮压路机台班单价＝107.57＋1×50＋19.33×4.90＝252.29(元/台班)

(2)12～15 t 光轮压路机台班单价＝164.32＋1×50＋40.46×4.90＝412.57(元/台班)

2. 其他工程费＝直接工程费×综合费率 I ＋(人工费＋机械使用费)×综合费率 II
　　　　　　　＝939 941×4.68%＝43 989(元)

查附录 C 知该地区为冬二(I)区,雨量 II 区,雨期期月数为 2 个月,工程类别为其他路面。

查表 4.26 得:冬期施工增加费费率 0.29%;

雨期施工增加费费率 0.09%;

夜间施工增加费费率 0%(无夜间施工);

高原地区施工增加费费率 0%(海拔高度小于 2 000 m);

风沙地区施工增加费费率 0%(不是风沙区);

沿海地区施工增加费费率 0%(不是沿海工程);

行车干扰工程施工增加费费率 0%(无行车干扰);

安全及文明施工增加费费率1.02%;

临时设施费费率1.87%;

施工辅助费费率0.74%;

工地转移费费率=0.75-(0.75-0.56)(100-80)/(100-50)=0.67(内插计算)。

故:综合费率Ⅱ=高原地区施工增加费费率+风沙地区施工增加费费率+

行车干扰工程施工增加费费率=0%

其余各项费率之和为综合费率Ⅰ,

综合费率Ⅰ=0.29%+0.09%+1.02%+1.87%+0.74%+0.67%=4.68%。

3. 直接费=直接工程费+其他工程费=929 941+43 989=983 930(元)

4. 增工数量计算

查表:冬期施工增工率为1.40%;

雨期施工增工率为0.45%;

无夜间施工;

临时设施用工指标为160工日/km;

增工总量为:(98.5-5.9×3)×(86 000/1 000)×(1.4%+0.45%×2)+160×11=1 919.82(工日)。

表 4.28　2-1-4 路拌法石灰、粉煤灰稳定土基层

工程内容:1)清扫整理下承层;2)消解石灰;3)铺料、铺灰、洒水、拌和;4)整形、碾压、找补;5)初期养护。

单位:1 000 m²

顺序号	项 目	单 位	代 号	筛 拌 法					
				石灰粉煤灰		石灰粉煤灰土		石灰粉煤灰砂	
				石灰:粉煤灰 20:80		石灰:粉煤灰:土 12:35:53		石灰:粉煤灰:砂 10:20:70	
				压实厚度 15 cm	每增减 1 cm	压实厚度 15 cm	每增减 1 cm	压实厚度 15 cm	每增减 1 cm
				1	2	3	4	5	6
1	人工	工日	1	98.5	5.9	119.9	7.3	89.7	5.3
2	水	m³	866	60	3	53	3	47	2
3	生石灰	t	891	36.153	2.410	27.884	1.859	25.956	1.730
4	土	m³	895	—	—	100.28	6.69	—	—
5	砂	m³	897	—	—	—	—	121.49	8.10
6	粉煤灰	m³	945	192.82	12.85	108.44	7.23	69.22	4.61
7	6~8 t 光轮压路机	台班	1075	0.27		0.41		0.41	
8	12~15 t 光轮压路机	台班	1078	1.27		1.27		1.27	
9	基价	元	1999	13 307	814	12 556	761	15 314	945

表 4.29　机械台班定额

序号	代号	机械名称			主机型号	不变费用				
						折旧费	大修理费	经常修理费	安拆及辅助设施费	小计
						元				
57	1068	拖拉机	履带式	功率(kW)	240以内	NTA-855C	357.69	154.88	415.08	—	927.65
58	1 069		轮胎式		21以内		14.67	8.74	18.44	—	41.85
					41以内		26.01	15.50	32.71	—	74.22
59	1070	拖式羊足碾(含头)			3以内	单筒	66.57	28.83	77.26		172.66
60	1072				6以内	双筒	69.96	30.29	81.18		181.43
61	1073	光轮压路机		机械自身质量(t)	6~8	2Y-6/8	47.62	14.24	45.71		107.57
62	1075				8~10	2Y-8/10	52.03	15.55	49.92		117.50
63	1076				10~12	3Y-10/12	65.03	19.44	62.40		146.87
64	1077				12~15	3Y-12/15	72.75	21.75	69.82	—	164.32
65	1078				15~18	3Y-15/18	77.60	23.20	74.47		175.27
66	1079				18~21	3Y-18/21	85.10	25.44	81.66	—	192.20
67	1080				21~25	3Y-21/25	96.12	28.74	92.26	—	217.12
69	1083	手扶式振动碾			0.6	YZS06B	10.64	5.65	21.81		38.10
70	1085	振动压路机			6以内	YZC5	66.30	25.98	80.02		172.30
71	1086				8以内	YZ8	84.88	33.25	102.41	—	220.54
72	1087				10以内	YZJ10B	91.18	35.72	110.02		236.92
73	1088				15以内	CA25PD	121.25	47.50	146.30		315.05
74	1089				20以内	YZ18A,YZ19A	149.38	58.52	180.24	—	388.14
75	1092	拖式振动碾(含头)			15	TZT16(K)	252.20	104.00	291.20	—	648.14

可变费用

人工	汽油	柴油	重油	煤	电	水	木柴	养路费及车船使用税	定额基价
工日		kg			kW・h	m³	kg		元
2		176.00							1 888.45
1		15.40							166.51
1		29.33							267.14
2		42.29							478.28
2		50.74							528.46
1		19.33							251.49
1		23.20							280.38
1		33.71							361.25
1		40.46							411.77
1		50.74							473.10
1		59.20							531.48

续上表

序号	代号	机械名称	主机型号	不变费用				
				折旧费	大修理费	经常修理费	安拆及辅助设施费	小计
				元				

可变费用

人工	汽油	柴油	重油	煤	电	水	木柴	养路费及车船使用税	定额基价
工日		kg			kW·h	m³	kg		元
1		70.40							611.28
1		2.96							101.80
2		24.27							389.62
2		41.07							520.18
2		59.20							625.40
2		73.60							774.09
2		105.60							1 003.98
2		130.40							1 385.50

2)间接费

间接费由规费和企业管理费两项组成。

(1)规费

规费系指法律、法规、规章、规程规定施工企业必须缴纳的费用(简称规费),包括:

①养老保险费。系指施工企业按规定标准为职工缴纳的基本养老保险费。

②失业保险费。系指施工企业按国家规定标准为职工缴纳的失业保险费。

③医疗保险费。系指施工企业按规定标准为职工缴纳的基本医疗保险费和生育保险费。

④住房公积金。系指施工企业按规定标准为职工缴纳的住房公积金。

⑤工伤保险费。系指施工企业按规定标准为职工缴纳的工伤保险费。

各项规费以各类工程的人工费之和为基数,按国家或工程所在地法律、法规、规章、规程规定的标准计算。

(2)企业管理费

企业管理费由基本费用、主副食运费补贴、职工探亲路费、职工取暖补贴和财务费用五项组成。

①基本费用

企业管理费基本费用系指施工企业为组织施工生产和经营管理所需的费用,内容包括:

a. 管理人员工资。系指管理人员的基本工资、工资性补贴、职工福利费、劳动保护费以及缴纳的养老、失业、医疗、生育、工作保险费和住房公积金等。

b. 办公费。系指企业办公用的文具、纸张、账表、印刷、邮电、书报、会议、水、电、烧水和集体取暖(包括现场临时宿舍取暖)用煤(气)等费用。

c. 差旅交通费。系指职工因公出差和工作调动(包括随行家属的旅费)的差旅费、住勤补助费,市内交通费和误餐补助费,职工探亲路费,劳动力招募费,职工离退休、退职一次性路费,工伤人员就医路费,以及管理部门使用的交通工具的油料、燃料、养路费及牌照费。

d. 固定资产使用费。系指管理和试验部门及附属生产单位使用的属于固定资产的房屋、设备、仪器等的折旧、大修、维修或租赁费等。

e. 工具用具使用费。系指管理使用的不属于固定资产的生产工具、器具、家具、交通工具和检验、试验、测绘、消防用具等的购置、维修和摊销费。

f. 劳动保险费。系指企业支付离退休职工的易地安家补助费、职工退职金、六个月以上的病假人员工资、职工死亡丧葬补助费、抚恤费、按规定支付给离休干部的各项经费。

g. 工会经费。系指企业按职工工资总额计提的工会经费。

h. 职工教育经费。系指企业为职工学习先进技术和提高文化水平,按职工工资总额计提的费用。

i. 保险费。系指企业财产保险、管理用车辆等保险费用。

j. 工程保修费。系指工程竣工交付使用后,在规定保修期以内的修理费用。

k. 工程排污费。系指施工现场按规定缴纳的排污费用。

l. 税金。系指企业按规定缴纳的房产税、车船使用税、土地使用税、印花税等。

m. 其他。系指上述项目以外的其他必要的费用支出,包括技术转让费、技术开发费、业务招待费、绿化费、广告费、投标费、公证费、定额测定费、法律顾问费、审计费、咨询费等。

基本费用以各类工程的直接费之和为基数,按表 4.30 的费率计算。

表 4.30 基本费用费率表(%)

工程类别	费 率	工程类别	费 率
人工土方	3.36	构造物Ⅰ	4.44
机械土方	3.26	构造物Ⅱ	5.53
汽车运输	1.44	构造物Ⅲ	9.79
人工石方	3.45	技术复杂大桥	4.72
机械石方	3.28	隧道	4.22
高级路面	1.91	钢材及钢结构	2.42
其他路面	3.28		

②主副食运费补贴

主副食运费补贴系指施工企业在远离城镇及乡村的野外施工购买生活必需品所需增加的费用。该费用以各类工程的直接费之和为基数,按表 4.31 的费率计算。

综合里程＝粮食运距×0.06＋燃料运距×0.09＋蔬菜运距×0.15＋水运距×0.7

粮食、燃料、蔬菜、水的运距均为全线平均运距;综合里程数在表列之间时,费率可内插,综合里程在 1 km 以内的工程不计取本项费用。

表 4.31 主副食运费补贴费率表(%)

工程类别	综合里程(km)											
	1	3	5	8	10	15	20	25	30	40	50	每增加10
人工土方	0.17	0.25	0.31	0.39	0.45	0.56	0.67	0.76	0.89	1.06	1.22	0.16
机械土方	0.13	0.19	0.24	0.30	0.35	0.43	0.17	0.25	0.31	0.39	0.45	0.56
汽车运输	0.14	0.20	0.25	0.32	0.37	0.45	0.55	0.62	0.73	0.86	1.00	0.14
人工石方	0.13	0.19	0.24	0.30	0.34	0.42	0.51	0.58	0.67	0.80	0.92	0.12
机械石方	0.12	0.18	0.22	0.28	0.33	0.41	0.49	0.55	0.65	0.76	0.89	0.12
高级路面	0.08	0.12	0.15	0.20	0.22	0.28	0.33	0.38	0.44	0.52	0.60	0.08
其他路面	0.09	0.12	0.15	0.20	0.22	0.28	0.33	0.38	0.44	0.52	0.61	0.09
构造物Ⅰ	0.13	0.18	0.23	0.28	0.32	0.40	0.49	0.55	0.65	0.76	0.89	0.12
构造物Ⅱ	0.14	0.20	0.25	0.30	0.35	0.43	0.52	0.60	0.70	0.83	0.96	0.13
构造物Ⅲ	0.25	0.36	0.45	0.55	0.64	0.79	0.96	1.09	1.28	1.51	1.76	0.24

工程类别	综合里程(km)											
	1	3	5	8	10	15	20	25	30	40	50	每增加10
技术复杂大桥	0.11	0.16	0.20	0.25	0.29	0.36	0.43	0.49	0.57	0.68	0.75	0.11
隧道	0.11	0.16	0.19	0.24	0.28	0.34	0.42	0.48	0.56	0.66	0.77	0.10
钢材及钢结构	0.11	0.16	0.20	0.26	0.30	0.37	0.44	0.50	0.59	0.69	0.80	0.11

③职工探亲路费

职工探亲路费系指按照有关规定施工企业职工在探亲期间发生的往返车船费、市内交通费和途中住宿费等费用。该费用以各类工程的直接费之和为基数,按表 4.32 的费率计算。

表 4.32　职工探亲路费费率表(%)

工程类别	费　率	工程类别	费　率
人工土方	0.10	构造物Ⅰ	0.29
机械土方	0.22	构造物Ⅱ	0.34
汽车运输	0.14	构造物Ⅲ	0.55
人工石方	0.10	技术复杂大桥	0.20
机械石方	0.22	隧道	0.27
高级路面	0.14	钢材及钢结构	0.16
其他路面	0.16		

④职工取暖补贴

职工取暖补贴系指按规定发放给职工的冬季取暖费或在施工现场设置的临时取暖设施的费用。该费用以各类工程的直接费之和为基数,按工程所在地的气温区选用表 4.33 的费率计算。

表 4.33　职工取暖补贴费率表(%)

工程类别	气温区						
	准二区	冬一区	冬二区	冬三区	冬四区	冬五区	冬六区
人工土方	0.03	0.06	0.10	0.15	0.17	0.26	0.31
机械土方	0.06	0.13	0.22	0.33	0.44	0.55	0.66
汽车运输	0.06	0.12	0.21	0.31	0.41	0.51	0.62
人工石方	0.03	0.06	0.10	0.15	0.17	0.25	0.31
机械石方	0.05	0.11	0.17	0.26	0.35	0.44	0.53
高级路面	0.04	0.07	0.13	0.19	0.25	0.31	0.38
其他路面	0.04	0.07	0.12	0.19	0.24	0.30	0.36
构造物Ⅰ	0.06	0.12	0.19	0.28	0.36	0.46	0.56
构造物Ⅱ	0.06	0.13	0.20	0.30	0.41	0.51	0.62
构造物Ⅲ	0.11	0.23	0.37	0.56	0.74	0.93	1.13
技术复杂大桥	0.05	0.10	0.17	0.26	0.34	0.42	0.51
隧道	0.04	0.08	0.14	0.22	0.28	0.36	0.43
钢材及钢结构	0.04	0.07	0.12	0.19	0.25	0.31	0.37

⑤财务费用

财务费用系指施工企业为筹集资金而发生的各项费用,包括企业经营期间发生的短期贷款利息净支出、汇兑净损失、调剂外汇手续费、金融机构手续费,以及企业筹集资金发生的其他财务费用。

财务费用以各类工程的直接费之和为基数,按表 4.34 的费率计算。

表 4.34　财务费用费率表(%)

工程类别	费　率	工程类别	费　率
人工土方	0.23	构造物 I	0.37
机械土方	0.21	构造物 II	0.40
汽车运输	0.21	构造物 III	0.82
人工石方	0.22	技术复杂大桥	0.46
机械石方	0.20	隧道	0.39
高级路面	0.27	钢材及钢结构	0.48
其他路面	0.30		

3)利润

利润系指施工企业完成所承包工程应取得的盈利。

$$利润＝(直接费＋间接费－规费)\times 7\%$$

4)税金

税金系指按国家税法规定应计入建筑安装工程造价内的营业税、城市维护建设税及教育费附加等。

计算公式:

$$综合税金额＝(直接费＋间接费＋利润)\times 综合税率$$

(1)纳税地点在市区的企业,综合税率为:

$$综合税率(\%)＝\left(\frac{1}{1-3\%-3\%\times 7\%-3\%\times 3\%}-1\right)\times 100＝3.41(\%)$$

(2)纳税地点在县城、乡镇的企业,综合税率为:

$$综合税率(\%)＝\left(\frac{1}{1-3\%-3\%\times 5\%-3\%\times 3\%}-1\right)\times 100＝3.35(\%)$$

(3)纳税地点不在市区、县城、乡镇的企业,综合税率为:

$$综合税率(\%)＝\left(\frac{1}{1-3\%-3\%\times 1\%-3\%\times 3\%}-1\right)\times 100＝3.22(\%)$$

(4)实行营业税改增值税的,按纳税地点现行税率计算。

【例 4.13】　试根据例 4.12 的资料,预算该工程的建筑安装工程费。已知纳税人在县城,粮食、燃料运距 55 km,蔬菜、水运距 0.7 km,规费综合费率为 20%。

【解】:建筑安装工程费＝直接费＋间接费＋利润＋税金

由例 4.12 计算结果得:

1. 直接费＝983 930 元,人工费＝347 440 元

2. 间接费＝规费＋企业管理费

1)规费＝人工费×规费综合费率＝347 440×20%＝69 488(元)

2)企业管理费＝基本费用＋主副食运费补贴＋职工探亲路费＋职工取暖补贴＋财务费用
　　　　　　＝直接费×对应综合费率

基本费用费率为 3.28%

综合里程＝55×0.06＋55×0.09＋0.7×0.15＋0.7×0.7＝8.845（km）

插入法查表,主副食运费补贴费率为 0.20＋[(0.22−0.20)/2]×0.845＝0.21(%)

职工探亲路费费率为 0.16%

职工取暖补贴费率为 0.12%

财务费用费率为 0.30%

综合费率＝3.28%＋0.21%＋0.16%＋0.12%＋0.30%＝4.07%

企业管理费＝982 783×4.07%＝39 999(元)

故:间接费＝69 488＋39 999＝109 487(元)

3. 利润＝(直接费＋间接费−规费)×7%
　　　＝(983 930＋109 487−69 488)×7%＝70 275(元)

4. 税金＝(直接费＋间接费＋利润)×综合税率
　　　＝(983 930＋109 487＋70 275)×3.35%＝40 718(元)

5. 建筑安装工程费＝983 930＋109 487＋70 725＋40 718＝1 314 047(元)

2. 设备、工具、器具及家具购置费

1)设备购置费

设备购置费系指为满足公路的营运、管理、养护需要,购置的达到固定资产标准的设备和虽低于固定资产标准但属于设计明确列入设备清单的设备的费用,包括渡口设备,隧道照明、消防、通风的动力设备,高等级公路的收费、监控、通信、供电设备,养护用的机械、设备和工具、器具等的购置费用。

设备购置费应由设计单位列出的计划购置的清单(包括设备的规格、型号、数量),以设备原价加综合业务费和运杂费按以下公式计算:

设备购置费＝设备原价＋运杂费(运输费＋装卸费＋搬运费)＋
运输保险费＋采购及保管费

需要安装的设备,应在第一部分建筑安装工程费的有关项目内另计设备的安装工程费。

(1)国产设备原价的构成及计算

国产设备的原价一般是指设备制造厂的交货价,即出厂价或订货合同价。它一般根据生产厂或供应商的询价、报价、合同价确定,或采用一定的方法计算确定。其内容包括按专业标准规定的在运输过程中不受损失的一般包装费,及按产品设计规定配带的工具、附件和易损件的费用,即:

设备原价＝出厂价(或供货地点价)＋包装费＋手续费

(2)进口设备原价的构成及计算

进口设备的原价是指进口设备的抵岸价,即抵达买方边境港口或边境车站,且交完关税为止形成的价格,即:

进口设备原价＝货价＋国际运费＋运输保险费＋银行财务费＋外贸手续费＋关税＋
增值税＋消费税＋商检费＋检疫费＋车辆购置附加费

①货价:一般指装运港船上交货价(FOB,习惯称离岸价)。设备货价分为原币货价和人民币货价。原币货价一律折算为美元表示,人民币货价按原币货价乘以外汇市场美元兑换人民

币的中间价确定。进口设备货价按有关生产厂商询价、报价、订货合同价计算。

②国际运费:即从装运港(站)到达我国抵达港(站)的运费。即:

$$国际运费＝原币货价(FOB 价)×运费费率$$

我国进口设备大多采用海洋运输,小部分采用铁路运输,个别采用航空运输。运费费率参照有关部门或进出口公司执行,海运费费率一般为 6%。

③运输保险费:对外贸易货物运输保险是由保险人(保险公司)与被保险人(出口人或进口人)订立保险契约,在被保险人交付议定的保险费后,保险人根据保险契约的规定对货物在运输过程中发生的承保责任范围内的损失给予经济上的补偿。这是一种财产保险。计算公式为:

$$运输保险费＝[原币货价(FOB 价)＋国际运费]÷(1－保险费费率)×保险费费率$$

保险费费率按保险公司规定的进口货物保险费费率计算,一般为 0.35%。

④银行财务费:一般指中国银行手续费。其可按下式简化计算:

$$银行财务费＝人民币货价(FOB 价)×银行财务费费率$$

银行财务费费率一般为 0.4%～0.5%。

⑤外贸手续费:指按规定计取的外贸手续费。其计算公式为:

$$外贸手续费＝[人民币货价(FOB 价)＋国际运费＋运输保险费]×外贸手续费费率$$

外贸手续费费率一般为 1%～1.5%。

⑥关税:指海关对进出国境或关境内外的货物和物品征收的一种税。其计算公式为:

$$关税＝[人民币货价(FOB 价)＋国际运费＋运输保险费]×进口关税税率$$

进口关税税率按我国海关总署发布的进口关税税率计算。

⑦增值税:是对从事进口贸易的单位和个人,在进口商品报关进口后征收的税种。按《中华人民共和国增值税条例》的规定,进口应税收政策产品均按组成计税价格和增值税税率直接计算应纳税额。即:

$$增值税＝[人民币货价(FOB 价)＋国际运费＋运输保险费＋关税＋消费税]×增值税税率$$

增值税税率根据规定的税率计算,目前进口设备适用的税率为 17%。

⑧消费税:对部分进口设备(如轿车、摩托车等)征收。其计算公式为:

$$应纳消费税额＝[人民币货价(FOB 价)＋国际运费＋运输保险费＋关税]÷(1－消费税税率)×消费税税率$$

消费税税率根据规定的税率计算。

⑨商检费:指进口设备按规定付给商品检查部门的进口设备检验鉴定费。其计算公式为:

$$商检费＝[人民币货价(FOB 价)＋国际运费＋运输保险费]×商检费费率$$

商检费费率一般为 0.8%。

⑩检疫费:指进口设备按规定付给商品检疫部门的进口设备检验鉴定费。其计算公式为:

$$检疫费＝[人民币货价(FOB 价)＋国际运费＋运输保险费]×检疫费费率$$

检疫费费率一般为 0.17%。

⑪车辆购置附加费:指进口车辆需缴纳的进口车辆购置附加费。其计算公式为:

$$进口车辆购置附加费＝[人民币货价(FOB 价)＋国际运费＋运输保险费＋关税＋消费税＋增值税]×进口车辆购置附加费费率$$

在计算进口设备原价时,应注意工程项目的性质,有无按国家有关规定减免进口环节税的可能。

（2）设备运杂费的构成及计算

国产设备运杂费指由设备制造厂交货地点起至工地仓库（或施工组织设计指定的需要安装设备的堆放地点）止所发生的运费和装卸费；进口设备运杂费指由我国到岸港口或边境车站起至工地仓库（或施工组织设计指定的需要安装设备的堆放地点）止所发生的运费和装卸费。其计算公式为：

$$运杂费 = 设备原价 \times 运杂费费率$$

设备运杂费费率见表 4.35。

表 4.35　设备运杂费费率表（%）

运输里程（公路）	100以内	101～200	201～300	301～400	401～500	501～750	751～1 000	1 001～1 250	1 251～1 500	1 501～1 750	1 750～2 000	2 000以上每增250
费率	0.8	0.9	1.0	1.1	1.2	1.5	1.7	2.0	2.2	2.4	2.6	0.2

（3）设备运输保险费的构成及计算

设备运输保险费指国内运输保险费。其计算公式为

$$运输保险费 = 设备原价 \times 保险费费率$$

设备运输保险费费率一般为 1%。

（4）设备采购及保管费的构成及计算

设备采购及保管费指采购、验收、保管和收发设备所发生的各种费用，包括设备采购人员、保管人员和管理人员的工资、工资附加费、办公费、差旅交通费，设备供应部门办公和仓库所占固定资产使用费、工具用具使用费、劳动保护费、检验试验费等。其计算公式为：

$$采购及保管费 = 设备原价 \times 采购及保管费费率$$

需要安装的设备的采购保管费费率为 2.4%，不需要安装的设备的采购保管费费率为 1.2%。

2)工器具及生产家具（简称工器具）购置费

工器具购置费系指建设项目交付使用后为满足初期正常劳动必须购置的第一套不构成固定资产的设备、仪器、仪表、工卡模具、器具、工作台（框、架、柜）等的费用。该费用不包括构成固定资产的设备、工器具和备品、备件，及已列入设备购置费中的专用工具和备品、备件。

对于工器具购置，应由设计单位列出计划购置的清单（包括规格、型号、数量），购置费的计算方法同设备购置费。

3)办公和生活用家具购置费

办公和生活用家具购置费系指为保证新建改建项目初期正常生产、使用和管理所必须购置的办公和生活用家具、用具的费用。

范围包括：行政、生产部门的办公室、会议室、资料档案室、阅览室、单身宿舍及生活福利设施等的家具、用具。

办公和生活用家具购置费按表 4.36 的规定计算。

表 4.36　办公和生活用家具购置费标准表

工程所在地	路线(元/公路公里)				在看桥房的独立大桥(元/座)	
	高速公路	一级公路	二级公路	三、四级公路	一般大桥	技术复杂大桥
内蒙古、黑龙江、青海、新疆、西藏	21 500	15 600	7 800	4 000	24 000	60 000
其他省、自治区、直辖市	17 500	14 600	5 800	2 900	19 800	19 000

3. 工程建设其他费用

1)土地征用及拆迁补偿费

土地征用及拆迁补偿费系指按照《中华人民共和国土地管理法》及《中华人民共和国土地管理法实施条例》、《中华人民共和国基本农田保护条例》等法律、法规的规定,为进行公路建设需征用土地所支付的土地征用及拆迁补偿费等费用。

(1)费用内容

①土地补偿费:指被征用土地地上、地下附着物及青苗补偿费,征用城市郊区的菜地等缴纳的菜地开发建设基金,租用土地费,耕地占用税,用地图编制费及勘界费,征地管理费等。

②征用耕地安置补助费:指征用耕地需要安置农业人口的补助费。

③拆迁补偿费:指被征用或占用土地上的房屋及附属构筑物、城市公用设施等拆除、迁建补偿费,拆迁管理费等。

④复耕费:指临时占用的耕地、鱼塘等,待工程竣工后将恢复到原有标准所发生的费用。

⑤耕地开垦费:指公路建设项目占用耕地的,应由建设项目法人(业主)负责补充耕地所发生的费用;没有条件开垦或者开垦的耕地不符合要求的,按规定缴纳的耕地开垦费。

⑥森林植被恢复费:指公路建设项目需要占用、征用或者临时占用林地的,经县级以上林业主管部门审核同意或批准,建设项目法人(业主)单位按照有关规定向县级以上林业主管部门预缴的森林植被恢复费。

(2)计算方法

土地征用及拆迁补偿费应根据审批单位批准的建设工程用地和临时用地面积及其附着物的情况,以及实际发生的费用项目,按国家有关规定及工程所在地的省(自治区、直辖市)人民政府颁发的有关规定和标准计算。

森林植被恢复费应根据审批单位批准的建设工程占用林地的类型及面积,按国家有关规定及工程所在地的省(自治区、直辖市)人民政府颁发的有关规定和标准计算。

当与原有的电力电信设施、水利工程、铁路及铁路设施互相干扰时,应与有关部门联系,商定合理的解决方案和补偿金额,也可由这些部门按规定编制费用以确定补偿金额。

2)建设项目管理费

建设项目管理费包括建设单位(业主)管理费、工程质量监督费、工程监理费、工程定额测定费、设计文件审查费和竣(交)工验收试验检测费。

(1)建设单位(业主)管理费

建设单位(业主)管理费系指建设单位(业主)为建设项目的立项、筹建、建设、竣(交)工验收、总结等工作所发生的费用,不包括应计入设备、材料预算价格的建设单位采购及保管设备、材料所需的费用。

费用内容包括:工作人员的工资、工资性补贴、施工现场津贴、社会保障费用(基本养老、基本医疗、失业、工伤保险)、住房公积金、职工福利费、工会经费、劳动保护费;办公费、会议费、差旅交通费、固定资产使用费(包括办公及生活房屋折旧、维修或租赁费,车辆折旧、维修、使用或租赁费等)、零星固定资产购置费、招募生产工人费;技术图书资料费、职工教育经费、工程招标费(不含招标文件及标底或造价控制值编制费);合同契约公证费、法律顾问费、咨询费;建设单位的临时设施费、完工清理费、竣(交)工验收费(含其他行业或部门要求的竣工验收费用)、各种税费(包括房产税、车船使用税、印花税等);建设项目审计费、境内外融资费用(不含建设期贷款利息)、业务招待费、安全生产管理费和其他管理性开支。

由施工企业代建设单位(业主)办理"土地、青苗等补偿费"的工作人员所发生的费用,应在建设单位(业主)管理费项目中支付。当建设单位(业主)委托有资质的单位代理招标时,其代理费应在建设单位(业主)管理费中支出。

建设单位(业主)管理费以建筑安装工程费总额为基数,按表 4.37 的费率,以累进办法计算。

表 4.37　建设单位管理费费率表

第一部分 建筑安装工程费(万元)	费率(%)	算例(万元)	
		建筑安装工程费	建设单位(业主)管理费
500 以下	3.48	500	500×3.48%=17.4
501~1 000	2.73	1 000	17.4+500×2.73%=31.05
1 001~5 000	2.18	5 000	31.0+4 000×2.18%=118.25
5 001~10 000	1.84	10 000	118.25+5 000×1.84%=210.25
10 001~30 000	1.52	30 000	210.25+20 000×1.52%=514.25
30 001~50 000	1.27	50 000	514.25+20 000×1.27%=768.25
50 001~100 000	0.94	100 000	768.25+50 000×0.94%=1 238.25
100 001~150 000	0.76	150 000	1 238.25+50 000×0.76%=1 618.25
150 001~200 000	0.59	200 000	1 618.25+50 000×0.59%=1 913.25
200 001~300 000	0.43	300 000	1 913.25+100 000×0.43%=2 343.25
300 000 以上	0.32	310 000	2 343.25+10 000×0.32%=2 375.25

(2)工程质量监督费

工程质量监督费系指根据国家有关部门规定,各级公路工程质量监督机构对工程建设质量和安全生产实施监督应收取的管理费用。

工程质量监督费以建筑安装工程费总额为基数,按 0.15% 计算。

(3)工程监理费

工程监理费系指建设单位(业主)委托具有公路工程监理资格的单位,按施工监理规范进行全面的监督和管理所发生的费用。

费用内容包括:工作人员的基本工资、工资性津贴、社会保障费用(基本养老、基本医疗、失业、工作保险)、住房公积金、职工福利费、工会经费、劳动保护费;办公费、会议费、差旅交通费、固定资产使用费(包括办公及生活房屋折旧、维修或租赁费,车辆折旧、维修、使用或租赁费,通信设备购置、使用费、测量、试验、检测设备仪器折旧、维修或租赁费,其他设备折旧、维修或租赁费等)、零星固定资产购置费、招募生产工人费;技术图书资料费、职工教育经费、投标费用;合同契约公证费、咨询费、业务招待费;财务费用、监理单位的临时设施费、各种税费和其他管理性开支。

工程监理费以建筑安装工程费总额为基数,按表 4.38 的费率计算。

表 4.38　工程监理费费率表(%)

工程类别	高速公路	一级及二级公路	三级及四级公路	桥梁及隧道
费率(%)	2.0	2.5	3.0	2.5

表 4.38 中的桥梁指水深大于 15 m、斜拉桥和悬索桥等独立特大型桥梁工程;隧道指水下隧道。

建设单位(业主)管理费和工程监理费均为实施建设项目管理的费用,执行时根据建设单位(业主)和施工监理单位所实际承担的工作内容和工作量,在保证监理费用的前提下,可统筹使用。

(4)工程定额测定费

工程定额测定费系指各级公路(交通)工程定额(造价管理)站为测定劳动定额、搜集定额资料、编制工程定额及定额管理所需要的工作经费。

工程定额测定费以建筑安装工程费总额为基数,按 0.12% 计算。

(5)设计文件审查费

设计文件审查费系指国家和省级交通主管部门在项目审批前,为保证勘察设计工作的质量,组织有关专家或委托有资质的单位,对设计单位提交的建设项目可行性研究报告和勘察设计文件以及对设计变更、调整概算进行审查所需要的相关费用。

设计文件审查费以建筑安装工程费总额为基数,按 0.1% 计算。

(6)竣(交)工验收试验检测费

竣(交)工验收试验检测费系指在公路建设项目交工验收和竣工验收前,由建设单位(业主)或工程质量监督机构委托有资质的公路工程质量检测单位按照有关规定对建设项目的工程质量进行检测,并出具检测意见所需要的相关费用。

竣(交)工验收试验检测费按表 4.39 的规定计算。

表 4.39　竣(交)工验收试验检测费标准表

项目	路线(元/公路公里)				独立大桥(元/座)	
	高速公路	一级公路	二级公路	三、四级公路	一般大桥	技术复杂大桥
试验检测费	15 000	12 000	10 000	5 000	30 000	100 000

关于竣(交)工验收试验检测费,高速公路、一级公路按四车道计算,二级及以下等级公路按双车道计算,每增加一条车道,按表 4.39 的费用增加 10%。

3)研究试验费

研究试验费系指为本建设项目提供或验证设计数据、资料进行必要的研究试验和按照设计规定在施工过程中必须进行试验、验证所需的费用,以及支付科技成果、先进技术的一次性技术转让费。该费用不包括:

(1)应由科技三项费用(即新产品试制费、中间试验费和重要科学研究补助费)开支的项目。

(2)应由施工辅助费开支的施工企业对建筑材料、构件和建筑物进行一般鉴定、检查所发生的费用及技术革新研究试验费。

(3)应由勘察设计费或建筑安装工程费用中开支的项目。

计算方法:按照设计提出的研究试验内容和要求进行编制,不需验证设计基础资料的不计本项费用。

4)建设项目前期工作费

建设项目前期工作费系指委托勘察设计、咨询单位对建设项目进行可行性研究、工程勘察设计,以及设计、监理、施工招标文件及招标标底或造价控制值文件编制时,按规定应支付的费用。该费用包括:

(1)编制项目建议书(或预可行性研究报告)、可行性研究报告、投资估算,以及相应的勘察、设计、专题研究等所需的费用。

(2)初步设计和施工图设计的勘察费(包括测量、水文调查、地质勘探等)、设计费、概(预)算及调整概算编制费等。

(3)设计、监理、施工招标文件及招标标底(或造价控制值或清单预算)文件编制费等。

计算方法:依据委托合同计列,或按国家颁发的收费标准和有关规定进行编制。

5)专项评价(估)费

专项评价(估)费系指依据国家法律、法规规定须进行评价(评估)、咨询,按规定应支付的费用。该费用包括环境影响评价费、水土保持评估费、地震安全性评价费、地质灾害危险性评价费、压覆重要矿床评估费、文物勘察费、通航论证证费、行洪论证(评估)费、使用林地可行性研究报告编制费、用地预审报告编制费等费用。

计算方法:按国家颁发的收费标准和有关规定进行编制。

6)施工机构迁移费

施工机构迁移费系指施工机构根据建设任务的需要,经有关部门决定成建制地(指工程处等)由原驻地迁移到另一地区所发生的一次性搬迁费用。该费用不包括:

(1)应由施工企业自行负担的,在规定距离范围内调动施工力量以及内部平衡施工力量所发生的迁移费用。

(2)由于违反基建程序,盲目调迁队伍所发生的迁移费。

(3)因中标而引起施工机构迁移所发生的迁移费。

费用内容包括:职工及随同家属的差旅费,调迁期间的工资,施工机械、设备、工具、用具和周转性材料的搬运费。

计算方法:施工机构迁移费应经建设项目的主管部门同意按实计算。但计算施工迁移费后,如迁移地点即新工地地点(如独立大桥),则其他工程费内的工地转移费应不再计算;如施工机构迁移地点至新工地地点尚有部分距离,则工地转移费的距离,应以施工机构新地点为计算起点。

7)供电贴费

供电贴费系指按照国家规定,建设项目应交付的供电工程贴费、施工临时用电贴费。

计算方法:按国家有关规定计列(目前停止征收)。

8)联合试运转费

联合试运转费系指新建、改(扩)建工程项目,在竣工验收前按照设计规定的工程质量标准,进行动(静)载荷载实验所需的费用,或进行整套设备带负荷联合试运转期间所需的全部费用抵扣试车期间收入的差额。该费用不包括应由设备安装工程项下开支的调试费的费用。

费用内容包括:联合试运转期间所需的材料、油燃料和动力的消耗,机械和检测设备使用费,工具用具和低值易耗品费,参加联合试运转人员工资及其他费用等。

联合试运转费以建筑安装工程费总额为基数,独立特大型桥梁按 0.075%、其他工程按 0.05%计算。

9)生产人员培训费

生产人员培训费系指新建、改(扩)建公路工程项目,为保证生产的正常运行,在工程竣工验收交付使用前对运营部门生产人员和管理人中进行培训所必需的费用。

费用内容包括:培训人员的工资、工资性补贴、职工福利费、差旅交通费、劳动保护费、培训及教学实习费等。

生产人员培训费按设计定员和 2 000 元/人的标准计算。

10)固定资产投资方向调节税

固定资产投资方向调节税系指为了贯彻国家产业政策,控制投资规模,引导投资方向,调整投资结构,加强重点建设,促进国民经济持续稳定协调发展,依照《中华人民共和国固定资产投资方向调节税暂行条例》规定,公路建设项目应缴纳的固定资产投资方向调节税。

计算方法:按国家有关规定计算(目前暂停征收)。

11)建设期贷款利息

建设期贷款利息系指建设项目中分年度使用国内贷款或国外贷款部分在建设期内应归还的贷款利息。费用内容包括各种金融机构贷款、企业集资、建设债券和外汇贷款等利息。

计算方法:根据不同的资金来源按需付息的分年度投资计算。

计算公式如下:

建设期贷款利息=∑(上年末付息贷款本息累计+本年度付息贷款额÷2)×年利率

即:
$$S = \sum_{n=1}^{N} (F_{n-1} + b_n \div 2) \times i$$

式中　S——建设期贷款利息(元);

　　　N——项目建设期(年);

　　　n——施工年度;

　　F_{n-1}——建设期第$(n-1)$年末需付息贷款本息累计(元);

　　　b_n——建设期第 n 年度付息贷款额(元);

　　　i——建设期贷款年利率(%)。

4. 预备费

预备费由价差预备费及基本预备费两部分组成。在公路工程建设期限内,凡需动用预备费时,属于公路交通部门投资的项目,需经建设单位提出,按建设项目隶属关系,报交通部或交通厅(局、委)基建主管部门核定批准;由其他部门投资的建设项目,按其隶属关系报有关部门核定批准。

1)价差预备费

价差预备费系指设计文件编制年到工程竣工年期间,第一部分费用的人工费、材料费、机械使用费、其他工程费、间接费等以及第二、三部分费用由于政策、价格变化可能发生上浮而预留及外资贷款汇率变动部分的费用。

(1)计算方法:价差预备费以概(预)算或修正概算第一部分建筑安装工程费总额为基数,按设计文件编制年始至建设项目工程竣工年终的年数和年工程造价增涨率计算。

计算公式如下:

$$价差预备费 = P \times [(1+i)^{n-1} - 1]$$

式中　P——建筑安装工程费总额(元);

　　　　　　i——年工程造价增涨率(%);

　　　　　　n——设计文件编制年至建设项目开工年＋建设项目建设期限(年)。

　　(2)年工程造价增涨率按有关部门公布的工程投资价格指数计算,或由设计单位会同建设单位根据该工程人工费、材料费、施工机械使用费、其他工程费、间接费以及第二、三部分费用可能发生的上浮等因素,以第一部分建安费为基数进行综合分析预测。

　　(3)设计文件编制至工程完工在一年以内的工程,不列此项费用。

　　2)基本预备费

　　基本预备费系指在初步设计和概算中难以预料的工程和费用。其用途如下:

　　(1)在进行技术设计施工图设计和施工过程中,在批准的初步设计和概算范围内所增加的工程费用。

　　(2)在设备订货时,由于规格、型号改变的价差;材料货源变更、运输距离或方式的改变以及因规格不同而代换使用等原因发生的价差。

　　(3)由于一般自然灾害所造成的损失和预防自然灾害所采取的措施费用。

　　(4)在项目主管部门组织竣(交)工验收时,验收委员会(或小组)为鉴定工程质量必须开挖和修复隐蔽工程的费用。

　　(5)投保的工程根据工程特点和保险合同发生的工程保险费用。

　　计算方法:以第一、二、三部分费用之和(扣除固定资产投资方向调节税和建设期贷款利息两项费用)为基数按下列费率计算:

　　设计概算按 5% 计列;

　　修正概算按 4% 计列;

　　施工图预算按 3% 计列。

　　采用施工图预算加系数包干承包的工程,包干系数为施工图预算中直接费与间接费之和的 3%。施工图预算包干费用由施工单位包干使用。

　　该包干费用的内容为:

　　(1)在施工过程中,设计单位对分部分项修改设计而增加的费用,但不包括因水文地质条件变化造成的基础变更、结构变更、标准提高、工程规模改变而增加的费用。

　　(2)预算审定后,施工单位负责采购的材料由于货源变更、运输距离或方式的改变以及因规格不同而代换使用等原因发生的价差。

　　(3)由于一般自然灾害所造成的损失和预防自然灾害所采取的措施的费用(例如一般防台风、防洪的费用)等。

　　5. 回收金额

　　概、预算定额所列材料一般不计回收,只对按全部材料计价的一些临时工程项目和由于工程规模或工期限制达不到规定周转次数的拱盔、支架及施工金属设备的材料计算回收金额。回收率见表4.40。

表 4.40　回收率表

回收项目	使用年限或周转次数				计算基数
	一年或一次	两年或两次	三年或三次	四年或四次	
临时电力、电信线路	50%	30%	10%	—	
拱盔、支架	60%	45%	30%	15%	材料原价
施工金属设备	65%	65%	50%	30%	

典型工作任务3　公路概(预)算文件的编制

4.3.1　工作任务

通过对公路工程建设各项费用编制步骤、计算程序及计算方式等内容的学习,使学生对公路工程建设各项费用的编制步骤、计算程序及计算方法有全面的认识和掌握,提高学生判断问题和解决问题的能力,为今后能从事造价员、施工员、监理员工作打下良好的知识基础。

4.3.2　相关配套知识

1. 概(预)算编制原则

1)严格执行党和国家的方针、政策及有关规定

概预算的编制必须严格执行党和国家的方针、政策及有关规定。现行的《公路程基本建设项目概预算编制办法》是(JTG-B06—2007),自 2008 年 1 月 1 日起执行。应用时要注意其适应范围,不可滥用。

2)编制人员应具备本专业的业务能力

公路工程概算、预算应由具备造价工程师任职资格的工程技术人员编制。变之前,应全面了解工程所在地的建设条件,掌握设计,施工情况,做好设计方案经济比较,正确引用定额和取费标准,正确计算工资单价和材料、机械设备价格,把技术工作和经济工作结合起来,全面、有效的提高编制质量。

3)设计单位应对概算、预算的编制质量负责

概算、预算文件应由有相应资格的设计或工程造价咨询单位编制。概预算文件应达到的质量要求是:符合规定,结合实际,经济合理,提交及时,不重不漏,计算正确,字迹打印清晰,装订整齐完整。设计单位应配备和充实工程经济专业人员,切实做好概预算的编制工作,并对概算、预算的编制质量负责。

4)概算、预算编制工作要符合市场经济规律

概预算应切实反应设计内容的实际,资金要打足,不留缺口,并做到估算包住概算,概算包住预算,预算包住决算。

2. 概算(或修正概算)编制依据

1)概算(或修正概算)编制

(1)国家发布的有关法律、法规、规章、规程等。

(2)现行的《公路工程概算定额》(JTG/T B06-01—2007)、《公路工程预算定额》(JTG/T B06-02—2007)、《公路工程机械台班费用定额》(JTG/T B06-03—2007)及《公路工程基本建设项目概(预)算编制办法》(JTG B06—2007)。

(3)工程所在地省级交通主管部门发布的补充计价依据。

(4)批准的可行性研究报告(修正概算时为初步设计文件)等有关资料。

(5)初步设计(或技术设计)图纸等设计文件。

(6)工程所在地的人工、材料、机械及设备预算价格等。

(7)工程所在地的自然、技术、经济条件等资料。

(8)工程施工方案。

(9)有关合同、协议等。

(10)其他有关资料。

2)预算编制依据

(1)国家发布的有关法律、法规、规章、规程等。

(2)现行的《公路工程预算定额》(JTG/T B06-02—2007)、《公路工程机械台班费用定额》(JTG/T B06-03—2007)及《公路工程基本建设项目概(预)算编制办法》(JTG B06—2007)。

(3)工程所在地省级交通主管部门发布的补充计价依据。

(4)批准的初步设计文件(或技术设计文件,若有)等有关资料。

(5)施工图纸等设计文件。

(6)工程所在地的人工、材料、机械及设备预算价格等。

(7)工程所在地的自然、技术、经济条件等资料。

(8)工程施工组织设计或施工方案。

(9)有关合同、协议等。

(10)其他有关资料。

3. 概(预)算文件编制步骤与方法

1)概、预算各项费用的计算程序

概、预算的总金额是由以下四大部分组成:

(1)建筑安装工程费

(2)设备、工具、器具及家具购置费

(3)工程建设其他费用

(4)预备费

其中每项费用都有其具体的费用内容和计算方法,并按照一定的规则和程序进行。现将各项费用的计算程序和方法归纳见表 4.41。

表 4.41 公路工程建设各项费用的计算程序及计算方式

代号	项 目	说明及计算式
(一)	直接工程费(即工、料、机费)	按编制年工程所在地的预算价格计算
(二)	其他工程费	(一)×其他工程费综合费率或各类工程人工费和机械费之和×其他工程费综合费率
(三)	直接费	(一)+(二)
(四)	间接费	各类工程人工费×规费综合费率+(三)×企业管理费综合费率
(五)	利润	[(三)+(四)-规费]×利润率
(六)	税金	[(三)+(四)+(五)]×综合税率
(七)	建筑安装工程费	(三)+(四)+(五)+(六)
(八)	设备、工具、器具购置费(包括备品备件)	Σ(设备、工具、器具购置数量×单价+运杂费)×(1+采购保管费率)
(九)	办公及生活用家具购置费	按有关规定计算
	工程建设其他费用	
	土地征用及拆迁补偿费	按有关规定计划

代号	项 目	说明及计算式
	建设单位(业主)管理费	(七)×费率
	工程质量监督费	(七)×费率
	工程监理费	(七)×费率
	工程定额测定费	(七)×费率
	设计文件审查费	(七)×费率
	竣(交)工验收试验检测费	按有关规定计算
	研究试验费	按批准的计划编制
	前期工作费	按有关规定计算
	专项评价(估)费	按有关规定计算
(十)	施工机构迁移费	按实计算
	供电贴费	按有关规定计算
	联合试运转费	(七)×费率
	生产人员培训费	按有关规定计算
(十一)	固定资产投资方向调节税	按有关规定计算
	建设期贷款利息	按实际贷款数及利率计算
	预备费	包括价差预备费和基本预备费两项
	价差预备费	按规定的公式计算
(十二)	施工机构迁移费	按实计算
	基本预备费	[(七)+(八)+(九)—固定资产投资方向调节税—建设期贷款利息]×费率
	预备费中施工图预算包干系数	[(三)+(四)]×费率
	建设项目总费用	(七)+(八)+(九)+(十)

2)概(预)算的编制步骤

目前,概、预算的编制一般都用计算机进行,即具体计算、填表都由计算机完成。然而,值得指出的是计算机做概、预算,是在手算的基础上进行的。因此,只有通过手算才能更深刻地理解概、预算的编制过程,才能真正掌握各种数据和表格之间的相互关系,下面我们按照手算的具体操作程序,介绍概、预算的编制过程。

在编制概、预算文件之前,应全面掌握设计文件、设计图纸、施工组织设计及概、预算调查资料。然后,按下述步骤进行:

(1)列项

列项是根据工程设计的内容,按"概、预算项目表"的要求,将一个复杂的建设项目分解成若干个分项工程,并以项、目、节的顺序依次列出。然后按定额项目表的要求,将分项后的每一工程与相应的定额表号一一对应。

(2)初编 08 表(08.2)

概、预算的所有计算过程都是通过表格完成的。08 表是"分项工程概(预)算表"。概、预算的总金额是以分项工程概(预)算表为基础,计算汇总而来的。初编 08 表是指只能按照列项中项、目、节的逻辑关系,将各项费用名称、定额表号、定额值等列入 08 表内。由于人、材、机的单价及各种费率尚未知,故 08 表只能初编,尚不能计算。

(3)初编 10 表

10 表"自采材料料场价格表"。根据初编 08 表中所发生的自采材料的规格名称、相应的定额表号及所消耗的外购材料名称、定额值等填入相应栏内,由于外购材料的单价尚未知,故 10 表也只能是初编,其料场价格要待将 09 表中相应的材料预算单价转入后,方能计算。

(4)编制 09 表

09 表是"材料预算单价计算表"。根据 08 表中出现的各种材料,将其名称、来源及运输方式等填入相应的栏内。填表时应按照材料代号的顺序依次进行登记、计算材料的预算单价,并将其值分别转入 08 表、10 表、11 表相应的材料预算单价栏中。

(5)编制 11 表

11 表是"机械台班单价计算表"。编制时应根据 08 表,10 表中出现的机械名称,按《机械台班费用定额》的内容及 09 表中相应的材料预算单价填入相应栏内,并按代号的顺序依次登记、计算机械台班单价,并分别转入 08 表、10 表相应的机械台班单价栏中。

(6)编制 07 表

07 表是人工、材料、机械台班单价汇总表。

(7)编制 04 表

04 表是"其他工程费及间接费综合汇率计算表"。编制时,应根据工程所处的自然环境、施工条件等具体情况,按工程类别的顺序依次计算各项费率,并将其值转入 08 表相应费率栏内。

(8)编制 05 表

05 表是"设备、工具、器具购置费计算表"。编制时,应根据工程实际购买的设备、工具、器具计算各项费用。

(9)补编 08 表

在完成 07 表、04 表的计算后,初编 08 表中的人、料、机单价及各项费率均为已知,这样 08 表的计算即可完成了。

(10)编制 03 表

03 表是"建筑安装工程费计算表"。编制时,将 08 表中的直接工程费、其他工程费及间接费等各项费用填入相应栏内,并在表中计算相应的利润和税金,最后核算各分项工程的建筑安装工程费。

(11)编制 06 表

06 表是"工程建设其他费用及回收金额计算表"。将建设项目中所发生的其他费用,按照《编制办法》中的费用内容和外业调查资料,包括协议书、委托书、合同等编制各项费用。此外,预备费及回收金额的计算也在该表进行。

(12)编制 01 表及 01.1 表

01 表是"总概(预)算表"。根据"概(预)算项目表"的格式,将工程项目中实际发生的费用,按项、目、节的顺序填入相应栏内。

01.1 表为"总概(预)算汇总表"。根据建设项目的要求,当分段或分部分编制 01 表时,应将各分段(或分部分)01 表汇总到 01.1 表。

(13)编制 12 表

12 表为"辅助生产工、料、机械台班单位数量表"。将 10 表中所列的各自采材料规格名称及其他辅助生产项目列入"规格名称"栏内,将每生产单位合格产品所消耗的各种资源及定额值列入表中。供 02 表计算辅助生产工、料、机备用。

(14)编制 02 表及 02.1 表

02 表是"人工、主要材料、机械台班数量汇总表"。将工程项目中所消耗的人工、主要材料、机械台班等规格名称按代号的顺序列入"规格名称"栏内。然后以"项"为单位,分别统计各实物的消耗量及总数量。

02.1 表为"总概(预)算人工、主要材料、机械台班数量汇总表"。当分段编制概、预算时,应将各段的 02 表汇总到 02.1 表中。

至此,概、预算的 12 种表格全部编制完毕。

(15)撰写编制说明

在编完概、预算全部计算表格后,应根据编制的全过程,阐述概(预)算的编制内容、编制依据和编制成果,即工程总造价、各实物量消耗指标等。对编制中存在的问题以及与概(预)算有关,但又不能在表格中反映的事项均应在"编制说明"中以文字的形式表述清楚。

(16)复核、印刷、装订、报批

当全面复核,确认无误后,参编人员应签字并加盖资格印章,待设计单位各级负责人签字审批后,即可印刷,并按甲、乙组文件分别装订成册,上报待批。

综上所述,概、预算的编制是一项繁琐的系统工作,各种计算表格环环相扣,相互利用,相互补充,并交叉进行。其计算过程及相互关系如图 4.3 所示。

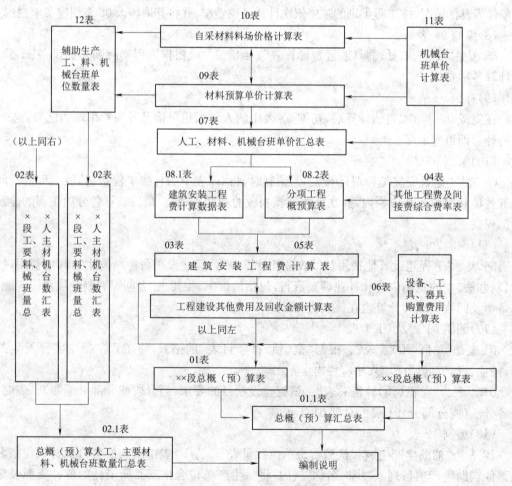

图 4.3　概预算编制过程表

3)各项费用计算程序及编制注意事项

(1)注意表格之间的内在联系,理清交叉关系。概(预)算表格是一个有机整体,互相联系,相互补充,通过这些表格反应整个工程资源消耗,因此应熟练掌握各表格之间的内在联系。

(2)08 表的工程名称(即 01 表中项的名称)要按项目填列,应注意将费率相同的各项目填列与一张表中,以便于小计。

(3)注意各取费费率适用范围的说明。

(4)适用定额时,一定要注意小注和章节说明等。

(5)按地方规定计算有关费用时,要注意各地规定中的细节要求。

(6)编制中应注意公路工程概(预)算的工程费用属非公路专业的工程,应执行有关专业的直接费定额和相应的间接费定额。一般工业与民用建筑应执行所在地的地区统一直接费定额和相应间接费定额,但其他费用应按公路工程其他费用项目划分及计算办法编制。

 项目小结

本项目主要介绍了公路基本建设概(预)算的基础知识、文件组成、项目组成及费用组成,概(预)算各项费用计算及编制程序。通过公路工程施工图预算的编制,加强学生公路工程建设各项费用编制步骤、计算程序及计算方式的认识和掌握,提高学生业务水平和工作能力,做好学习与工作之间的衔接。

公路工程施工图预算编制实例见附录 D。

 项目拓展

设备与材料的划分标准

工程建设设备与材料的划分,直接关系到投资构成的合理划分、概预算的编制以及施工产值的计算等方面。为合理确定工程造价,加强对建设过程投资管理,统一概预算编制口径,现对交通工程中设备与材料的划分提出如下划分原则和规定。本规定如与国家主管部门新颁布的规定相抵触时,按国家规定执行。

1. 设备与材料的划分原则

1)凡是经过加工制造,由多种材料和部件按各自用途组成生产加工、动力、传送、储存、运输、科研等功能的机器、容器和其他机械、成套装置等均为设备。

设备分为标准设备和非标准设备。

(1)标准设备(包括通用设备和专用设备):是指按国家规定的产品标准批量生产的、已进入设备系列的设备。

(2)非标准设备:是指国家未定型、非批量生产的,由设计单位提供制造图纸,委托承制单位或施工企业在工厂或施工现场制作的设备。

设备一般包括以下各项:

①各种设备的本体及随设备到货的配件、备件和附属于设备本体制作成型的梯子、平台、栏杆及管道等。

②各种计量器、仪表及自动化控制装置、试验的仪器及属于设备本体部分的仪器仪表等。

③附属于设备本体的油类、化学药品等设备的组成部分。

④无论用于生产或生活或附属于建筑物的水泵、锅炉及水处理设备,电气、通风设备等。

2)为完成建筑、安装工程所需的原料和经过工业加工在工艺生产过程中不起单元工艺生产用的设备本体以外的零配件、附件、成品、半成品等均为材料。

材料一般包括以下各项:

(1)设备本体以外的不属于设备配套供货,需由施工企业进行加工制作或委托加工的平台、梯子、栏杆及其他金属构件等,以及成品、半成品形式供货的管道、管件、阀门、法兰等。

(2)设备本体以外的各种行车轨道、滑触线、电梯的滑轨等。

2. 设备与材料的划分界限

1)设备

(1)通信系统。

市内、长途电话交换机,程控电话交换机,微波、载波通信设备,电报和传真设备,中、短波通信设备及中短波电视天馈线装置,移动通信设备,卫星地球站设备,通信电源设备,光纤通信数字设备,有线广播设备等各种生产及配套设备和随机附件等。

(2)监控和收费系统。

自动化控制装置,计算机及其终端,工业电视,检测控制装置,各种探测器,除尘设备,分析仪表,显示仪表,基地式仪表,单元组合仪表,变送器,传送器及调节阀,盘上安装器,压力、温度、流量、差压、物位仪表,成套供应的盘、箱、柜、屏(包括箱和已经安装就位的仪表、元件等)及随主机配套供应的仪表等。

(3)电气系统。

各种电力变压器、互感器、调压器、感应移相器、电抗器、高压断路器、高压熔断器、稳压器、电源调整器、高压隔离开关、装置式空气开关、电力电容器、蓄电池、磁力启动器、交直流报警器、成套箱式变电站、共箱母线、封密式母线槽,成套供应的箱、盘、柜、屏及其随设备带来的母线和支持瓷瓶等。

(4)通风及管道系统。

空气加热器、冷却器,各种空调机、风尘管、过滤器、制冷机组、空调机组、空调器,各类风机、除尘设备、风机盘管、净化工作台、风淋室、冷却塔,公称直径 300 m 以上的人工阀门和电动阀门等。

(5)房屋建筑。

电梯、成套或散装到货的锅炉及其附属设备、汽轮发电机及其附属设备、电动机、污水处理装置、电子秤、地中衡、开水炉、冷藏箱、热力系统的除氧器水箱和疏水箱、工业水系统的工业水箱、油冷却系统的油箱、酸碱系统的酸碱储存槽、循环水系统的旋转滤网、启闭装置的启闭机等。

(6)消防及安全系统。

隔膜式气压水罐(气压罐)、泡沫发生器、比例混合器、报警控制器、报警信号前端传输设备、无线报警发送设备、报警信号接收机、可视对讲主机、联动控制器、报警联动一体机、重复显示器、远程控制器、消防广播控制柜、广播功放、录音机、广播分配器、消防通信电话交换机、消防报警备用电源、X 射线安全检查设备、金属武器探测门、摄像设备、监视器、镜头、云台、控制台、监视器柜、支台控制器、视频切换器、全电脑视频切换设备、音频、视频、脉冲分配器、视频补偿器、视频传输设备、汉字发生设备、录像、录音设备、电源、CRT 显示终端、模拟盘等。

(7)炉窑砌筑。装置在炉窑中的成品炉管、电机、鼓风机和炉窑传动、提升装置,属于炉窑本体的金属铸体、锻件、加工件及测温装置,仪器仪表,消烟、回收、除尘装置,随炉供应已安装就位的器具、耐火衬里、炉体金属预埋件等。

(8)各种机动车辆。

(9)各种工艺设备在试车时必须填充的一次性填充材料(如各种瓷环、钢环、塑料环、钢球等)、各种化学药品(如树脂、珠光砂、触煤、干燥剂、催化剂等)及变压器油等,不论是随设备带来的,还是单独订货购置的,均视为设备的组成部分。

2)材料

(1)各种管道、管件、配件、公称直径 300 m 以内的人工阀门、水表、防腐保温及绝缘材料、油漆、支架、消火栓、空气泡沫枪、泡沫炮、灭火器、灭火机、灭火剂、泡沫液、水泵接合器、可曲橡胶接头、消防喷头、卫生器具、钢制排水漏斗、水箱、分气缸、疏水器、减压器、压力表、温度计、调压板、散热器、供暖器具、凝结水箱、膨胀水箱、冷热水混合器、除污器分水缸(器)、各种风管及其附件和各种调节阀、风口、风帽、罩类、消声器及其部(构)件、散流器、保护壳、风机减振台座、减振器、凝结水收集器、单双人焊接装置、煤气灶、煤气表、烘箱灶、火管式沸水器、水型热水器、开关、引火棒、防雨帽、放散管拉紧装置等。

(2)各种电线、母线、绞线、电缆、电缆终端头、电缆中间头、吊车滑触线、接地母线、接地极、避雷线、避雷装置(包括各种避雷器、避雷针等)、高低压绝缘子、线夹、穿墙套管、灯具、开关、灯头盒、开关盒、接线盒、插座、闸盒保险器、电杆、横担、铁塔、各种支架、仪表插座、桥架、梯架、立柱、托臂、人孔手孔、挂墙照明配电箱、局部照明变压器、按钮、行程开关、刀闸开关、组合开关、转换开关、铁壳开关、电扇、电铃、电表、蜂鸣器、电笛、信号灯、低音扬声器、电话单机、容断器等。

(3)循环水系统的钢板闸门及拦污栅、启闭构架等。

(4)现场制作与安装的炉管及其他所需的材料或填料,现场砌筑用的耐火、耐酸、保温、防腐、捣打料,绝热纤维,天然白泡石,玄武岩,器具,炉门及窥视孔,预埋件等。

(5)所有随管线(路)同时组合安装的一次性仪表、配件、部件及元件(包括就地安装的温度计、压力表)等。

(6)制造厂以散件或分段分片供货的塔、器、罐等,在现场拼接、组装、焊接,安装内件或改制时所消耗的物料均为材料。

(7)各种金属材料、金属制品、焊接材料、非金属材料、化工辅助材料、其他材料等。

3)对于一些在制造厂未整体制作完成的设备,或分片压制成型,或分段散装供货的设备,需要建筑安装工人在施工现场加工、拼装、焊接的,按上述划分原则和其投资构成应属于设备购置费。为合理反映建筑安装工人付出的劳动和创造的价值,可按其在现场加工组装焊接的工作量,将其分片或组装件按其设备价值的一部分以加工费的形式计入安装工程费内。

4)供应原材料,在施工现场制作安装或施工企业附属生产单位为本单元承包工程制作并安装的非标准设备,除配套的电机、减速机外,其加工制作消耗的工、料(包括主材)、机等均应计入安装工程费内。

5)凡是制造厂未制造完成的设备;已分片压制成型、散装或分段供货,需要建筑安装工人在施工现场拼装、组装、焊接及安装内件的,其制作、安装所需的物料为材料,内件、塔盘为设备。

项目训练

1. 概、预算总金额是由哪些部分组成的?

2. 建筑安装工程费是由哪些费用组成的?

3. 什么事直接工程费? 如何计算?

4. 其他工程费是由哪些费用组成的? 如何计算?

5. 简述间接费的内容及计算方法。

6. 材料预算单价是由哪几部分组成的,如何计算?

7. 工程建设其他费用是由哪些费用组成的,如何计算?

8. 简述概算、预算各项费用的计算程序和计算方法。

9. 机械轧碎石(4 cm),人工装卸手扶拖拉机运输 800 m,已知人工 55 元/工日,片石 36 元/工日,破碎机 150 元/台班,手扶拖拉机 135 元/台班,试计算碎石的预算单价。

10. 上海某石灰煤渣稳定土基层宽 18 m,长 12 km,压实厚度为 14 cm,采用人工沿路拌合法(筛拌法)施工,设计配合比为石灰∶煤渣=12∶82。已知人工 56 元/工日,水 1.10 元/t,生石灰 182.00 元/t,煤渣 28.60 元/m³,6~8 t 光轮压路机 250.60 元/台班,12~15 t 光轮压路机 460.80 元/台班,试计算直接费。

项目 5 铁路工程清单计量与计价

 **项目描述**

随着我国对市场化的推进和工程造价管理改革的不断深化,特别是 2007 年 5 月原铁道部发布的《铁路建设工程工程量清单计价指南(土建部分)》(铁建设〔2007〕108 号)(以下简称《07指南》)的实施,标志着我国铁路工程计价模式发生了质的变化,这一由传统量价合一模式向量价分离模式的转变,是工程造价管理模式适应社会主义市场经济发展的一次重大改革,也是工程造价计价工作向"政府宏观调控,企业自主报价,市场形成价格"的目标迈出的坚实一步。为使学生适应当前工程计价的工作要求,掌握新的、先进的、适应市场需求的工程造价的计价模式,则务必使学生掌握工程量清单计价的方式与方法。

通过本项目学习应使学生了解工程量清单计价的含义与作用;掌握工程量清单计价的构成与清单计价的编制方法和程序;熟悉工程量清单投标报价的策略及在实际工程中的应用。

 拟实现的教学目标

知识目标

1. 了解工程量清单及其基本组成;
2. 熟悉工程量清单计量规则与工程量清单计价原理;
3. 熟悉定额计价与工程量清单计价的区别与联系;
4. 掌握工程量清单计价的方法和程序;
5. 熟悉工程量清单计价的工作流程及投标报价技巧。

技能目标

1. 具备依据不同的工程情况,填写工程量清单表的能力;
2. 具备正确识别工程量清单项目编码的能力;
3. 具备正确运用工程量清单计价方法和程序的能力;
4. 具备运用工程量清单进行招、投标的能力。

素质目标

1. 具有正确的学习态度和拓展学习的能力;
2. 具有很强的团队精神和协作意识;
3. 养成吃苦耐劳,严谨求实的工作作风;
4. 具备一定的协调、组织管理能力;
5. 具备理论与实际相结合的能力。

典型工作任务 1　工程量清单概述

随着铁路建设的发展,2007年5月原铁道部发布《铁路工程工程量清单计价指南》(以下简称《07指南》),明确规定今后铁路工程基本建设大中型项目计价都应采取该指南。工程量清单计价方法是一种区别于定额计价模式的新的计价模式,传统定额计价模式以部颁定额、取费标准和指导价格来确定工程造价,只能反映铁路建设平均水平,无法反映承包商技术、施工、管理水平等因素对铁路工程造价的影响,而工程量清单计价由承包商按业主提供的工程量清单,自主运用企业定额,依据市场信息报价,因此,可以说清单计价是企业自主报价和公平竞争的招投标模式,更适合市场的发展需求。

5.1.1　工作任务

了解工程量清单的概念,熟悉工程量清单的基本组成。

5.1.2　相关配套知识

1. 工程量清单的概念

工程量清单(Bill Of Quantity,BOQ)即工程量表,是招标人依据按照招标文件要求、施工设计图纸、工程量计算规则和技术标准计算所得的拟建工程明细清单。

铁路工程工程量清单是按照《07指南》的规定,按统一的项目编码、项目名称、项目特性、计量单位和工程内容、工程量计算规则进行编制,作为业主编制标底或参考价的依据,也是投标人编制投标报价的依据。2009年又增补了《关于发布〈铁路工程量清单计价指南(四电部分)〉的通知》(铁建设〔2009〕126号)也为铁路工程工程量清单计算的依据之一。工程量清单是签订工程合同、支付工程款、调整工程量和办理结算的基础。

2. 工程量清单的组成

工程量清单最基本的功能是作为信息的载体,以便使投标人能对工程有全面而充分的了解,因此其内容应全面、准确、无误。主要包括:工程量清单说明和工程量清单表两大部分。

工程量清单说明:主要是招标人解释拟招标工程的工程量清单编制依据以及重要作用;工程量清单表:作为清单项目和工程数量的载体,是工程量清单的重要组成部分。

铁路工程工程量清单组成见表5.1。

表5.1　工程量清单表(节选)

章　号	节　号	编　号	名　　称	计量单位	工程数量
第一章	1	0101	拆迁工程		
第二章		02	路基		
	2	0202	区间路基土石方		
	3	0203	站场土石方		
	4	0204	路基附属工程		
第三章		03	桥涵		
	5	0305	特大桥		
	6 ⋮	0306	大桥 ⋮		

3.《07 指南》介绍工程量清单的项目编号

1)作了明确的规定：

费用类别和新建、改建以英文字母编码：建筑工程费——J,安装工程费——A,其他费——Q,新建——X,改建——G。其余编码采用每 2 位阿拉伯数字为 1 组,前 4 位分别表示章号、节号,如第一章第一节为 0101,第三章第五节为 0305,依次类推。后面各组按主从属关系编排,如图 5.1 所示清单项目编码。

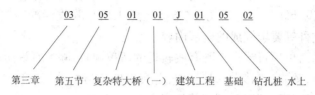

图 5.1 铁路工程量清单项目编码

2)子目划分特征

铁路工程子目划分特征是指对清单项目的不同类型、结构、材质、规格等影响综合单价的特征的描述,是设置最低一级清单项目的依据。

铁路工程量清单子目划分特征为"综合"的子目,即为编制工程量清单填写工程数量(计量单位为"元"的子目除外)的清单子目,也是投标报价和合同签订后工程实施中计量与支付的清单子目。

编制工程量清单时必须对清单的子目划分特性进行准确而完整的描述。任何不准确的描述或描述不清楚,均会引起合同实施中的分歧,导致纠纷和索赔。由此可见,清单项目特征的描述,应根据清单计价指南关于项目特征的要求,结合技术规范、标准图集、施工图纸、按照工程结构、使用材质及规格或安装位置,予以详细的描述和说明,必须将涉及正确计量计价;涉及结构要求涉及施工难易程度;涉及材质要求及材料品种规格厚度等要求的内容作为要点。

3)工程计量单位

(1)计量单位一般采用以下基本单位：

①以体积计算的项目——m^3。

②以面积计算的项目——m^2。

③以长度计算的项目——m、km。

④以质量计算的项目——t。

⑤以自然计量单位计算的项目——个、处、孔、组、座或其他可以明示的自然单位。

⑥没有具体数量的项目——无。

(2)工程数量小数点后有效位数应按以下规定取定：

①计量单位为"m^3"、"m^2"、"m"的取 2 位,第 3 位四舍五入。

②计量单位为"km"的,轨道工程取 5 位,第 6 位四舍五入;其他工程取 3 位,第 4 位四舍五入。

③计量单位为"t"的取 3 位,第 4 位四舍五入。

④计量单位为"个、处、孔、组、座或其他可以明示的自然计量单位"和"元"的取整,小数点后第 1 位四舍五入。

4)工程内容

铁路工程工程(工作)内容是指完成该清单子目可能发生的具体工程(工作)。除工程量清单计量规则列出的内容外,均包括场地平整、原地面挖台阶、原地面碾压,工程定位复测,测量、放样,工程点交、场地清理,材料(含成品、半成品、周转性材料)和各种填料的采备保管、装卸运输,小型临时设施,按照规范和施工质量验收标准的要求对建筑安装的设备、材料、构件和建筑物进行检验试验、检测,防寒、保温设施,防雨、防潮设施,照明设施,环境保护、文明施工(施工标识、防尘、防噪声、施工场地围栏等)和环境保护、水土保持、防风防沙、卫生防疫措施,已完工程及设备保护措施、竣工文件编制等内容。

《07 指南》所列工程(工作)内容仅供投标人参考,投标人再投标报价时,应按照现行国家和铁道部产品标准、设计规范和施工规范(指南)、施工质量验收标准、安全操作规程、涉及图纸、招标文件、补遗文件等要求完成的全部内容来考虑。

对于改建工程的清单项目或靠近既有线较近的清单项目,除另有说明或单列清单项目外,应包括既有线的拆除、整修、改移、加固、防护、更换构件和与相关产权单位的协调、联络、封锁线路要点施工或行车干扰降效以及运营单位配合施工等内容。

除另有说明或单列清单项目外,施工中引起的过渡费用应计入该清单项目。如修建涵洞引起的沟渠引水过渡费用计入涵洞等。

常用工程内容的表示方法统一如下:

①土方挖填。包括围堰或挡水埝填筑及拆除,挖、运、谢,弃方整理,降排水,分层填筑、洒水、翻晒、改良、压实、休整。

②石方挖填。括围堰或挡水埝填筑几拆除,爆破、挖、运、卸、解小、弃方整理,降排水,塞紧空隙、压(夯)实、选石及修石、码砌边坡、休整。

③基坑(工作坑、检查井孔)挖填。包括筑岛、围堰及拆除(第三章的桥梁工程除外),土石挖、运、弃,弃方整理,坑壁支护及需要时拆除,降排水,修坡,修底,垫层铺设,回填(包括原土回填和外运填料或圬工回填)、压实。

④桩(井)孔开挖。包括桩(井)孔土石挖、运、弃、弃方整理,孔壁支护及需要时拆除,通风,降排水,清空。

⑤沟槽(管沟、排水沟)挖填。包括筑岛、围堰及拆除,土石挖、运、弃、弃方整理,沟壁支护及需要时拆除,降排水,修坡,修底,地基一般处理(含换填,垫层铺设),回填(包括原土回填和外运填料回填)、压实、标志埋设。

⑥砌体(包括干砌和浆砌)砌筑或铺砌。包括砂浆配料、拌制,石料或砌块选修,挂线,填塞,勾缝,抹面,养护。

⑦混凝土浇筑。包括配料(含各种外加剂),拌制,浇筑,振捣,养护。

⑧钢筋及预埋件制安。包括调直、除锈、切割、钻孔、弯曲、捆束、堆放、焊接、绑扎、安放、定位、检查、校正。

⑨模板制安拆。包括制作、挂线放样、模板及配件安装,校正、紧固、涂刷脱模剂、拆除、整修、涂油、堆放。

⑩圬工砌筑。包括脚手架搭拆,砌体砌筑,模板制安拆,钢筋及预埋件制安,混凝土浇筑。

⑪(钢筋)混凝土预埋构件制安。包括脚手架搭拆,钢筋及预埋件制安,模板制安拆,混凝土浇筑,安砌(装),勾缝,抹面,养护。

⑫金属构件制安。包括放样、除锈、切割、钻孔、煨制、堆放、安装、焊接、检查、校正、防腐处理。

⑬管道铺(架)设。包括支架、支墩制安,管道、管件、阀门、计量表安装,接口处理,防腐、保温处理,管道试验。

⑭设备安装、调试。包括开箱检验、安装定位,配管、配线连接,调试,试运转(不包括有建设单位负责的联合试运转)。

⑮接地体制安:包括挖填沟、坑、接地极(体)、地网、地线等制安,加降阻剂,设标志,防腐处理。接地连接完成后进行接也电阻测试。

4.铁路工程工程量清单分章说明

1)第一章　拆迁工程

(1)本章仅指产权不属于路内的拆迁工程(含防护)。对于属路内产权建筑物的拆除或防护,按上面"(六)工程(工作)内容第 3 条"的规定执行。

(2)道路过渡工程是指为了不中断既有道路交通,确保施工、运营安全所修建的过渡工程。包括桥涵。

(3)管线路防护是指修建铁路时须对属路外产权的管线路进行的防护、加固。

(4)青苗补偿费是指在铁路用地界以外修建正式工程发生的有关补偿费用。

2)第二章　路基

(1)区间路基和站场土石方

①挖方以设计开挖断面按天然密实体积计算,含侧沟的土石方数量。填方以设计填筑断面按压实后的体积计算。

②因设计要求清除表土后或原地面压实后回填至原地面标高所需的土石方按计图示确定的数量计算,纳入路基填方数量内。

③路堤填筑按照设计图示填筑线计算土石方数量,护道土石方、需要预留的沉降数量计入填方数量。

④清除表土的数量和路堤两侧因机械施工需要超填加宽等而增加的数量,不单独计量,其费用应计入设计断面。

⑤既有线改造工程所引起的既有路基落底、抬坡的土石方数量应按相应的土石方的清单予目计量。

(2)路基附属工程

①路基土石方及加固防护

a.附属土石方及加固防护系指支挡结构以外的所有路基附属工程,包括改河、改沟、改渠、平交道口土石方等工程,盲沟、排水沟、天沟、截水沟、渗沟、急流槽等排水系统、边坡防护(含护墙)、冲刷防护、风沙路基防护、绿色防护等防护工程,与路基同步施工的电缆槽、接触网支柱基础、路基地段综合接地贯通地线、光(电)缆过路基防护,软土路基,地下洞穴,取弃土场等加固处理工程,综合接地引入地下、降噪声工程、线路两侧防护栅栏、路基护轮轨等。

b.除地下洞穴处理、取弃土(石)场处理两类工程需单独计量外,其余各类工程中的清单子目划分应视为并列关系。地下洞穴处理、取弃土(石)场处理工程,只能采用其相应类别的清单子目计量;非地下洞穴处理、取弃土(石)场处理的工程,不得采用地下洞穴处理、取弃土(石)场处理的清单子目计量。

c.对于各类工程挖基等数量,不单独计量,其费用计入相应的清单子目。

d.路基地基处理中基底所设的垫层按清单子目单独计量;挡土墙、护墙等砌体坯工的基础、墙背所设垫层不单独计量,其费用计入相应的清单子目。

e.土工合成材料处理:

ⓐ土工合成材料处理的各清单子目中,其设计要求的回折长度计量,搭接长度不计量。除

土工网垫外,其下铺设的各种垫层或其上填筑的各种覆盖层等应采用地基处理的清单子目计量。

ⓑ支挡结构(挡土墙等)中的受力土工材料(如:加筋土挡土墙中拉筋带等)在支挡结构的清单子目中计量。

f. 堆载预压中填筑的砂垫层、砂井或塑料排水板,应采用地基处理的清单子目计量。

g. 地理洞穴处理:

ⓐ地下洞穴处理仅适用于对地下洞穴进行直接处理,对于通过挖开后回填处理,应采用地基处理的清单子目计量。

ⓑ地下洞穴处理的填土方、填石方等清单子目,适用于通过地下巷道进入施工现场进行填筑的工程。

h. 拆除砌体、圬工。是指单独拆除的路基附属构筑物。

②支挡结构

a. 支挡结构包括各类挡土墙、抗滑桩等工程。

b. 锚杆挡土墙、桩板挡土墙、加筋土挡土墙、锚定板挡土墙、抗滑桩、预应力锚索、预应力锚索桩等特殊形式的支挡结构采用独立的清单子目计量;其余重力式挡土墙,扶壁式挡土墙、悬臂式挡土墙等一般形式的支挡结构及抗滑桩桩间挡墙按圬工类别划分,应采用挡土墙浆砌石、挡土墙片石混凝土、挡土墙混凝土、挡土墙钢筋混凝土四种清单子目计量。

c. 土钉墙分别按土钉、基础圬工和喷射混凝土的清单子目计量。

d. 加筋土挡土墙中填筑的土石方,应采用区间或站场土石方的清单子目计量。

e. 预应力锚索桩桩身的混凝土按抗滑桩清单子目计量,桩间挡墙的混凝土和砌体按一般形式的支挡结构的清单子目计量,预应力锚索桩板挡土墙的混凝土和砌体按桩板挡土墙清单子目计量,预应力锚索单独计量;格梁等混凝土和砌体按一般形式的支挡结构的清单子目计量;预应力锚索中的锚镦不单独计量,其费用计入预应力锚索。

f. 预应力锚索包括独立的预应力锚索和预应力锚索桩、预应力锚索桩板挡土墙中的预应力锚索。预应力锚索中的锚墩不单独计量,其费用计入预应锚索。

g. 挡土墙等的基础垫层以下的特殊地基处理按地基处理项下的清单子目单独计量。

3)第三章 桥涵

(1)特大桥——桥长 500 m 以上;大桥——桥长 100 m 以上至 500 m(含);中桥——桥长20 m 以上至 100 m(含);小桥——桥长 20 m 及以下。

(2)桥梁长度,梁式桥系指桥台挡砟前墙之间的长度计算;拱桥系指拱上侧墙与桥台侧墙间两伸缩缝外端之间的长度计算;框架式桥系指框架顺跨度方向外侧间的长度。

(3)单线、双线、多线桥应分别编列。

(4)桥梁基础有"水上"字样的清单子目是指设计采用船舶等水上专用设备方可实施施工的子目。河滩、水中筑岛施工按"陆上"施工考虑。

(5)梁的运输费计入架设清单子目中。

(6)桥面系按桥梁的设计长度计量。混凝土梁桥面系含钢-混凝土结合梁和钢管(箱)系杆拱的桥面系。

(7)刚构连续梁与桥墩的分界:桥墩顶部变坡点(0 号块底)以上属梁部,以下属桥墩。

(8)制架梁辅助设施包括枕木垛、支架、支墩、膺架,顶推导梁、平衡梁、滑道,钢桁梁架设用吊索塔架,架设拱肋的旋转架设转盘等。

(9)基础施工辅助设施包括筑岛，筑堤坝，土、石围堰，木板桩、钢板桩围堰，混凝土、钢筋混凝土围堰，双壁钢围堰、套箱围堰，围堰下水滑道，水上工作平台等。

(10)附属工程包括锥体填筑及护坡、不设置路堤与桥台过渡段的桥台后缺口填筑、桥头搭板，与工程本身有关的改河、改沟、改渠，导流设施，消能设施，挑水坝，河床加固及河岸防护，地下洞穴，取弃土(石)场处理等。不包括由于防洪需要所发生的相关工程。

(11)本章的洞穴处理，钻孔与注浆、灌砂配套使用，适用于通过钻孔进行的注浆、灌砂处理；填土、填袋装土、填石(片石)及填石(片石)混凝土等清单子目，适用于对洞穴挖开后的填筑处理；钻孔填筑子目仅适用于对钻孔通过洞穴时，需对洞穴进行的填筑处理。

(12)本章第 9 节涵洞的上下游铺砌及顺沟、顺渠、顺路(仅为非等级公路)，系指为保证涵洞两端上下游通畅，避免对环境产生不利影响而需向铁路用地界以外延伸部分的工程。与涵洞主体分列，单独计量，但不适用于其他章节的涵洞工程。

4)第四章 隧道及明洞

(1)长度 $L>4$ km 的隧道按座单独编列，长度 $L\leqslant4$ km 的隧道分别按 3 km$<L\leqslant4$ km、2 km$<L\leqslant3$ km、1 km$<L\leqslant2$ km、$L\leqslant1$ km 为单元编列。

(2)单线、双线、多线隧道分别编列。

(3)瓦斯隧道、地质复杂隧道单独编列。

(4)隧道长度，系指隧道进出口(含与隧道相连的明洞)洞门端墙墙面之间的距离，以端墙面或斜切式洞门的斜切面与设计内轨顶面的交线同线路中线的交点计算。双线隧道按下行线长度计算，位于车站上的隧道以正线长度计算；设有缓冲结构的隧道长度应从缓冲结构的起点计算。

(5)正洞

①开挖

a. 按不同围岩级别设置清单子目。

b. 出砟运输包括有轨运输和无轨运输。

②支护

a. 按不同围岩级别设置清单子目。不同围岩级别所配置的相应支护形式由设计确定。

b. 锚杆包括砂浆锚杆、中空锚杆、自钻式锚杆、水泥药卷锚杆、预应力锚杆等。

c. 衬砌：指模筑(钢筋)混凝土和砌筑部分，包括拱部、边墙、仰拱或铺底、沟槽及盖板和各种附属洞室的衬砌数量。按不同围岩级别设置清单子目。

(6)平行导坑的横通道不单独计量，其费用计入平行导坑。

(7)竖井的横通道不单独计量，其费用计入竖井。

(8)隧道洞口防护中的土钉墙分别按土钉、基础圬工和喷射混凝土的清单子目计量。

5)第五章 轨道

铺轨和铺道床应包含满足设计开通速度的全部工程(工作)内容。

6)第八章 房屋

(1)除计量规则表所列的工程内容以外，列入房屋的室内工程还包括：库内线、检查坑、落轮坑、吊车轨道等，

(2)基础与墙身的分界

①砖基础与砖墙(身)划分应以设计室内地坪为界(有地下室的按地下室室内设计地坪为界)，以下为基础，以上为墙(柱)身。

②石基础、石勒脚、石墙的划分。基础与勒脚应以设计室外地坪为界,勒脚与墙身应以设计室内地坪为界。

③基础与墙身使用不同材料,位于设计地坪±0.3 m以内时以不同材料为界,超过±0.3 m,应以设计室内地坪为界。

(3)附属工程土石方是指为达到设计要求的标高,在原地面修建房屋及附属工程而必须进行的修建场地范围的土石方填挖工程,不含已由线路、站场进行调配的土石方。修建房屋进行的平整场地(厚度±0.3 m以内)和基础及道路、围墙、绿化、圬工防护等土石方,不单独计量,其费用计入房屋基础及附属工程的有关清单子目。

(4)除与第九章有关的围墙、栅栏、道路、排水沟渠、硬化面、绿化和取弃土(石)场处理外,其余均列入房屋附属工程相应清单子目。

(5)附属房屋包括锅炉房、洗手间、休息室、活动室、垃圾转运站等。

(6)建筑面积计算

按《建筑工程建筑面积计算规范》(GB/T 50353—2005)执行。

7)第九章　其他运营生产设备及建筑物

(1)本章范围内的围墙、栅栏、道路、硬化面、绿化和取弃土(石)场处理等均列入第25节的站场附属工程有关清单子目。

(2)本章范围内的地面水(雨水、融化雪水、客车上水时的漏水、无专用洗车机洗刷机车及车辆的废水等)的排水沟渠、管道列入第25节的站场附属工程,其余地下水、生产废水、生活污水的排水沟渠、管道列入第21节的排水工程。

(3)石砟场和苗圃不单独作为清单子目计量,其内容已分解进入有关章节。如确需单独作为清单子目计量,可在招标文件中明确,并增加相应的清单子目及调整相关内容。

(4)集装箱场地地面等垫层以下地基如需加固处理,应按地基处理相应的清单子目计量。

8)第十章　大型临时设施和过渡工程

(1)铁路岔线

指通往混凝土成品预制厂、材料厂、道砟场(包括砂、石场)、轨节拼装场、长钢轨焊接基地、钢梁拼装场、制(存)梁场的岔线,机车转向用的三角线和架梁岔线,独立特大桥的吊顶走行线,以及重点桥隧等工程专设的运料岔线等。起点为接轨点道岔的基本轨接缝,终点为场(厂)内第一组道岔的基本轨接缝。

(2)铁路便线

指混凝土成品预制厂、材料厂、道砟场(包括砂、石场)、轨节拼装场、长钢轨焊接基地、钢梁拼装场、制(存)梁场等场(厂)内为施工运料所需修建的便线。

(3)汽车运输便道

①汽车运输便道按修建标准分干线、引入线两类,干线贯通全线或区间;引入线通往隧道、特大桥、大桥的混凝土品预制厂、材料厂、砂石场、钢梁拼装场、制(存)梁场、混凝土集中拌和站、填料集中拌和站、大型道砟存储场、长钢轨焊接基地、换装站等的引入线,以及机械化施工的重点土石方工点的运输便道。

②根据运量可设计为单车道或双车道。

③改(扩)建便道是指对既有道路进行加固、加宽、路面整修。

(4)运梁便道

指专为运架大型混凝土成品梁而修建的运输便道

（5）过渡工程

指由于工程施工,需要确保既有线(或车站)运营工作的安全和不间断地进行,同时为了加快建设进度,尽可能地减少运输与施工之间的相互干扰和影响,从而对部分既有工程设施必须采取的施工过渡措施。

9）第十一章　其他费

（1）配合辅助工程是指由铁路基本建设投资支付修建,建成后产权不属于铁路部门所有者。

①立交桥(涵)两端的引道是由于等级公路从铁路下方下挖通过所引起的工程。不包括桥(涵)内的道路及相关内容,桥(涵)两端的非等级公路引道不单独计量,其费用计入桥(涵)身及附属。

②立交桥综合排水工程是由于公路从铁路下方下挖通过,为及时排除积水而修建的工程。包括排水设施、排水设备、房屋等全部内容。

（2）工程保险费是指为减少工程项目的意外损失风险,就所约定的范围进行工程投保所需支付的费用。包括工程一切险和第三者责任险。工程保险费按招标文件约定的投保范围及相关费率计算。

（3）安全生产费是指为加强铁路建设工程安全生产管理,建立安全生产投入长效机制,创建安全作业环境,改善施工作业条件,减少施工伤亡事故发生,切实保障铁路工程安全生产所需的费用。

5. 暂列金额

指在签订协议书时尚未确定或不可预见的金额。内容包括:

（1）变更设计增加的费用(含由于变更设计所引起的废弃工程)。

（2）工程保险投保范围以外的工程由于自然灾害或意外事故造成的物质损失及由此产生的有关费用。

（3）由于发包人的原因致使停工、工效降低造成承包人的损失而增加的费用。

（4）由于调整工期造成承包人采取相应措施而需增加的费用。

（5）由于政策性调整而需增加的费用。

（6）以计日工方式支付的费用。

（7）合同约定在工程实施过程中需增加的其他费用。

暂列金额的费率或额度由招标人在招标文件中明确。

6. 计日工

指完成招标人提出的,工程量暂估的零星工作所需的费用。计日工表应由招标人根据拟建工程的具体情况,详细估列出人工、材料、施工机械的名称、规格型号、计量单位和相应数量,并随工程量清单发至投标人。

7. 激励约束考核费

指为确保铁路工程建设质量、建设安全、建设工期和投资控制,建立激励约束考核机制,根据有关规定计列的激励考核费用。

8. 甲供材料费

指用于支付购买甲供材料的费用。

9. 设备费

指构成固定资产标准的和虽低于固定资产标准,但属于设计明确列入设备清单的一切需要安装与不需要安装的生产、动力、弱电、起重、运输等设备(包括备品备件)的购置费。设备费由设备原价和设备自生产厂家或来源地运至安装地点所发生的运输费、装卸费、手续费、采购及保管费等组成。

设备分为甲供设备、甲控设备和自购设备三类。甲供设备是指在工程招标文件和合同中约定,由铁路总公司或建设单位招标采购供应的设备,甲控设备是指在工程招标文件和合同中约定,在建设单位监督下工程承包单位采购的设备;自购设备是指在工程招标文件和合同中约定,由工程承包单位自行采购的设备。

典型工作任务 2　工程量清单计量概述

5.2.1　工作任务

了解工程量清单的概念,计量依据与程序和清单计量的统一规定,熟悉铁路工程的工程量清单的计量规则。

5.2.2　相关配套知识

1. 工程计量的含义

工程计量即工程量的计算,是指就工程某些特定内容进行的计算度量工作;工程造价的计量是指为计算工程造价就工程数量或计价基础数量进行的度量统计工作;是确定工程造价的基础。

2. 工程计量的重要性

1)工程计量是项目工程款项支付的前提,是控制项目投资费用支出的关键环节

工程计量是指根据设计文件及承包合同中关于工程量计量的规定,项目监理机构对承包商申报的已完成工程的工程量进行的核验。合同条件中明确规定工程量表中开列的工程量是该工程的估算工程量,不能作为承包商应予完成的实际和确切的工程量。因为工程量表中的工程量是在编制招标文件时,在图纸和规范的基础上估算的工程量,不能作为结算工程价款的依据,而必须通过项目监理机构对已完成的工程进行计量。经过项目监理机构计量所确定的数量才是向承包商支付任何款项的凭证。

2)工程计量是约束承包商履行合同义务的手段

计量不仅是控制投资费用支出的关键环节,同时也是约束承包商履行合同义务、强化承包商合同意识的手段。FIDIC合同条件规定,业主对承包商的付款,是以工程师批准的付款证书为凭据的,工程师对计量支付有充分的批准权和否决权。对于不合格的工作和工程,工程师可以拒绝计量。因此,在施工过程中,项目管理机构可以通过计量支付手段,控制工程按合同约定进行。

3)工程师通过计量可以及时掌握承包商工作的进展情况

工程师通过按时计量,可以及时掌握承包商工作的进展情况和工程进度。当工程师发现工程进度严重偏离计划目标时,可要求承包商及时分析原因、采取措施、加快进度。

3. 工程量计算的依据

工程量是编制投资估算、初步设计概算、技术设计休正概算、施工图预算、施工预算、标底、投标报价以及进行施工期中的计算和竣工决算的基本依据。能否正确计算或计量工程量,直

接关系到编制概、预算等造价文件的正确性和编制结果的准确性。因此,在概预算等造价文件的编制中,要能正确计算工程量。

工程量的计算或计量要按照规定的计算方法或规则进行。不同的行业、不同的造价编制阶段对工程量的计算或计量,在计算方法或规则上是不相同的。

工程量计算与计量的依据,概括起来主要有 4 个方面的依据:

(1)编制的造价文件种类及适用的定额。编制不同阶段的铁路工程造价文件,要采用不同的定额标准。例如:编制"投资估算",要采用《铁路工程估算指标》;编制"设计概算"及"施工图预算",要采用《铁路工程预算定额》等。不同阶段的铁路工程造价文件编制中,对工程量的计算或计量的要求不同,单位工程量所包含的工作(工程)内容不同,工程量的计算规则、方法也有差异。因此,工程量的计算会计量要以编制的造价文件种类及适用的定额为依据。

(2)经审定的设计文件。工程建设的不同阶段要对应编制相应的造价文件。其工程量计算规则或计算方法中的基本尺寸、数据主要来自于经审定的设计图、表及其设计说明。因此,经审定的设计图是工程量计算或计量的依据之一。

(3)经审定的施工组织设计或施工技术措施方案。作为设计文件组成部分的施工组织设计、施工技术措施方案,是编制工程概预算等造价文件的主要依据之一,也是工程量计算或计量的依据之一。

(4)经审定的其他有关技术经济文件及经济调查资料。其他有关技术经济文件是指国家或行业主管部门发布的现行与概预算编制有关的法规、规范、规程等技术经济文件;经济调查资料是指在勘察设计和造价文件编制期间所进行的技术经济调查二搜集的技术经济方面的资料。技术经济文件及经济调查资料也是工程量计算会计量的依据之一。

4. 工程计量的程序

1)施工合同(标准文本)约定的程序

(1)单价子目的计量程序,如图 5.2 所示。

承包人提出计量申请　→　工程师现场计量　→　确认计量结果　→　业主支付

图 5.2　单价子目计量程序

说明:

①已标价工程量清单中的单价子目工程量为估算工程量。结算工程量是承包人实际完成的,并按合同约定的计量方法进行计量的工程量。合同约定的计量方法主要指合同约定的计量周期、专用合同条款、工程量清单等中确定的方法。

计量周期:已完工程量一般按月计量和支付,若有特殊要求,可在专用条款中约定。如:铁路合同专用条款约定,工程进度款采用月预付、季度结算、竣工清算的方式。

计量周期的起止日期可根据项目的有关财务拨付和计划统计的要求由当事人协商确定。

②承包人对已完成的工程进行计量,向监理人提交进度付款申请单、已完成工程量报表和有关计量资料。

③监理人对承包人提交的工程量报表进行复核,以确定实际完成的工程量。对数量有异议的,可要求承包人按第8.2款(第8.2款:施工测量。规定实践中,对体形建筑物或断面较为规整的测量体,由承包人测量监理人复测;对于数量较大、断面不规整的施工作业体,由监理人

和承包人共同进行联合测量、计量。承包人有配合监理人复测的义务和责任。)约定进行共同复核和抽样复测。承包人应协助监理人进行复核并按监理人要求提供补充计量资料。承包人未按监理人要求参加复核,监理人复核或修正的工程量视为承包人实际完成的工程量。

④监理人认为有必要时,可通知承包人共同进行联合测量、计量,承包人应遵照执行。

⑤承包人完成工程量清单中每个子目的工程量后,监理人应要求承包人派人员共同对每个子目的历次计量报表进行汇总,以核实最终结算工程量。监理人可要求承包人提供补充计量资料,以确定最后一次进度付款的准确工程量。承包人未按监理人要求派人员参加的,监理人最终核实的工程量视为承包人完成该子目的准确工程量。

⑥监理人应在收到承包人提交的工程量报表后的 7 天内进行复核,监理人未在约定时间内复核的,承包人提交的工程量报表中的工程量视为承包人实际完成的工程量,据此计算工程价款。

工程量报表:工程量报表有数字汇总、校核功能,对与各种体型建筑物的设计计算总量和总的结算量不一致时,需要检查和复核应该进行计量的准确工程量,以确定该子目最终付款的准确工程量。

2)总价子目的计量程序如图 5.3 所示。

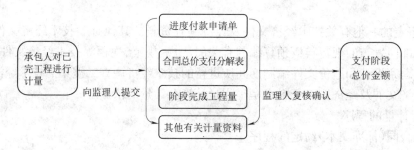

图 5.3　总价子目计量程序

说明:

(1)总价子目的计量和支付应以总价为基础,不因第 16.1 款中的因素而进行调整。承包人实际完成的工程量,是进行工程目标管理和控制进度支付的依据。(第 16.1 款　物价波动引起的调整)

(2)承包人在合同约定的每个计量周期内,对已完成的工程进行计量,并向监理人提交进度付款申请单、专用合同条款约定的合同总价支付分解表所表示的阶段性或分项计量的支持性资料,以及所达到工程形象目标或分阶段需完成的工程量和有关计量资料。

合同总价支付分解表:为了包含和适应更广泛的工程量计量,或使进度付款不局限月进度付款,将总价子目的计量约定按批准的支付分解报告确定,即承包人应按合同约定进行支付分解,并向监理人提交总价承包子目支付分解表。

(3)监理人对承包人提交的上述资料进行复核,以确定分阶段实际完成的工程量和工程形象目标。对其有异议的,可要求承包人按第8.2款约定进行共同复核和抽样复测。

工程形象目标:总价子目的计量和支付,以达到各阶段的形象面貌的目标为基础,经监理人检查核实其形象面貌所需完成的相应工程量,已达到支付分解表的要求后,即可支付经批准的每阶段总价支付金额

(4)除按照第15条约定的变更外,总价子目的工程量是承包人用于结算的最终工程量。

3)建设工程监理规范规定的程序(图 5.4)

图 5.4 建设工程监理规范规定的计量程序

(1)承包单位统计工程量,填报工程量清单和工程款支付申请表。

(2)专业监理工程师进行现场计量,按施工合同的约定审核工程量清单和工程款支付申请表,并报总监理工程师审定。

(3)总监理工程师签署工程款支付证书,并报建设单位。

5. 工程量计量的统一规定

(1)所采用的测量方法,是计算工程量清单的统一依据,也适合于该工程的竣工测量。

(2)工程量清单不仅包括合同规定的所有必须完成的工作项目,还包括该项目工作所必须的一切有关费用(人工、材料、机械、附属工程、管理费、利润、税收等)。计量和支付是紧密结合在一起的。

(3)对所采用的测量方法,如用于特殊地段、特殊部位的工程项目时,应根据具体情况制定补充规定。

(4)工程量清单的项目,均需逐项进行较详细的说明。这些说明应以设计文件和图纸为依据,并与合同文件中的施工技术规范相呼应。

(5)计算的工程量,不论采用什么方法,其计算结果都应该是净尺寸工程量。计算结果中不包括施工中必然发生的允许的"合理超量",超量价值应包括在净量单价内。

(6)以长和宽计量的项目,应注明其断面尺寸、形状大小、周长和周长范围及其他适应的说明。管道工程应注明其内径或外径尺寸。

(7)以面积计量的项目,应注明厚度或其他的说明。

(8)以质量计量的项目,应注明材料的规格或其他适应的说明。

(9)对于专利产品,应尽量适合制造厂价目表或习惯的计量方法,可不受本原则的限制。

(10)工程量清单中的项目说明,要以其他文件或图纸为依据,在这种情况下,应理解为该资料是符合本计算原则的。

6. 铁路工程的计量规则

1)共性计量规则

(1)岩土施工工程分级(表 5.2)

表 5.2 岩土施工工程分级

等级	分类	岩土名称及特征	钻 1 m 所需时间			岩石单轴和抗压强度(MPa)	开挖方法
			液压凿岩台车、潜孔钻机(净钻分钟)	手持风枪湿式凿岩合金钻头(净钻分钟)	双人打眼(工天)		
I	松土	砂类土,种植土,未经压实的填土					用铁锹挖,脚蹬一下到底的松散土层,机械能全部直接铲挖,普通装载机可满载

续上表

等级	分类	岩土名称及特征	钻1 m所需时间			岩石单轴和抗压强度(MPa)	开挖方法
			液压凿岩台车、潜孔钻机(净钻分钟)	手持风枪湿式凿岩合金钻头(净钻分钟)	双人打眼(工天)		
Ⅱ	普通土	坚硬的,可塑的粉质黏土,可塑的黏土,膨胀土,粉土,Q3、Q4黄土,稍密、中密的细角砾土,松散的粗角砾土、碎石土、粗圆砾土、卵石土,压密的填土,风积沙					部分用镐刨松,再用锹挖,脚连蹬数次才能挖动。挖掘机、带齿尖口装载机可满载、普通装载机可直接铲挖,但不能满载
Ⅲ	硬土	坚硬的黏性土、膨胀土、Q1、Q2黄土,稍密、中密粗角砾土、碎石土、粗圆砾土、卵石土,密实的细圆砾土、细角砾土,各种风化成土状的岩石					必须用镐先全部刨过才能用锹挖。挖掘机、带齿尖口装载机不能满载;大部分采用松土器松动方能铲挖装载
Ⅳ	软石	块石土、漂石土,含块石、漂石30%~50%的土及密实的碎石土、粗角砾土、卵石土、粗圆砾土;岩盐,各类较软岩、软岩及成岩作用差的岩石:泥质岩类、煤、凝灰岩、云母片岩、千枚岩	<7	<0.2		<30	部分用撬棍及大锤开挖或挖掘机、单钩裂土器松动,部分需借助液压冲击镐解碎或部分采用爆破法开挖
Ⅴ	次坚石	各种硬质岩:硅质岩、页岩、钙质岩、白云岩、石灰岩、泥灰岩、玄载岩、片岩、片麻岩、正长岩、花岗岩	≤10	7~20	0.2~1.0	30~60	能用液压冲击镐解碎,大部分需用爆破法开挖
Ⅵ	坚石	各种极硬岩:硅质砾岩、石灰岩、石英岩、大理岩、玄载岩、闪长岩、花岗岩、角岩	>10	>20	>1.0	>60	可用液压冲击镐解碎,需用爆破法开挖

注:1. 软土(软黏性土、淤泥质土、淤泥、泥灰质土、泥灰)施工工程分级,一般可定为Ⅱ级,多年冻土一般可定为Ⅳ。

2. 表中所列岩石均按完整结构岩体考虑,若岩体极破碎、节理很发育或强风化时,其等级应按表对应岩石的等级降低一个等级。

(2)土石方数量以体积计算时,开挖与运输数量以天然密实体积计算,填筑数量以压(夯)实后体积计算。土石方体积如需换算时,除另有规定外,可按表5.3换算。

表5.3 土石方体积换算系数

岩土类型	天然密实体积	压(夯)实后体积	松散体积
松土	1.11	1.00	1.39
普通土	1.05	1.00	1.42
硬土	1.00	1.00	1.45
软石	0.90	1.00	1.35
次坚石、坚石	0.84	1.00	1.34

（3）平整场地指厚度在 ±0.3 m 及以内的原地面挖填及找平、压实等。挖填土方厚度超过 ±0.3 m 时，按土石方挖填数量计算。

（4）平整场地数量按设计平整场地面积计算

（5）沟槽、基坑开挖、回填

①沟槽、基坑开挖数量以天然密实体积计算，填筑数量以压实体积计算。

②当在天然土层上挖沟槽、基坑，深度在 5 m 以内，施工期较短，坑底在地下水位以上，土的湿度接近最佳含水量、土层构造均匀时，计算挖沟槽、基坑工程量需放坡时，放坡坡度见表 5.4。

表 5.4　放坡坡度

沿途分类	坑壁坡度		
	坡顶缘无载重	坡顶缘有载重	坡顶缘有动载
沙类土	1∶1	1∶1.25	1∶1.5
碎石类土	1∶0.75	1∶1	1∶1.25
黏性土、粉土	1∶0.33	1∶0.5	1∶0.75
老黄土	1∶0.10	1∶0.25	1∶0.33
极软土、软岩	1∶0.25	1∶0.33	1∶0.67
较软岩	1∶0	1∶0.1	1∶0.25
极硬岩、硬岩	1∶0	1∶0	1∶0

注：1. 挖沟槽、基坑通过不同土层时，边坡可分层选定，并酌留平台。

　　2. 在既有建筑旁开挖时，应符合设计文件的规定。

　　3. 计算放坡时，在交界处的重复工程量不予扣除，原槽、地广人稀基础垫层时，放坡自垫层上表面开始计算。

③沟槽、基坑深度大于 5 m 时，应将坑壁坡度适当放缓或加设平台。每开挖 2 m 加设平台，平台宽度 0.8 m 计算。

④当土的湿度可能引起坑壁坍塌时，坑壁坡度缓于该湿度下土的天然坡度。

⑤基础施工所需工作面宽度。

a. 桥涵基础施工所需工作面，无水土质基坑底面，按基础设计平面尺寸每边放宽 0.5 m 计算。有水基坑底面，应满足四周排水沟与汇水井的设置需要，按每边放宽 0.8 m 计算。

b. 除另有规定外，其他构筑物基础所需工作面宽度见表 5.5。

表 5.5　基础施工所需工作面宽度

基础材料	每边各增加工作面宽度（m）
砖基础	0.20
浆砌石基础	0.15
混凝土垫层、基础支模版	0.3
基础垂直面做防水	0.8（防水层面）

⑥挖管道沟槽、沟底宽度设计有规定的按设计规定尺寸计算，设计无规定的可按管道外径加 0.6 m 计算。计算管道沟土石方开挖数量时，除另有规定外，各种井类及管道接口等处需加宽增加的土石方量按沟槽全部土石方开挖体积的 2.5% 计算。

⑦挖沟槽、基坑需支挡土板时，其宽度按设计图示沟槽、基坑宽度，单面加 0.1 m，双面加

0.2 m计算。除另有规定外,挡土板面积按槽、坑垂直支撑面积计算,支挡土板后不得再计算放坡。

⑧沟槽、基坑开挖的工程量,放坡开挖的按规定的放坡系数及预留台阶后的沟槽、基坑设计容积计算。支护开挖的的按支护外围面积乘沟槽、基坑深度计算。除另有规定外,沟槽、基坑深度是指设计图示沟槽、基坑中心地面或开挖面标高至沟槽、基坑底面标高的深度。

⑨沟槽、基坑回填的工程量按设计开挖体积扣除回填面标高以下构筑物(含基础及垫层等)所占的体积计算;管道沟槽回填的工程量,管径 500 mm 以上的,按开挖体积扣除管道所占体积计算;管径 500 mm 及以下的,不扣除管道所占的体积。借方回填的数量应通过换算系数计算。

(6)余土或取土工程量,可按下式计算

$$余土外运体积＝挖土总体积－回填土总体积$$

式中计算结果为正值时为余土外运体积,负值时为取土体积。

(7)土(石)方运距,挖方区重心至填方或堆方区重心之间的最短距离计算。

(8)汽车运输,运距按 1 km 进级,不足 1 km 者按 1 km 计;轻轨斗(平)车、铲运机运输,运距按 100 m 进级,不足 100 m 者按 100 m 计;翻斗车运输,运距按 200 m 进级,不足 200 m 者按 200 m 计;其余运输方式按 10 m 进级,不足 10 m 者按 10 m 计。

(9)砌体体积按设计图示尺寸以实体体积计算,除另有规定外,不扣除预留孔洞,预埋件的体积。勾缝、抹面按设计砌体表面勾缝、抹面的面积计算。

(10)混凝土的体积,按混凝土设计尺寸以实体体积计算,除另有规定外,不扣除预留孔洞、预埋件的体积。勾缝抹面按设计砌体表面勾缝、抹面的面积计算。

(11)非预应力钢筋的重量按钢筋设计长度(应含架立钢筋、定位钢筋和搭接钢筋)乘理论单位重量计算。不得将焊接料、绑扎料、接头套筒、垫块等材料计入工程数量。

(12)预应力钢筋(钢丝、钢绞线)的重量按设计图示结构物内的长度或两端锚具之间的预应力筋长度乘理论单位重量计算,不得将张拉等施工所需的预留长度部分和锚具、管道、锚板及联结钢板、封锚、捆扎、焊接材料等计入工程数量。

(13)钢结构的重量按设计图示尺寸计算,不计入焊接材料,下脚料、缠包料和垫衬物、涂装料等重量。

(14)复合地基处理桩(包括石灰桩、碎石桩、搅拌桩、旋喷桩、砂桩、CFG 桩等),其桩身体积设计桩长×设计桩截面积计算,其桩长按设计桩顶至桩底的长度计算。

(15)钢筋混凝土管桩的数量按设计图示桩顶至桩底的长度计算。

(16)各类桩基如需试装,按设计文件要求计入工程数量。

(17)桩帽(板)混凝土按设计体积计算,桩帽(板)钢筋按设计重量计算。

(18)工程量以面积计算时,除另有规定外,其面积按设计图示尺寸计算,不扣除各类井和 1 m² 及以下的构筑物所占的面积。

(19)工程量以长度计算时,除另有规定外,按设计图示中心线的长度计算,不扣除接头、检查井等所占的长度。

(20)各种光缆、电缆、导线敷设(架设)的工程量,按设计长度计算,并将附加长度计入工程量。附加长度包括垂度、驰度、预留长度等。

(21)除另有规定外,工地设厂预制的小型构件,其运输机操作损耗,素混凝土构件按2‰,钢筋混凝土构件按1‰计算,计入工程数量。

（22）除另有规定外，数量的计算执行所对应的新建子目工程量计算规则。

2）路基工程工程量计算

（1）土石方工程

①当以填方压实体积为工程量，采用以天然密实方为计量单位的定额时，所采用的定额应乘以表 5.6 的系数。

表 5.6　系　　数

铁路等级 \ 岩土类别		土　方			石　方
		松土	普通土	硬土	
设计速度 200 km/h 及以上铁路	区间	1.258	1.156	1.115	0.941
	站场	1.230	1.130	1.090	0.920
设计速度 200 km/h 及以下 I 铁路	区间	1.225	1.133	1.092	0.921
	站场	1.198	1.108	1.068	0.900
II 以下铁路	区间	1.125	1.064	1.023	0.859
	站场	1.100	1.040	1.000	0.840

注：1. 上表系数已包括路堤两侧为保证压实度要求面需超填的土石方数量，即路堤两侧超填帮宽的土石方数量在计算路基工程数量时不予考虑。

2. 采用表列系数后，不得再计边坡压实的费用。

3. 当采用借土（石）填方时，借方的开挖、运输在套用定额时均应乘以换算系数，但当移挖作填时，利用的挖方和弃方应通过换算确定。

②路堑开挖按照设计开挖线计算土石方数量。

③光面（预裂）爆破数量按设计边坡面积计算。

④路堤填筑按照设计填筑线计算土石方数量，护道土石方，需要预留的沉降数量计入填方数量。

⑤清除表土及原地面压实后回填至原地面标高所需的土、石方数量按设计确定的数量计算，并纳入到路基填方数量内。清除表土厚度及原地面压实沉落量应根据具体情况由设计确定

（2）路基防护及加固工程

①全坡面护坡、护墙其挖基数量仅计算原地面（或路基面）线以下部分；骨架护坡挖基另计在坡面开挖沟槽的数量。

②砂浆锚杆按设计锚杆长度计算。

③喷射混凝土按喷射面积乘设计厚度以混凝土体积计算。

④沙漠路基防护

a. 铺卵石按设计铺设面积计算。

b. 栽草方格按设计外围面积计算。

c. 树条沙障、刺铁丝网按设计长度计算。

d. 铺黏土按设计实体体积计算。

⑤地基处理

a. 插塑料排水板按设计长度计算。

b. 钻孔按不同地层的设计钻孔长度计算。压浆按设计压浆体积计算。

c. 强夯加固地基分夯击能及夯击遍数按设计夯击面积计算。

d. 地基垫层按设计压实后的体积计算。

⑥铺设土木材料

a. 铺设土木织物、土要膜、土木格室、土木格栅等按设计图示铺设面积计算，工艺要求的搭接和回折部分不另计，但特殊设计需要回折的，回折部分另行计算并纳入工程数量中。

b. 路基边坡斜铺土木网垫按照设计铺设面积，定额中已经包括了撒播草籽。

c. 透水软管按设计软管敷设长度计算。

⑦填筑砂石等按设计填筑体积计算。

⑧铺设排水管道按设计管道长度计算。

（3）路基技挡结构工程

①锚杆挡土墙

a. 锚杆、锚索制安按所需主材（钢筋或钢绞线）重量计算，附件重量不得计入。其计算长度是设计有效长度，按规定应留的外露部分及加工过程中的损耗，均已计入定额。

b. 钻孔及压浆应区分土石质按设计钻孔长度计算。

c. 锚墩、承压板制安按设计数量以"个"计算。

②加筋土挡墙

a. 编织带拉筋按设计拉筋长度计算。

b. 钢塑复合带拉筋带按重量计算。

③挡土墙栏杆按设计长度以延长米计算。

④防水层、伸缩缝按设计敷设面积计算。

⑤抗滑桩孔深是指设计开挖面中心标高至桩底标高的长度，开挖工程量按护壁外缘包围的断面积乘以设计孔深计算。

⑥桩身混凝土数量按桩顶至桩底的长度乘以设计桩断面积计算，不包括护壁混凝土的数量，护壁混凝土按设计实体另计。

（4）其他

①路堤填筑压实应区分铁路等级或设计速度按设计压实后体积计算。

②过渡段填筑压实应分路桥、路涵、路堤与硬质岩路堑过渡段，按设计压实后体积计算。

③级配碎石拌制按设计压实后体积计算。

④沉降板、位移桩按设计观测断面数量以"个"计算。

⑤洒水按设计要求以洒水重量计算。

⑥在斜坡上挖台阶按设计水平投影面积计算。

⑦路拱、路面、底面、边坡修整按设计修整面积计算。

⑧割草、挖竹根按设计外围面积计算。

⑨挖树根按树的数量以"棵"计算。

⑩喷播植草、喷混植生、栽植露地花卉、花坛内应季花草、铺草皮、撒草籽、铺设植生袋和花卉、草皮养管按设计外围面积计算。

⑪栽植香根草按设计数量以"株"计算。

⑫穴制空器苗按设计数量以"穴"计算。

⑬灌木、乔木栽植、养护按设计数量以"株"计算。

⑭绿篱栽植及养护分单双排按设计栽植长度计算。

⑮栽植攀援植物设计数量以"株"计算。

⑯换填种植土按设计体积计算。

3)桥涵工程

(1)桥梁长度

梁式桥按桥台(挡砟)前墙之间的长度计算;拱桥按拱上侧墙与桥台侧墙间两伸缩缝外端之间的长度计算;框架式桥顺跨度方向外侧间的长度。涵洞长度系指设计图示进出口帽石外边缘之间中心线长度。

(2)第一章下部工程

①第一节挖基及抽水

a. 挡土板支护工程量按所支挡的基坑开挖数量计算

b. 基坑深度一般按坑的原地面中心标高、路堑地段按路基成型断面路肩设计标高至坑底的标高计算。

c. 井点降水使用费的计算,以 50 根井点管为一套,不足 50 根的一套计。使用天数按施工组织设计确定的日历天数计算,24 h 为一天。

d. 无砂混凝土管井应区分不同径按设计管井长度计算。与无砂混凝土管井配套的水泵台班数量,按施工组织设计确定的日历天数计算,24 h 为一天,每天每台水泵计 3 个台班。不足 8 h 的,按 1 个台班计算。

e. 基坑抽水应区分不同出水量,按地下水位以下的湿处开挖数量计算。已含开挖、基础浇(砌)筑及至混凝土终凝期间的抽水。

f. 抽静水定额仅使用于排除水塘、水坑等的积水。工程量按设计抽水量计算。

②第二节围堰及筑岛

a. 土坝、土袋围堰

ⓐ围堰堰顶宽度按 2.0 m 计算,长度按围堰中心长度高度按设计施工水位加 0.5 m～1.0 m 计算。

ⓑ围堰填筑坡度,土坝围堰按外侧 1∶2、内侧 1∶1 计算,土袋围堰按外侧 1∶1、内侧 1∶0.5 计算。

ⓒ堰底内侧坡脚距基坑顶缘距离按 1 m 计算。

ⓓ围堰内填心数量,按设计填筑数量计算。

b. 打拔钢板桩按设计钢板桩重量计算。

c. 钢围堰制作、拼装按设计的围堰重量计算,不包括工作平台的重量。

d. 拼装船组拼拆除按设计使用次数计算。

e. 下沉设备制按拆除按设计使用墩数计算。

f. 钢围堰浮运设计确定所需的浮运重量计算。

g. 双壁钢围堰在水中下沉的工程量按围堰外缘所包围的断面积乘以施工设计水位至原河床面中心标高的高度计算。

h. 双壁钢围堰在覆盖层下沉的工程量按围堰外缘包围的断面积乘以河床面中心标高至围堰刃脚基底中心标高的高度计算。

i. 钢围堰拆除的工程量按施工组织设计确定的拆除数量计算。

j. 双壁钢围堰基底清理的工程量按围堰刃脚外缘所包围的断面积计算。

k. 钢围堰内抽水按设计所需抽水量计算。

l. 浮箱组拼拆除按设计所需的只数计算。

③第三节定位船，导向船及锚碇设备

a. 定位船舱面设备按施工组织设计的所需数量以"艘"计算。

b. 导向船舱面设备按施工组织设计所需墩量计算。

c. 联接梁施工组织设计使用重量计算。

d. 锚碇按施工组织设计确定的锚的数量计算。

④第四节钻孔桩及挖孔桩

a. 钻孔地层分类（表 5.7）

表 5.7　钻孔地层分类

地层分类	代表性岩土
土	黏土、粉质黏土、粉土、粉砂、细砂、中砂、黄土，包括土状风化岩层。残积土，有机土（淤泥、泥炭、耕土），含硬杂质（建筑垃圾等）在 25% 以下的人工填土
砂砾石	粗砂、砂砾、轻微胶结的砂土，石膏、褐煤、软烟煤、软白垩、礓石及粒状风化岩层，细圆角砾土，粒径 40 mm 以下的粗圆角砾土，含硬杂质（建筑垃圾等）在 25% 以上的人工填土
软石	岩石单轴饱和抗压强度小于 30 MPa 的各类软质岩。如泥质页岩，砂质页岩，油页岩，灰质页岩，钙质页岩，泥质胶结的砂岩和砾岩，砂页岩互层，泥质板岩，滑石绿泥石片岩，云母片岩，凝灰岩、泥灰岩、泥灰质白云岩，钻孔遇洞率 30% 及以下或蜂窝状或溶洞内充填物较多的岩溶化石灰石及大理岩，盐岩，结晶石膏，断层泥，无烟煤，硬烟煤，火山凝灰岩，强风化的岩浆岩及花岗片麻岩，冻土、冻结砂层，金属矿渣，粒径 40～100 mm 含量大于 50% 的粗圆（角）砾土、卵（碎）石土
卵石	粒径 100～200 mm 含量大于 50% 的卵（碎）石土
次坚石	岩石单轴饱和抗压强度 30～60 MPa 的各类硬岩。如长石砾岩，钙质胶结的长石石英砂岩，钙质胶结的砂岩或砾岩，灰岩及轻微硅化灰岩，钻孔遇率 30%～60% 的岩溶化石灰岩，熔结凝灰岩，大理岩，白云岩，橄榄岩，蛇纹岩，板岩，千枚岩，片岩，凝灰质砂岩，集块岩，弱风化的岩浆岩及花岗片麻岩，冻结粗圆（角）砾土，混凝土构件，砌块，粒径 200～800 mm 含量大于 50% 的漂（块）石土
坚石	岩石单轴饱和抗压强度大于 60 MPa 的各类板硬岩。如花岗岩，闪长岩，花岗闪长岩，正长岩，辉长岩，花岗片麻岩，粗面岩，石英粗面岩，安山岩，辉绿岩，玄武岩，伟晶岩，辉石岩，硅化板岩，千枚岩，流纹岩，角闪岩，碧玉岩，刚玉岩，碧玉质硅化板岩，角页岩，石英岩，燧石岩，硅质页岩，硅质胶结的砂岩或砾岩，硅化或角页化的凝灰岩，钻孔遇洞率 60% 以上的岩溶化石灰岩，粒径大于 800 mm 含量大于 50% 含量的漂（块）石土，钙质或硅质胶结的卵石土

b. 钻孔桩孔深是指护筒顶标高至桩底设计标高的深度。钻孔数量按不同地层的钻孔长度计算。陆地上以地面标高、筑岛施工以筑岛平面标高、路堑地段以路基设计成形断面路肩标高至桩底设计标高长度计算。

c. 钻孔桩桩身混凝土工程量按设计桩长（桩顶至桩底的长度）加 1 m 乘以设计桩径断面积计算，不得将扩孔因素计入工程量。

d. 水中钻孔工作平台的工程量，一般钻孔工作平台按承台面尺寸每边各加 2.5 m 计算面积钢围堰钻孔工作平台按围堰外缘尺寸每边加 1 m 计算面积。

e. 钢炉筒和钢导向护筒的工程量按设计重量计算，包括加劲肋及连接部件的重量，不包括固定架的重量。当设计确定有困难时，可参考下表计算。当设计桩径介于表列桩径之间时，采用内插法计算。不同桩径钢护筒参考重量见表 5.8。

表 5.8　不同桩径钢护筒参考重量

桩径		0.6	0.8	1.0	1.2	1.25	1.5	2.0	2.5	3.0
钢护筒 重量(kg/m)	陆上	83.28	103.99	187.37	218.45	226.22	309.42	457.4	701.74	831.22
	水上	—	—	—	—	—	353.82	572.27	842.72	998.08

g. 钻孔用泥浆和钻渣外运工程量按钻孔体积计算,计算公式为:

$$V=0.25\pi d^2 H(\text{m}^3)$$

h. 声测管数量按设计所需钢管重量计算。

i. 挖孔桩孔深是指设计开挖面中心标高至桩底标高的深度,开挖工程量按护壁按护壁外缘包围的断面积乘以设计孔深计算。

j. 挖孔桩桩身混凝土工程量按承台底至桩底的长度乘以设计桩径断面积计算,不包括护壁混凝土数量,护壁混凝土按设计实体体积计算,护壁按设计孔壁面积计算。

k. 挖孔抽水按设计地下水位以下的开挖体积计算。

⑤第五节钢筋混凝土方桩与管桩

a. 钢筋混凝土方桩预测与沉入的工程量按承台底至桩尖的长度乘以桩断面积计算。桩靴按设计质量计算。方桩接头按设计接头个数计算。

b. 钢筋(预应力)混凝土管桩的工程量按承台底至桩尖的长度计算。

c. 钢管桩制作的工程量按设计质量计算。

d. 钢管桩沉入的工程量按承台底至桩尖的长度计算。

e. 船上打桩工作平台按施工组织设计确定的打桩船数量计算。

⑥第六节管柱

a. 管柱下沉定额中未含管柱的数量。预测管柱的工程量按承台底至桩底的长度计算,钢桩靴按设计质量计算。

b. 管柱下沉的工程量按设计的入土深度计算。

c. 管柱及钻孔内清孔洗壁按设计管柱根数计算。

⑦第七节沉井

a. 沉井支撑垫木铺拆按沉井刃脚周长计算。

b. 沉井土模制作按设计的土模实体体积计算。

c. 沉井陆上下沉的工程量按沉井外缘所包围的断面积乘以原地面或筑岛平面中心标高至沉井刃脚基底中心标高的高度计算。

d. 浮运钢沉井在水中下沉的工程量按钢沉井外缘所包围的断面积乘以设计施工水位至原河床面中心标高的深度计算。

e. 浮运钢沉井在覆盖层下沉的工程量按钢沉井外缘所包围的断面积乘以河床面至沉井刃脚基底中心标高的高度计算。

f. 沉井内壁管路制安拆工程量按沉井混凝土实体体积计算。

g. 沉井外管路制安拆。

ⓐ泥浆、风水干管路按设计管道长度计算。

ⓑ沉井管路及地表围圈、空气幕管路、钢沉井打气管路按设计所使用墩数计算。

ⓒ沉井射水吸泥管路按设计数量以"套"计算。

⑧第八节墩台

a. 混凝土冷却管制安按设计管道重量计算。

b. 劲性钢骨架的工程量按设计钢结构重量计算,不包括钢筋的重量。

(3)第二章上部工程

①拱桥

a. 钢拱架安拆按设计所需钢材重量计算。

b. 木拱架按设计所需木材体积计算。

②梁体内预埋钢件按设计钢件钢件重量计算

③架设 T 梁

a. 架设铁路桥 T 梁按设计数量以"单线孔"计算。

b. 架桥机安拆、调试按施工组织设计确定的次数计算。

c. 桥头线路加固按设计桥梁座数计算。

④架设钢梁

a. 架设简支钢板梁按设计数量以"单线孔"计算。

b. 架设钢桁梁按设计杆件和节点板的重量架设,不包括附属钢结构、检修设备走行轨和支座、高强度螺栓重量。

c. 钢桁梁架设用上下滑道按设计滑道长度计算。

d. 钢桁梁纵移、横移按设计钢梁重量与移动距离之乘积以"t・m"计算。

e. 钢桁梁就位按设计孔数计算。

f. 浮箱压重安拆按设计压重与次数之乘积以"t 次"计算。

g. 钢桁梁拼装脚手架制安按设计脚手架杆件重量计算。

h. 临时走道制铺拆按走道长度计算。

i. 吊索塔架制安拆按设计塔架杆重量计算,吊索塔架卸载与走行钢梁孔数计算。

j. 安全网安拆按沿桥梁的长度计算。

k. 桥梁面漆按钢梁构件的重量计算。

⑤钢管拱

a. 钢管拱按设计重量计算,不包括支座和钢管拱内混凝土的重量。

b. 系杆按设计重量计算,不包括锚具、保护具、保护层(套)的重量。

⑥斜拉桥

a. 斜拉索的工程量按设计斜拉桥重量计算。不包括锚具、锚板、锚箱、防腐料、缠包带的重量。

b. 斜拉索张拉的工程量按设计数量计算,每根索为一根次。

c. 斜拉索吊索的工程量按设计要求计算,每根调整一次算一次。

d. 斜拉桥钢梁的工程量按设计杆件和节点板的重量计算,包括锚箱重量,不包括附属钢结构,检修设备走型轨和支座、高强度螺栓的重量。

⑦支座

a. 简支梁金属支座、板式橡胶支座按设计简支梁单线孔数计算。

b. 盆式橡胶支座按设计支座个数计算。

c. 钢桁梁金属支座按设计的支座重量计算。

⑧桥面

a. 桥面计算

ⓐ钢筋混凝土栏杆安装按设计栏杆双侧长度计算。

ⓑ铁路桥面防护网按设计网面计算。

ⓒ桥上电缆槽、明桥面风水管路按设计桥长计算。

ⓓ护轮轨按设计铺设长度计算,不包括弯轨和梭头的长度。弯轨和梭头按桥梁座数计算。

ⓔ梁端伸缩缝按横向设计敷设长度计算。

b. 桥上设设施

ⓐ围栏、吊篮支架、栏杆、检查梯、铁蹬、护栅按设计金属构件重量计算。

ⓑ桥梁拼装式检查工具按设计套数计算,固定设备按桥梁孔数计算,悬吊式检查设施按设计套数计算。

ⓒ预应力混凝土梁检查车轨道按设计长度计算。

ⓓ通信、信号、电力支架按设计钢材计算。

ⓔT 梁防震落梁挡块钢材数量按设计钢材重量计算。

c. 缆索吊

ⓐ钢塔架、地锚钢结构、索鞍、主缆、牵引索、揽风索、锚绳钢铰线等按设计金属件重量计算。

ⓑ地锚混凝土按设计混凝土实体体积计算。

(4)涵洞工程

①倒虹吸管

a. 钢筋混凝土倒虹吸管身及套管数量按设计管身长度计算。

b. 倒虹吸附属设施按设计数量以"单孔座"计算。

c. 铸铁管管节按设计管身长度计算。曲管或丁字管安装按管件设计重量计算。

②渡槽

a. 渡槽双侧人行道栏杆按设计长度计算。

b. 止水逢按设计孔数计算。

c. 支座按设计孔数计算。

(5)既有线顶进桥涵工程

①顶进框架式桥涵身重量按设计的钢筋混凝土桥涵身钢刃脚的重量计算。

②打拔槽钢桩的数量按不同桩长的设计根数计算。打拔钢板桩按设计钢板重量计算。

③底板隔离层及润滑层按设计面积计算。

④桥涵身涂石蜡按设计涂层面积计算。

⑤桥涵身止水缝按设计止水缝长度计算。

⑥钢构件、预埋钢件按设计钢件重量计算。

⑦桥涵身顶进和工程量按设计顶程计算,即为被顶进的结构中心移动的距离。

⑧接缝处隔板与钢插销的工程量按桥身外沿周长计算。

⑨跨框架桥人行栏杆按设计单侧栏杆长度计算。

⑩既有线加固如下:

a. 横抬梁法加固按设计加固股道数计算。

b. 施工便梁法加固按设计加固孔数计算。

（6）第五章其他工程

①防水层、防护层（纤维混凝土除外）和伸缩缝按设计敷设（喷涂）面积计算。纤维混凝土护层按设计混凝土体积计算。

②枕木垛、木支架搭拆按设计木料体积计算。

③吊轨梁、扣轨梁安拆按设计单线长度计算。

④军用梁、钢万能脚手架安拆按设计军用梁重量计算。

⑤使用满堂式支架搭拆时，满堂支架的工程量按以下公式计算：

满堂支架空间体积＝梁底至地面的平均高度×［梁的跨度－1.2 m］×（桥面宽＋1.5 m）

⑥现浇梁支架堆载预压重量按设计梁重乘以 1.2 的系数计算。

⑦桥上电缆槽：

a. 电缆槽按设计电缆槽长度计算。

b. 电缆槽托架按设计托架重量以"t 计算"。

⑧拆除及凿毛：

a. 拆除砌体与混凝土按砌体与混凝土的实体体积计算。

b. 混凝土凿毛按设计表面凿毛面积计算。

c. 拆除钢板梁按拆除孔数计算。

⑨航标灯支架按设计防撞架钢结构重量计算。

⑩限高防撞架按设计防撞架钢结构重量计算。

⑪零小构件防腐处理按设计构件重量计算。

⑫铁路便线轨道铺拆及使用按设计便线长度计算。

⑬栈桥应区分不同水深按设计长度计算。

4）隧道工程

（1）隧道长度

按隧道进出口（含与隧道相连的明洞）洞口端端墙之间的距离，以端墙面之间的距离，端墙面与内轨顶面的交线同线路中线的交点计算。双线隧道按下行线长度计算；位于车站上的隧道以正线长度计算。设有缓冲结构的隧道长度应从缓冲结构的起点计算。

（2）第一章洞身开挖、出渣

正洞洞身开挖、出渣工程数量，按图示不含设计允许超挖、预留变形量的设计开挖断面数量计算，包含沟槽及各种附属洞室的开挖数量。挤压性围岩，按设计单独提出加大的预留变形量，计入开挖量中。不扣除定额中包含的预留变形量。

出砟运距系指隧道工程依据施工组织设计所划分的正洞独立施工段落中最大独头运输距离，当通过辅助坑道施工正洞时，应根据不同施工方向分别计算运距。

（3）第二章支护

①喷射混凝土的工程数量，按喷射面积乘以设计厚度以混凝土体积计算，喷射面积按设计外轮廓线计算。

②锚杆工程数量按锚杆设计长度计算。砂浆锚杆按每根 3 m、直径 22 mm 考虑，中空锚杆、自钻式锚杆按每根长 3 m 考虑，当杆径变化时，可调整其钢筋及锚杆规格。

③超前支护：

a. 管棚钻孔与顶管按设计钻孔与钢管长度计算。

b. 超前小导管按设计钢管长度计算。

c. 注浆按设计注浆体积计算。

（4）第三章洞深衬砌

①正洞洞深衬砌混凝土拌制、浇筑及运输的工程数量，按图示不含设计允许超前回填、预留变形量的设计衬砌断面数量计算，包含沟槽及各种附属洞室衬砌数量。

②模板

a. 洞深模板按设计洞身长度计算。

b. 沟槽模板按设计沟槽长度计算。

③防水板、明洞防水层按设计敷设面积计算

④止水带、盲沟、透水软管按设计长度计算

⑤拱顶压浆工程数量，设计时可按每延长米 0.25 m³综合考虑。

⑥明洞衬砌：

a. 砌体与混凝土按设计实体体积计算。

b. 拱顶回填按设计回填实体体积计算。

c. 粘土防水层按实体体积计算，甲、乙、丙处防水设计敷设面积计算。

（5）第四章通风及管线路

正洞通风及管线路按设计隧道长度计算。

（6）第五章洞门

①洞门砌体与混凝土按设计实体计算。

②钢制检查梯按钢材重量计算。

③洞门装饰按设计面层表面积计算。

④洞门牌及号按设计个数计算。

（7）第六章辅助坑道

①辅助坑道开挖、出砟数量，均按图标不含设计允许超挖、预留变形量的设计开挖断面数量计算，包含沟槽及各种附属洞室衬砌数量。

②辅助坑道衬砌混凝土拌制、浇筑及运输数量，均按图标不含设计允许超挖回填、预留变形的设计衬砌断面数量计算，包含沟槽及各种附属洞室的衬砌数量。

③斜井开挖、衬砌数量，应包含井身、井底车场、砟仓、水仓与配电室等的综合开挖、衬砌数量。

④辅助坑道通风及管线路按设计辅助坑道长度计算：

a. 平息导坑长度为洞口至平导尽头的距离，贯通的平行导坑为两洞口间的距离。

b. 斜井（有轨）长度为井口至斜井井身与井底车场中心线相交点的斜长加井底车场到隧道边墙内轮郭线的距离。

c. 横洞及无轨斜井长度为洞口至隧道边墙内轮廓线的中心距离。

d. 竖井长度为锁口至井底的距离。

（8）第七章材料运输

材料运输，按正洞和辅助坑道分别计算，其材料中重量的计算范围仅为第二章（支护）全部子目，第三章（洞神衬砌）中第四节（钢筋及钢筋混凝土盖板）、第五节（防水与排水）全部子目。

（9）第八章改扩建

①圬工拆除按设计拆除实体体积计算。

②混凝土、岩体凿毛面积计算。

③凿槽按设计凿槽长度计算。

④衬砌按设计混凝土体积计算。

⑤凿排水槽、堵漏注浆、堵漏嵌缝按漏水缝长度计算。

⑥喷射漏浆液按设计喷射面积计算。

⑦线路加固：

a. 扣轨梁按设计数量以"组次"计算。

b. 支墩按线设计加固路和长度计算。

c. 钢拱架按设计数量以"架次"计算。

⑧管线路铺拆按设计所需各种线路长度计算。

⑨管线路使用、照明用电按设计改扩建隧道长度计算。

(10)第九章监控量测

a. 地表下沉与地板沉降、拱顶下沉按设计测点数量计算。

b. 隧道净空变化按设计基线条数计算。

5)轨道工程

(1)第一章铺轨

①铺轨工程按设计图示每股道的中心线长度(不含道岔)计算，道岔的长度是指从基本轨前端至辙叉根端的距离，特殊道岔以设计图纸为准，铺轨工程不扣除接头轨缝处长度。

②道岔尾部无枕地段铺轨，按道岔根端至末根岔枕的中疏距离以"km"计算。

③长轨压接焊作业线，长轨铺轨机安拆与调试，按施工组织设计确定的次数计算。

④长钢轨焊接按设计接头数量以"个"计算。

⑤钢轨打磨应区分不同开通速度按设计打磨铺轨长度计算。

⑥应力放散及锁定按设计放散及锁定次数和长度，线路以"km"计算，道岔以"组次"计算。

(2)第二章铺道岔

铺道岔工程量应区分道岔、岔枕类型，道床形式，按设计数量以"组"计。

(3)第三章铺道床

①铺底砟、线间石砟的工程量按设计断面乘以设计长度以"m³"计算。

②正线铺面砟工程量应区分不同开通速度按设计断面乘以设计长度并扣除轨枕所占道床体积以"m³"计算。

③站线铺面砟工程量应区分木枕、混凝土枕按设计断面乘以设计长度并扣除轨枕所占道床体积以"m³"计算。

④轨道调整应区分不同开通速度按设计轨道长度计算。

⑤线路沉落整修按设计轨道长度以"m³"计算。

⑥道岔沉落整修应区分不同岔型、开通速度按设计铺轨长度以"组"计算。

⑦沥青水泥砂浆固结道床：

a. 道床按设计长度计算。

b. 过渡段按设计处数计算。

c. 强化基床按设计铺设面积计算。

(4)第四章轨道加强设备及护轮轨

①安装轨距杆分类型(普通、绝缘)，按设计数量以"根"计算。

②安装轨撑垫板、防爬器分轨型，按设计数量以"个"计算。

③安装防爬支撑分木枕、混涨土枕,按设计数量以"个"计算。

④安装钢轨伸缩调节器分轨型及桥面、桥头引线,按设计伸缩量以"对"计算。

⑤安装护轮轨按设计长度以"双侧米"计算。

(5)第五章线路有关工程

①平交道口

a. 单线道口面板混凝土按设计图示尺寸以"m³"计算。

b. 单线道口面板钢筋设计数量以"t"计算。

c. 单线道口面板道口卧轨按道口通告宽度以"m³"计算。

d. 股道间道口钢筋混凝土体积按设计数量以"m³"计算。

e. 股道间道口栏木按线路间道口面积以"m³"计算。

道口面积计算公式为:道口面积=道口宽度(道口铺面宽)×道口长(相邻两股道枕木头之间距离)

②车挡、挡车器按设计数量以"处"计算。

③线路及信号标志按设计数量以"个"计算。

④轨道常备材料中铺轨备料按铺轨设计数量以"km"计算。

⑤轨道常备材料中铺道岔备料按设计或有关规定计算出的实际备料数量以"组"计算。

(6)第六章其他工程

①拆除工程

a. 拆除线路分枕型按设计拆除以"km"计算。

b. 拆除道岔分枕型、岔型按设计拆除数量以"组"计算。

c. 拆除防爬器按设计数量以"个"计算。

d. 拆除轨距杆按设计拆除数量以"根"计算。

e. 拆除道岔转辙器按设计拆除数量以"组"计算。

f. 拆除道口分单线、双线按设计拆除数量以宽度"m"计算。

g. 拆除车挡按设计数量以"处"计算。

h. 拆除桥上护轮轨按设计数量亿双侧米计算,路基地段减半。

②其他

a. 钢轨钻孔按设计钻孔数量以"孔"计算。

b. 锯钢轨按设计锯口数量以"个"计算。

c. 线路起落道高度、枕型按设计数量以"km"计算。

d. 道岔起落道分起落道高度、岔型、枕型按设计数量以"组"计算。

e. 拔移线路分枕型按设计数量以"km"计算。

f. 拨移岔道分枕型、岔型按设计拨移量以"组"计算。

g. 更换钢轨线路分钢轨类型及轨枕类型按设计数量以"km."计算。

h. 道岔替换线路分枕型、岔型按设计数量以"组"计算。

i. 抽换轨枕分轨型、枕型按设计数量以"根"计算。

j. 清筛道床按设计数量以"m³"计算。

(7)第七章封锁线路作业工程

①大型机械清筛道床按清筛类型、开通速度,按线路长度以"km"计算。

②拨接线路按设计数量以"处"计算。

③换铺无缝线路按设计长度以"km"计算。

④更换提速道岔按道岔类型及设计数量以"组"计算。

⑤应力放散及锁定按设计放散及锁定次数和长度,线路以"km"计算,道岔以"组次"计算。

典型工作任务 3　工程量清单计价认知

5.3.1　工作任务

了解工程量清单计价的原理与意义,熟悉清单计价的依据与特点,掌握清单计价与定额计价的区别与联系。

5.3.2　相关配套知识

1. 工程量清单计价的基本原理

工程量清单计价是以招标人提供的工程量清单为平台,投标人根据工程项目特点,自身的技术水平,施工方案,管理水平高低,以及中标后面临的各种风险等进行综合报价,由市场竞争形成工程造价的一种计价方式。这种计价方式是完全市场定价体系的反映,在国际承包市场非常流行。其计价过程如图 5.5 所示。

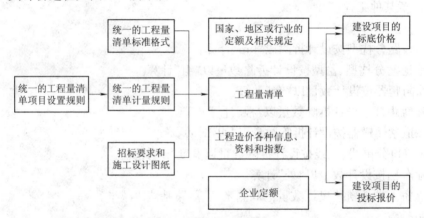

图 5.5　工程量清单计价基本过程

从工程量清单计价基本过程示意图中可以看出,其编制过程可分为两个阶段:一是工程量清单的编制,二是利用工程量清单编制投标报价(或标底价格)。

2. 工程量清单计价的依据

工程量清单计价的依据:

1)工程量清单计价规范规定的计价规则;

2)政府统一发布的消耗量定额;

3)企业自主报价时参照的企业定额;

4)由市场供求关系影响的工、料、机市场价格及企业自行确定的利润、管理标准等。

3. 工程量清单计价的特点

采用工程量清单计价,可以将各种经济、技术、质量、进度、风险等因素充分细化并体现在综合单价的确定上;可以依据工程量计算规则,划大计价单位,便于工程管理和工程计量。与传统的计价方式相比,工程量清单计价具有如下特点,见表 5.9。

表 5.9　工程量清单计价特点

序号	特　点	说　明
1	统一计价规则	统一的工程量清单计价方法；统一的工程量计价规则；统一的工程量项目设置规则
2	有效控制消耗量	通过由政府发布统一的社会平均消耗量指导标准，为企业提供一个社会平均尺度，从而达到保证工程质量目的
3	彻底放开价格	将工程消耗量定额中的工、料、机价格和利润、管理费全面放开，由市场的供求关系自行确定价格
4	企业自主报价	投标企业根据自身的技术专长、材料采购渠道和管理水平等，制定企业自己的报价定额
5	市场有序竞争形成价格	按《招标投标法》有关条款规定，最终以"不低于成本"的合理低价中标

4. 定额与清单的的比较

1)工程量清单计价与定额计价的比较

(1)单位工程造价构成形式不同

按定额计算时单位工程造价由直接工程费、间接费、利润、税金构成，计价时先计算直接费，再以直接费（或其中的人工费）为基数计算各项费用、利润、税金、汇总为单位工程造价。工程量清单计价时，造价由工程量清单费用（＝∑清单工程量×项目综合单价）、措施项目清单费用、其他项目清单费用、规费、税金五部分构成。作这种划分的考虑是将施工过程中的实体性消耗和措施性消耗分开，对于措施性消耗费用只列出项目名称，由投标人根据招标文件要求和施工现场情况、施工方案自行确定，以体现出以施工方案为基础的造价竞争；对于实体性消耗费用，则列出具体的工程数量，投标人要报出每个汇款单项目的综合单价。必要的风险费。

(2)分项工程单价构成不同

按定额计价时分项工程的单价是工料单价，即只包括人工、材料、机械费，工程量清单计价分项工程单价一般为综合单价，除了人工、材料、机械费，还要包括管理费（现场管理费和企业管理费）、利润和必要的风险费。采用综合单价中便于工程款支付、工程造价的调整和工程结算，也避免了因为"取费"产生的一些无谓纠纷。综合单价中的直接费、管理费、利润由投标人根据本企业实际支出及利润预期、投票策略确定，是施工企业实际成本费用的反映，是工程的个别价格。综合单价的报出是一个个别计价、市场竞争的过程。

(3)单位工程项目划分不同

按定额计价的工程项目划分即预算定额中的项目划分，其划分原则是按工程的不同部位、不同材料、不同工艺、不同施工机械、不同施工方法和材料规格型号，划分十分详细。工程量清单计价的工程项目划分较之定额项目的划分有较大的综合性，只考虑工程部位、材料、工艺特征，但不考虑具体的施工方法或措施，如人工或机械、机械的不同型号等，同时对于同一项目不再按阶段或过程分为几项，而是综合到一起，如混凝土，可以以将同一项目的（制作）、运输、安装、接头灌缝等综合为一项，这样能够减少原来定额对于施工企业工艺方法选择的限制，报价时有更多的自主性。工程量清单中的量应该是综合的工程量，而不是按定额计算的"预算工程量"。综合的量有利于企业自主选择施工方法并以之为基础竞价，也能使企业摆脱对定额的依赖,建立起企业内部报价及管理的定额和价格体系。

(4)计价依据不同

这是清单计价和按定额计价的最根本区别。按定额计价的依据就是国家定额,而工程量清单计价的主要依据是企业定额,包括企业生产要素消耗量标准、材料价格、施工机械配备及管理状况、各项管理费支出标准等。目前可能多数企业没有企业定额,但随着工程量清单计价形式的推广和报价实践的增加,企业将逐步建立起自身的定额和相应的项目单价,当企业都能根据自身状况和市场供求关系报出综合单价时,企业自主报价、市场竞争定价的计价格局也将形成,这也正是工程量清单所要促成的目标。工程量清单计价的本质量要改变政府定价模式,建立起市场形成造价机制,只有计价依据个别化,这一目标才能实现。

2)工程量清单报价与传统报价模式的比较

工程量清单报价和传统报价,它们所反映的工程造价内涵是一致的,但在价格形成的指导思想,计较模式、评标原则、工程量计算规则方法和结算等方面存在着本质区别。

(1)两种报价所形成的建筑产品价格内涵一致

工程招投标是指在工程商品的招标过程中形成的工程价格,其价格的形成必须遵循市场经济规律的客观要求,从实践的角度来看,传统报价中对建安工程造价的划分还是比较科学的,一方面,它客观全面的体现了建筑产品的生产价值,另一方面,对成本和费用有比较明显的划分,因为费用的划分并不是分传统报价和工程量清单报价为关键所在,工程量清单报价与形成的建筑产品价格内涵是一致的。

(2)价格形成的指导思想不同

传统报价的是指令性计划模式,这种计价的模式有两个基本特征:首先,从本质内容上看,是量价合一,是以定额子目构成直接费,以直接费为基础,乘以各种费用项目的费率及其他费用,组成建安工程造价;量价合一,是指人工、材料、机械三要素的消耗量的水平是统一的,反映的是社会平均消费水平,同时,人工、材料、机械的单价是静态的指令性价格,各种费用的费率也带有一定指导下的指令性价格。

工程量清单报价模式采用的是市场计价模式,这是工程量清单报价与传统报价在定价原则方面最基本的区别,这种计价模式也有两个基本特征:一是计价依据上实行"量价分离"的原则;二是在处理方式上,实行"控制量、指导价、竞争费"的模式,即统一的工程量计算规则,政府间接调控,市场形成价格。首先,政府只将实体消耗量作为法定标准规定下来,而非实体的消耗量,单价则由施工企业自主确定;其次,价格由市场决定,政府公布的预算价格仅供参考,作为政府调控工程造价的依据;最后,改进和简化现行的费用读取办法,体现企业自主报价的原则,使企业经过自主报价,合理反映市场的供求关系及企业的管理水平和竞争策略。因此,工程量清单报价模式形成的价格是政府宏观调控的市场策略。

(3)计价模式不同

传统报价模式的计价属于单价计价的方式,是按施工图计算单位各分项工程的工程量,并乘以相应人工、材料、机械费之和;再加上按规定程序和指导费率计算出来的其他直接费、现场经费、间接费、计划利润和税金,便形成单位工程报价。

(4)评价原则和方法不同

传统报价模式一直采用指令性计价的模式,这种计价模式由于招标标底价格的计算与把投标方报价的计算都是按定额,同一图纸、同一施工方案、同一技术规范进行的计算与套价,因而人工、材料、机械的消耗量与价格是静态的比较,投标竞争成了猜标的竞争、打探标底信息的竞争,根本无法实现优胜劣汰,公平竞争的市场机制。

工程量清单报价采用的是市场计价模式,投标各方面在审定确认招标文件的工程量后,即按国家统一颁发的消耗量定额并结合企业定额,以人工、材料、机械台班的市场价进行计价,使企业真正具有自主定价的权利,真正具有了参与市场的意识,真正具有了展现企业自身实力的舞台,从而真正体现"公平、公正"的市场运行机制和市场竞争秩序,从而也使招标评标中对报价的确定,不再是以接近标底的为最优,而是以"合理低报价,不低于成本价的标准"。

(5)工程量计算规则不同

工程预算定额计价,工程量按照相应传统工程量计算规则完成,一些工程量计算繁琐,不利结算,还有一些与实际现场有关的工程量规则如土方工程,在使用中还易产生纠纷。

工程量清单计价项目的工程量更简明利于结算,如土方工程、门窗工程、室外管沟、标准预制混凝土构件等。

(6)结算的要求不同

工程量清单计价,一般为固定单价合同形式,结算时按中标综合单价及合同中事先约定的规定执行,由于清单工程量计算规则简明,大大便利了结算工作。

工程预算定额计价,结算时按定额规定工料单价计价,往往调整内容较多,容易引起纠纷。

典型工作任务 4　铁路工程工程量清单计价编制

5.4.1　工作任务

了解铁路工程造价的构成,熟悉铁路工程清单计价的方法、程序与流程,掌握铁路工程清单的计价格式。

5.4.2　相关配套知识

工程量清单计价是一种市场定价体系,在发达国家已经很流行,在我国建筑工程也得到了广泛应用,但在铁路行业还处于应用初期,《07 指南》规定工程量清单计价招标投标的铁路建设工程,除招标文件另有规定外,其招标标底、投标报价的编制、合同价款确定与调整、工程结算应按本指南执行。

1. 铁路工程工程量清单计价的方法和程序

铁路工程工程量清单计价应包括按招标文件规定,完成工程量清单所列子目的全部费用。

1)铁路工程投标报价的构成如图 5.6 所示。

2)铁路工程工程量清单计价的计算方法和程序。

(1)清单计价合计=第一章至第十一章工程量清单中工程数量×综合单价⇨用 A 表示。

(2)暂列金额=按招标文件规定的费率或额度计算⇨用 B 表示。

(3)激励约束考核费=根据招标文件的规定,以投标报价总额(不含激励约束考核费)为基数,按规定的费率计算,纳入报价⇨用 C 表示。

①基数在 50 亿元及以下的,费率为 5‰;

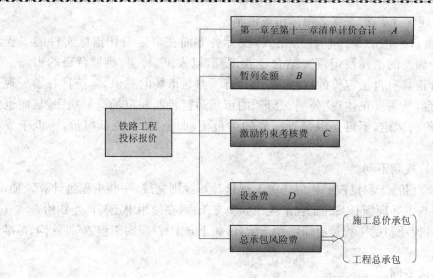

图 5.6 铁路工程投标报价的构成

②基数超过 50 亿元至 100 亿元的部分,费率为 4‰;

③基数超过 100 亿元的部分,费率为 3‰。

(4)设备费=甲供设备费合计+甲控设备费合计+自购设备费合计+甲供运杂费⇨用 D 表示。

(5)总承包风险费=一般按清单合计减去甲供后的 2%计列。

(6)铁路工程报价总价=A+B+C+D。

3)铁路工程综合单价的确定

铁路工程综合单价是指完成最低一级的清单子目计量单位全部具体工程(工作)内容所需的费用。综合单价应包括但不限于以下费用:

(1)人工费:指直接从事建筑安装工程施工的生产工人开支的各项费用。包括基本工资、津贴和补贴、生产工人辅助工资、职工福利费、生产工人劳动保护费。

(2)材料费:指购买施工过程中耗用的构成工程实体的原材料、辅助材料、构配件、零件、半成品、成品所支出的费用和不构成工程实体的周转材料的摊销费。包括材料原价、运杂费、采购及保管费。投标报价时,材料费均按运至工地的价格计算。

材料分为甲供材料、甲控材料和自购材料三类。甲供材料是指在工程招标文件和合同中约定,由铁道部或建设单位招标采购供应的材料;甲控材料是指在工程招标文件和合同中约定,在建设单位监督下工程承包单位采购的材料;自购材料是指在工程招标文件和合同中约定,由工程承包单位自行采购的材料。

(3)施工机械使用费:包括折旧费、大修理费、经常修理费、安装拆卸费、人工费、燃料动力费、其他费用。

(4)填料费:指购买不作为材料对待的土方、石方、渗水料、矿物料等填筑用料所支出的费用。

(5)措施费:包括施工措施费和特殊施工增加费。

(6)间接费:包括施工企业管理费、规费和利润。

(7)税金:包括营业税、城市维护建设税和教育费附加等。

(8)一般风险费用:指投标人在计算综合单价时应考虑的招标文件中明示或暗示的风险、

责任、义务或有经验的投标人都可以及应该预见的费用。包括招标文件明确应由投标人考虑的一定幅度范围内的物价上涨风险,工程量增加或减少对综合单价的影响风险,采用新技术、新工艺、新材料的风险以及招标文件中明示或暗示的风险、责任、义务或有经验的投标人都可以及应该预见的其他风险费用。

4)合价＝工程数量×综合单价

最低一级计量单位为"元"的清单子目,由投标人根据设计要求和工程的具体情况综合报价,费用包干。

5)注意事项

(1)工程量清单中所列工程数量是估算的或设计的预计数量,仅作为投标的共同基础,不能作为最终结算与支付的依据。实际支付,应根据合同约定的计量方式,按本指南的工程量计量计算,以实际完成的工程量,按工程量清单的综合单价计量支付;计量单位为"元"的清单子目可根据具体情况以工程进度按比例支付或一次性支付。

(2)合同中综合单价因工程量变化或设计标准变更需调整时,除合同另有约定外,应按照下列办法确定。

发包人提供的工程量清单漏项,或设计变更引起新的工程量清单子目,其相应综合单价的确定方法为:

①合同中已有适用于变更工程的价格,按合同已有的价格变更合同价款。

②合同中只有类似于变更工程的价格,可以参照类似价格变更合同价款。

③合同中没有适用或类似于变更工程的价格,由一方提出适当的变更价格,经双方协商确认后执行。

(3)由于工程量清单的工程数量有误或设计变更引起工程量增减,属合同约定幅度以内的,应执行原有的综合单价;属合同约定幅度以外的,其增加部分的工程量或减少后剩余部分的工程量的综合单价由一方提出,经双方协商确认后,作为结算的依据。

(4)当施工合同签定后,由于发包人的原因,要求承包人按不同于招标时明确的设计标准进行施工或对其清单子目的实质性内容进行调整或在招标时部分清单子目的技术标准、技术条件尚未明确,即使所涉及的该部分清单子目的工程数量未发生改变,其综合单价亦应由一方提出调整,经双方协商确认后,按调整后的综合单价作为结算的依据。

(5)由于工程量和设计标准的变更,且实际发生了除本指南规定以外的费用损失,承包人可提出索赔要求,经双方协商确认后,由发包人给予补偿。

2. 铁路工程量清单及计价格式

1)工程量清单内容

(1)封面。

(2)填表须知。

(3)总说明。

(4)工程量清单。

(5)计日工表。

(6)甲供材料数量及价格表。

(7)甲控材料表。

(8)设备清单表。

(9)补充工程量清单计算规则表。

2)工程量清单格式

(1)封面。

(2)投标报价总额。

(3)工程量清单投标报价汇总表。

(4)工程量清单计价表。

(5)工程量清单子目综合单价分析表。

(6)计日工费用计算表。

①人工费计算表；

②材料费计算表；

③施工机械使用费计算表；

④计日工费用汇总表；

(7)材料费计算表。

①甲供材料费计算表；

②甲控材料价格表；

③主要自购材料价格表。

(8)设备费计算表。

①甲供设备费计算表；

②非甲供设备费计算表；

③自购设备费计算表；

④设备费汇总表。

3)铁路(投标)工程量清单计价格式的填写

(1)工程量清单计价格式应由投标人填写。

(2)封面应按规定内容填写、签字、盖章。

(3)投标总价应按工程量清单投标报价汇总表合计金额填写。

(4)工程量清单投标报价汇总表各章节的金额应与工程量清单费用计算表各章节的金额一致(表 5.10、表 5.11、表 5.12)。

工程量清单汇总表是对各章的工程报价(含专项暂定金额)进行汇总,再加上一定比例的不可预见费暂定金额、激励约束考核费、设备费,即可得出该标段的总报价,该报价与投标书中所填写的投标总价应是一致的。

表 5.10　工量清单投标报价汇总表(单价承包)

标段编号：　　　　　　　　　　　　　　　　　　　　　　　　　　　　　　第　页共　页

章　号	节　号	名　称	金额(元)
第一章	1	拆迁工程	
第二章		路基	
	2	区间路基土石方	
	3	站场土石方	
	4	路基附属工程	
第三章		桥涵	
	5	特大桥	

续上表

章　号	节　号	名　　称	金额(元)
	6	大桥	
	7	中桥	
	8	小桥	
	9	涵洞	
第四章		隧道及明洞	
	10	隧道	
	11	明洞	
第五章		轨道	
	12	正线	
	13	站线	
	14	线路有关工程	
第六章		通信、信号及信息	
	15	通信	
	16	信号	
	17	信息	
第七章		电力及电力牵引供电	
	18	电力	
	19	电力牵引供电	
第八章	20	房屋	
第九章		其他运营生产设备及建筑物	
	21	给排水	
	22	机务	
	23	车辆	
	24	动车	
	25	站场	
	26	工务	
	27	其他建筑及设备	
第十章	28	大型临时设施和过渡工程	
第十一章	29	其他费	
		安全生产费	

第一章～第十一章清单合计		A	
按第一章～第十一章清单合计的％计算的或按一定额度估列的暂列金额		B	
包含在暂列金额中的计日工			
激励约束考核费		C	
设备费		D	
投标报价总额＝$A＋B＋C＋D$			
包含在投标报价总额中的甲供材料设备费			

表 5.11　工程量清单投标报价汇总表(施工总价承包)

标段编号：　　　　　　　　　　　　　　　　　　　　　　　　　　　第　页共　页

章　号	节　号	名　称	金额(元)
第一章	1	拆迁工程	
⋮	⋮	⋮	⋮
第十一章	29	其他费	
		安全生产费	
第一章~第十一章清单合计			A
激励约束考核费			B
设备费			C
总承包风险费			D
投标报价总额＝A＋B＋C＋D			
包含在投标报价总额中的甲供材料设备费			

表 5.12　工程量清单投标报价汇总表(工程总价承包)

标段编号：　　　　　　　　　　　　　　　　　　　　　　　　　　　第　页共　页

章　号	节　号	名　称	金额(元)
第一章	1	拆迁工程	
⋮	⋮	⋮	⋮
第十一章	29	其他费	
		施工图勘察设计费	
		安全生产费	
第一章~第十一章清单合计			A
激励约束考核费			B
设备费			C
总承包风险费			D
投标报价总额＝A＋B＋C＋D			
包含在投标报价总额中的甲供材料设备费			

(5)工程量清单费用计算表(表 5.13)的综合单价应与工程量清单子目综合单价分析表一致。

表 5.13　工程量清单计价表

标段编号：　　　　　　　　　　　　　　　　　　　　　　　　　　　第　页共　页

清单　第××章　××××

项目编码	节号	名称	计量单位	工程数量	金额(元)	
					综合单价	合价
第××章合计						元

（6）工程量清单子目综合单价分析表（表 5.14）中的项目编码、项目名称、计量单位、工程数量应与招标人提供的工程量清单一致。

表 5.14　工程量清单子目综合单价分析表

标段编号：　　　　　　　　　　　　　　　　　　　　　　　　　　第　页共　页

清单　第××章　××××

编码	节号	名称	计量单位	综合单价组成（元）							综合单价（元）
				人工费	材料费	机械使用费	填料费	措施费	间接费	税金	

（7）工程量清单子目综合单价分析表应由投标人根据自身的施工和管理水平按综合单价组成分别自主填报，但间接费中的规费和税金应按国家有关规定计算。

（8）暂定金额按招标文件规定的费率或额度计算。

暂定金额有三种表示方式：计日工、专项暂定金额（表 5.15）和一定百分率的不可预见因素的预备金。

表 5.15　专项暂定金额汇总表（示例）

清单编号	细目号	名称	估计金额（元）
400	401—1	桥梁荷载试验（举例）	60 000
⋮	⋮	⋮	⋮

"暂定金额"是指包括在合同之内，并在工程量清单中以"暂定金额"名称标明的一项金额，类似于"备用费"。

（9）计日工费用计算表：

计日工费用计算表（表 5.16.a、表 5.16.b、表 5.16.c、表 5.16.d）表中的人工、材料、施工机械名称、计量单位和相应数量应按计日工表中的内容填写，工程竣工后按实际完成的数量结算费用。

表 5.16　计日工费用计算表（施工单价承包）

a 计日工人工费计算表

标段编号：　　　　　　　　　　　　　　　　　　　　　　　　　　第　页共　页

序　号	名　称	计量单位	数　量	金额（元）	
				单　价	合　价
计日工人工费合计　　　元					

b 计日工材料费计算表

标段编号： 第 页共 页

序 号	名称及规格	计量单位	数 量	金额(元)	
				单 价	合 价
计日工材料费合计 元					

c 计日工施工机械使用费计算表

标段编号： 第 页共 页

序 号	名称及型号	计量单位	数 量	金额(元)	
				单 价	合 价
计日工施工机械使用费合计 元					

d 计日工费用汇总表

标段编号： 第 页共 页

名 称	金额(元)
1. 计日工人工费合计	
2. 计日工材料费合计	
3. 计日工施工机械使用费合计	
计日工费用总额	元
(结转"工程量清单计价总表")	

(10)甲供材料费计算表、甲供设备费计算表：

按甲供材料数量及价格表、甲供设备数量及价格表中的数量和单价计算。

(11)材料费计算表：

甲供材料费计算表(表 5.17.a)、甲控材料价格表(表 5.17.b)、主要自购材料价格表(表 5.17.c)应包括详细的材料编码、材料名称、规格型号交货地点、数量和计量单位等。

表 5.17 材料费计算表

a 甲供材料费计算表

标段编号： 第 页共 页

序 号	材料编码	材料名称及规格	交货地点	计量单位	数 量	金额(元)	
						单价	合价
甲供材料费合计							元

b甲控材料价格表

标段编号：　　　　　　　　　　　　　　　　　　　　　　　　　　第　页共　页

序　号	材料编码	材料名称及规格	技术条件	计量单位	单价(元)

c主要自购材料价格表

标段编号：　　　　　　　　　　　　　　　　　　　　　　　　　　第　页共　页

序　号	材料编码	材料名称及规格	计量单位	单价(元)

　　所填写的单价应与工程量清单计价中采用的相应材料的单价一致。其单价为材料到达工地的价格。

　　(12)设备费计算表(表 5.18.a、表 5.18.b、表 5.18.c、表 5.18.d)。

　　甲控设备费计算表(表 5.18.b)中的设备编码、设备名称及规格型号、技术条件和计量单位、数量应与招标人提供的甲控设备数量表一致,单价由投标人自主填报。其单价为设备到达安装地点的价格,并应含物价上涨风险。

　　自购设备费计算表(表 5.18.c)中的设备编码、设备名称及规格型号、技术条件和计量单位、数量应与招标人提供的自购设备数量表一致,单价由投标人自主填报。其单价为设备到达安装地点的价格,并应含物价上涨风险。

表 5.18　设备费计算表
a甲供设备费计算表

标段编号：　　　　　　　　　　　　　　　　　　　　　　　　　　第　页共　页

序　号	设备编码	设备名称及规格型号	交货地点	计量单位	数　量	金额(元)	
						单价	合价
甲供设备费合计　　元							

b甲控设备费计算表

标段编号：　　　　　　　　　　　　　　　　　　　　　　　　　　第　页共　页

序　号	设备编码	设备名称及规格型号	技术条件	计量单位	数　量	金额(元)	
						单价	合价
甲控设备费合计　　元							

c 自购设备费计算表

标段编号：
第 页共 页

序　号	设备编码	设备名称及规格型号	技术条件	计量单位	数量	金额(元)	
						单价	合价
自购设备费合计　　　　元							

d 设备费汇总表

标段编号：
第 页共 页

名　　称	金　额(元)
1. 甲供设备费合计	
2. 非甲供设备费合计	
设备费总额	元

（结转"工程量清单投标报价汇总表"）

8) 补充工程量清单计量规则表

表格样式详见《07 指南》。

9) 招标工程量清单格式的填写规定

(1) 工程量清单格式应由招标人填写，随招标文件发至投标人。

(2) 填表须知除本指南内容外，招标人可根据具体情况进行补充。

(3) 本指南工程量清单以外的清单子目应按本指南的规定编制补充工程量清单计量规则表，并随工程量清单发给投标人。

(4) 总说明应按下列内容填写：

① 工程概况：建设规模、工程特征、计划工期、施工现场实际情况、交通运输情况、自然地理条件、环境保护和安全施工要求等。

② 工程招标和分包范围。

③ 工程量清单编制依据。

④ 工程质量、材料、施工等的特殊要求。

⑤ 其他需说明的问题。

(5) 甲供材料数量及价格表由招标人根据拟建工程的具体情况，详细列出甲供材料名称及规格、交货地点、计量单位、数量、单价等。

(6) 甲控材料表由招标人根据拟建工程的具体情况，详细列出甲控材料名称及规格、技术条件等。

(7) 甲供设备数量及价格表应由招标人根据拟建工程的具体情况，详细列出甲供设备名称及规格型号、交货地点、计量单位、数量、单价等。

(8) 甲控设备数量表由招标人根据拟建工程的具体情况，详细列出甲供设备名称及规格型号、技术条件和计量单位、数量等。

(9) 自购设备数量表由招标人根据拟建工程的具体情况，详细列出自购设备名称及规格型号、技术条件和计量单位、数量等。

（10）甲供材料、甲供设备的单价应为交货地点的价格。

3. 工程量清单计价的相关概念

1）暂列金额：是指在签订协议书时尚未确定或不可预见金额。内容包括：

（1）变更设计增加的费用（含由于变更设计所引起的废弃工程）。

（2）工程保险投保范围以外的工程由于自然灾害或意外事故造成的物质损失及由此产生的有关费用。

（3）由于发包人的原因致使停工、工效降低造成承包人的损失而需增加的费用。

（4）由于调整工期造成承包人采取相应措施而需增加的费用。

（5）由于政策性调整而需增加的费用。

（6）以计日工方式支付的费用。

（7）合同约定在工程实施过程中需增加的其他费用。

暂列金额的费率或额度由招标人在招标文件中明确。

2）计日工：指完成招标人提出的，工程量暂估的零星工作所需的费用。计日工表应由招标人根据拟建工程的具体情况，详细估列出人工、材料、施工机械的名称、规格型号、计量单位和相应数量，并随工程量清单发至投标人。

3）激励约束考核费：指为确保铁路工程建设质量、建设安全、建设工期和投资控制，建立激励约束考核机制，根据有关规定计列的激励考核费用。

4）甲供材料费：指用于支付购买甲供材料的费用。

5）设备费：指构成固定资产标准的和虽低于固定资产标准，但属于设计明确列入设备清单的一切需要安装与不需要安装的生产、动力、弱电、起重、运输等设备（包括备品备件）的购置费。设备费由设备原价和设备自生产厂家或来源地运至安装地点所发生的运输费、装卸费、手续费、采购及保管费等组成。

设备分为甲供设备、甲控设备和自购设备三类。甲供设备是指在工程招标文件和合同中约定，由铁道部或建设单位招标采购供应的设备；甲控设备是指在工程招标文件和合同中约定，在建设单位监督下工程承包单位采购的设备；自购设备是指在工程招标文件和合同中约定，由工程承包单位自行采购的设备。

6）暂估价：是指招标人在工程量清单中给定的用于支付必然发生但暂时不能确定价格的材料单价以及专业工程的金额。

4. 工程量清单计价的工作流程

工程量清单计价的工作流程如图 5.7 所示。

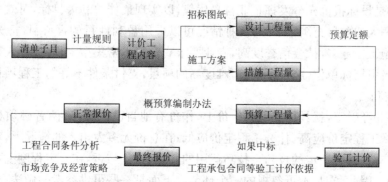

图 5.7　工程量清单计价的工作流程

典型工作任务 5　高速铁路工程报价在工程量清单模式下的应用

5.5.1　工作任务

掌握企业在清单模式下的各种投标策略与技巧。

5.5.2　相关配套知识

工程量清单计价是在招标文件中附有统一的工程量清单,并规定作为投标企业报价的统一依据,由各企业自行制定每个分项的综合单价得到相应的总价,是编制标度和投标的依据。在这种模式下工程计价具有自主报价、价格多元化、企业自主确定、提高竞争力等优点,所以在报价的过程中,企业可根据自身的特点采取相应的策略和报价技巧。

1. 投标策略

1)生存策略

投标报价以克服生存危机为目标,可以不考虑各种影响因素,但由于社会、整治、经济环境的变化和投标人自身经营管理不善,都可以造成投标人的生存危机。

(1)经济状况不佳,投标项目减少。

(2)政府调整基建投资方向,使某些投标人擅长的工程项目减少。这种危机常常危害到营业范围单一的专业工程投标人。

(3)随着中国见着市场的不断发展,会有更大型的有竞争力的外国施工企业进入,如果投标人不加强管理,会存在投标邀请越来越少的危机,这时投标人应以生存为重,采取不盈利甚至赔本也要竞争中标的策略,只要暂时维持生存,渡过难关,就有东山再起的希望。

2)竞争性策略

这种策略是大多数企业通常采用的,也叫保本薄利策略,投标报价以竞争为手段,以赢得市场为目标,在精确计算成本的基础上,充分估价各竞争对手的报价情况,以有竞争力的报价达到中标的目的。投标人处在几种情况下可以采取竞争性报价:经营状况不景气,近期接受的投标减少;施工条件好,施工工艺简单、工程量大,一般公司都能做的项目;投资项目风险小,社会收益好;试图打入新的市场地区,或在该地区面临工程结束,机械设备等无工地转移;开拓新的工程施工类型,投标对手多,竞争激烈的工程;支付条件好的工程。

3)盈利性策略

这种策略是投标报价充分发挥企业自身优势,以实现最佳盈利为目标,对效益小的项目兴趣不大,对利润大的项目充满信心,有几种情况可以采用盈利性目的的报价:投标人在该地区已经打开局面,施工任务多,社会信誉度高,专业要求高的技术密集型工程,投标人在这方面有技术优势,容易吸引招标单位,施工条件差,难度高的项目,支付条件不好的工程项目。

2. 报价技巧

投标策略一经确定,就具体反映到作价上,作价有他自己的技巧,两者必须相辅相成。在作价时,对什么工程定价应高,什么工程定价应低;在总价无多大出入的情况下,对那些单价应高,那些单价应低,都有一定的技巧。技巧运用的好坏,得法与否,在一定程度上可决定工程能否中标和赢利。因此,它是不可忽视的一个环节。下面是一些可供参考的做法:

1)对施工条件差的工程、造价低的小型工程、自己施工上有一定专长的工程报价可高一些;而对于结构比较简单而工程量又较大的工程(如成批的住宅区和大量的土方工程等),短期能突击完成的工程,企业急需拿到任务以及投标竞争对手较多时,报价可低一些。

2)海港、码头、特殊构筑物等工程报价可高,一般房屋土建工程则报价宜低。

3)在同一个工程中可采取不平衡报价法。所谓不平衡报价,就是在不影响投标总报价的前提下,将某些分部分项工程的单价定得比正常水平高一些,某些分部分项工程的单价定得比正常水平低一些。不平衡报价是单价合同投标报价中常见的一种方法,详见表 5.19。

表 5.19　不平衡报价策略表

序　号	信息类别	变动趋势	不平衡报价处理
1	资金收入的时间	资金收入早	适当调高单价
		资金收入晚	适当调低单价
2	清单工程量不准确	工程量将增加	调高单价
		工程量将减少	调低单价
3	报价图纸不明确	工程量将增加	调高单价
		工程量将减少	调低单价
4	暂定工程	自己承包的可能性高	调高单价
		自己承包的可能性低	调低单价
5	单价和包干混合制项目	总额包干项目	调高单价
		单价包干项目	调低单价
6	议标时,招标要求压低单价	工程量大的项目	适当调高单价
		工程量小的项目	适当调低单价

(1)对能早期得到结算付款的分部分项工程(如土方工程、基础工程等)的单价定得较高,对后期的施工分项(如粉刷、油漆、电气设备安装等)单价适当降低。

(2)估计施工中工程量可能会增加的项目,单价提高;工程量会减少的项目单价降低。

(3)设计图纸不明确或有错误的,估计今后修改后工程量会增加的项目,单价提高;工程内容说明不清的,单价降低。

(4)没有工程量,只填单价的项目(如土方工程中的挖淤泥、岩石等),其单价提高些,这样做既不影响投标总价,以后发生时承包人又可多获利。

(5)对于暂列数额(或工程),预计会做的可能性较大,价格定高些,估计不一定发生的则单价低些。

(6)零星用工(计日工)的报价高于一般分部分项工程中的工资单价,因它不属于承包总价的范围,发生时实报实销,价高些会多获利。

4)其他手法

(1)多方案报价法

这是承包人如果发现招标文件、工程说明书或合同条款不够明确,或条款不很公正,技术规范要求过于苛刻时,为争取达到修改工程说明书或合同的目的而采用的一种报价方法。当工程说明书或合同条款有不够明确之处时,承包人往往可能会承担较大的风险,为了减少风险就须提高单价,增加不可预见费,但这样做又会因报价过高而增加投标失败的可能性。运用多方案报价法,是要在充分估计投标风险的基础上,按多个投标方案进行报价,即在投标文件中报两个价,按原工程说明书和合同条件报一个价,然后再提出如果工程说明书或合同条件可作某些改变时的另一个较低的报价(需加以注释)。这样可使报价降低,吸引招标人。此外,如对工程中部分没有把握的工作,可注明采用成本加酬金方式进行结算的办法。

(2)突然降价法

这是一种迷惑对手的竞争手段。投标报价是一项商业秘密性的竞争工作,竞争对手之间可能会随时互相探听对方的报价情况。在整个报价过程中,投标人先按一般态度对待招标工程,按一般情况进行报价,甚至可以表现出自己对该工程的兴趣不大,但等快到投标截止时,再突然降价,使竞争对手措手不及。

(3)先亏后盈法

如想占领某一市场或想在某一地区打开局面,可能会采用这种不惜代价、降低投标价格的手段,目的是以低价甚至亏本进行投标,只求中标。但采用这种方法的承包人,必须要有十分雄厚的实力,较好的资信条件,这样才能长久、不断地扩大市场份额。

投标承包工程,报价是投标的核心,报价正确与否直接关系到投标的成败。为了增强报价的准确性,提高投标中标率和经济效益,除重视投标策略,加强报价管理外,还应善于认真总结经验教训,采取宏观指标和方法从宏观对工程总报价进行控制审核。

典型工作任务6　工程量清单编制案例分析

5.6.1　工作任务

在工程量清单计价学习的基础上,完成一项工程呢个的工程量清单编制。

5.6.2　相关配套知识

1. 编制依据

1)一般规定

(1)本工程招标文件、相关图纸和工程量清单、答疑与补遗书;

(2)《铁路基本建设工程设计概(预)算编制办法》(铁建〔2006〕113 号),(以下简称"113号文");

(3)《铁路基本建设工程投资预估算、估算、设计概预算费税取值规定》(铁建〔2008〕11号),(以下简称"铁建设〔2008〕11 号文");

(4)《关于调整铁路基本建设工程设计概预算综合工费标准的通知》(铁建设〔2010〕196号)(以下简称"铁建设〔2010〕196 号文");

(5)《铁路工程建设材料基期价格(2005 年度)》、《铁路工程施工机械台班费用定额(2005年度)》(铁建设〔2006〕129 号)(以下简称"铁建设〔2006〕129 号文");

(6)《铁路工程建设设备预算价格》(铁建函〔1998〕14 号);

(7)发改价格〔2015〕183 号文(营改增)《国家发展改革委员会、铁道部关于调整铁路货物运输价格的通知》(以下简称"183 号货价(营改增)");

(8)铁建设函〔2008〕105 号文"关于发布铁路工程建设 2007 年度辅助材料价差系数的通知"(以下简称"铁建设〔2008〕105 号文");

(9)《铁路工程工程量清单计价指南(土建部分)》(铁建设〔2007〕108 号);

(10)《铁路大型临时工程和过渡工程设计暂行规定》(铁建设〔2008〕189 号),(以下简称

"铁建设〔2008〕189 号文");

(11)《铁路工程施工组织设计指南》(铁建设〔2009〕226 号)(以下简称"铁建设〔2009〕226 号文");

(12)2015 年第 3 季度主材价格信息(营改增);

(13)《中国铁路总公司关于报送营改增后铁路基本建设工程相关造价标准调整意见的函》(铁总建设函〔2016〕359 号文)。

2)采用定额

(1)"站前"工程

①路基、桥涵、隧道、轨道及站场工程采用《铁路路基工程预算定额》等二十九项定额标准通知的《预算定额》(铁建设〔2010〕223 号)。

②改移道路工程:路面及公路桥梁部工程采用交通部 2007 年 10 月 19 日发布的《公路工程预算定额》,其他工程采用《铁路路基工程预算定额》等二十九项定额标准通知的《预算定额》(铁建设〔2010〕223 号)。

(2)"站后"工程(不含客站):通信、信号、信息、电力、房屋、电力牵引供电、给排水、机务、车辆、机械等采用《铁路路基工程预算定额》等二十九项定额标准通知的《预算定额》(铁建设〔2010〕223 号)。

3)工费

基期工费标准执行"113 号文"关于工费标准的规定,综合工费标准见表 5.20:

表 5.20 综合工费标准表

综合工费类别	工 程 类 别	综合工费标准(元/工日)
Ⅰ类工	路基、小桥涵、房屋、给排水、站场(不包括旅客地道、天桥)等的建筑工程,取弃土(石)场处理,临时工程	20.35
Ⅱ类工	特大桥、大桥、中桥(包括旅客地道、天桥)轨道、机务、车辆、动车等的建筑工程	24.00
Ⅲ类工	隧道、通信、信号、信息、电力、电力牵引供电工程,设备安装工程	25.82
Ⅳ类工	计算机设备安装调试	43.08

编制期工费执行铁建设〔2010〕196 号文标准。编制期工费与基期工费的差额按人工价差处理。

4)材料及设备价格

(1)材料基期价格按铁建设〔2006〕129 号文发布的《铁路工程建设材料基期价格》(2005 年度)扣除可抵扣进项税额。

(2)材料编制期价格采用 2015 年第 3 季度主材价格信息(营改增)。

(3)其他材料费按照现行定额乘以 0.85 的系数。

5)设备购置费

设备购置费的内容调整为:设备原价(不含增值税可抵扣进项税额)+设备运杂费(不含增值税可抵扣进项税额)+税金。

6)机械台班单价

(1)基期施工机械使用费按铁建设〔2006〕129 号文发布的《铁路工程施工机械台班费用定

额》(2005 年度)扣除可抵扣进项税额执行。

(2)编制期施工机械使用费调整为根据《铁路工程施工机械台班费用定额》扣除可抵扣进项税额,按编制期的折旧费、水电价格、油燃料价格计算,与基期施工机械使用费的差额列入施工机械使用费价差。其中编制期水电价格、油燃料价格按不含增值税可抵扣进项税额的价格确定,编制期折旧费以基期折旧费为基数乘以 1.128(开工日期 2016 年 12 月 1 日至 2020 年 5 月 31 日调差系数)。

(3)其他机械使用费按照现行定额乘以 0.9 的系数。

7)施工用水、电单价

(1)工程用水综合基期综合单价调整为 0.35 元/t。编制期综合单价按照施工组织设计方案,分析不含增值税可抵扣进项税额的价格计列。

(2)工程用电基期综合单价调整为 0.47 元/kWh。编制期综合单价按照"113 号文"规定电价计算公式确定,其地方供电部门的基本电价按不含增值税可抵扣进项税额的电价计列;发电机的台班费按照《铁路工程施工机械台班费用定额》扣除可抵扣进项税额的价格计算。

8)运杂费

(1)投标人根据现场调查情况及施工组织设计确定合理运距及"113 号文"、"发改价格〔2015〕183 号文"《关于调整铁路货运价格进一步完善价格形成机制的通知》等有关规定,详细分析材料运杂费。

(2)各种运输单价、其他有关运输的费用,调整为不含增值税可抵扣进项税额的价格计入;水运的装卸费单价,调整为按建设项目所在地的不含增值税可抵扣进项税额的标准计入;采购及保管费按照《中国铁路总公司关于报送营改增后铁路基本建设工程相关造价标准调整意见的函》(铁总建设函〔2016〕359 号文)中表 1 的标准计入。

(3)设备运杂费按照不含增值税可抵扣进项税额的设备原价为计算基数,按照一般地区 6.5%计列。

2. 各项工程费用的编制

1)施工措施费

根据"铁总建设函〔2016〕359 号文"规定,按该文件表 3 中以各类工程基期人工费与施工机械使用费之和为计算基数乘以 1 区(营改增)所列费率计算。

2)特殊施工增加费

按"113 号文"规定计算。

3)间接费

根据"铁总建设函〔2016〕359 号文"规定,以基期人工费与基期施工机械使用费之和为计算基数,根据不同工程类别,按该文件表 3 中所列费率计算。

4)税金

税金统一按财税〔2016〕36 号文件一般计税方法,按税前费用(不含增值税可抵扣进项税额)的 11%计列。

5)大型临时设施和过渡工程费

(1)大型临时设施

投标人根据施工图设计文件、投标人现场调查情况和本工程的特点以及施工织设计方案,自行分析确定大临设施的项目、规模并报价。

（2）过渡工程（不含通信、信号、电力及牵引供电过渡工程）

由投标人对招标人提供的设计文件、资料以及施工组织设计自行分析，需要过渡的工程，由投标人自行分析并报价。

6）价差

（1）人工费价差：按"铁建设〔2010〕196 号文"规定，计算人工价差。

（2）材料费价差：

除中国铁路总公司（原铁道部）《关于铁路建设项目实施阶段材料价差调整的指导意见》（铁建设〔2009〕46 号文）、《中国铁路总公司（原铁道部）关于补充铁路建设项目实施阶段材料价差调整目录的通知》（铁建设〔2012〕230 号）所列材料目录材料按招标文件要求计算（甲供材料投标人不予计算）。差价列入材料价差之中。

（3）施工机械使用费价差：

按定额统计的机械台班消耗量，乘以编制期施工机械台班单价与基期施工机械台班单价的差额计算。

7）其他相关费用报价编制的说明

（1）大型临时设施的报价

①混凝土拌合站的位置，投标人根据施工图设计文件及施工组织设计或按拟选位置自行选定，投标人已充分考虑由于位置的变化而带来相关风险。

②新建及改建临时汽车运输便道、临时电力干线、临时供水、临时通信等大型临时设施，投标人根据施工组织设计自行布置和报价。

（2）总承包风险费

由投标人根据自身情况自主报价，根据招标文件要求，不得高于招标人公布的总承包风险费总额。

（3）安全生产费

按招标文件公布费用报价。

3. 工程量清单计价格式

工程量清单计价格式应随招标文件发至投标人。工程量清单计价格式应由下列内容组成：

（1）投标总价

投顶尖总价应。按工程量清单投标报价汇总表合计金额填写。投标人编制投标报价时，由投标人单位注册的造价人员编制。投标人盖单位公章，法定代表人或其近观权人签字或盖章；编制的造价人员在编制人一栏签字盖执业专用章。

（2）工程量清单投标报价汇总表

工程量清单投标报价汇总表各章节的金额应与工程量清单费用计算表各章节的金额一致。投标报价汇总表与投标函中投标报价金额应当一致。就投标文件的各个部分而言，投标函是最重要的文件，其他组成部分都是投标函的支持性文件，投标函必须经投标人签字，并且在开标会上当众宣读的文件。如果投标报价汇总表的投标总价与投标函填报的投标总价不一致，应发以投标函中填写的大写金额为准。为了避免出现争议，可以在"投标人须知"中对此项规定预先给予明确。工程量清单投标报价见表 5.21。

表 5.21　工程量清单投标报价汇总表

标段:CN-2 标

章　号	节　号	名　　称	金额(元)
第一章	1	拆迁及征地费用	105 900 490
第二章		路基	752 268 221
	2	区间路基土石方	235 325 143
	3	站场土石方	131 737 344
	4	路基附属工程	385 205 734
第三章		桥涵	709 210 577
	5	特大桥	489 219 165
	6	大桥	156 983 881
	7	中桥	12 714 002
	8	小桥	25 915 391
	9	涵洞	24 378 138
第四章		隧道及明洞	
	10	隧道	
	11	明洞	
第五章		轨道	
	12	正线	
	13	站线	
	14	线路有关工程	
第六章		通信、信号及信息	793 288
	15	通信	
	16	信号	793 288
	17	信息	
第七章		电力及电力牵引供电	
	18	电力	
	19	电力牵引供电	
第八章	20	房屋	
第九章		其他运营生产设备及建筑物	44 442 528
	21	给排水	
	22	机务	
	23	车辆	
	24	动车	
	25	站场	44 442 528
	26	工务	
	27	其他建筑及设备	
第十章	28	大型临时设施和过渡工程	30 064 552
第十一章	29	其他费	34 000 000

章　号	节　号	名　称		金额(元)
第一章～第十一章清单合计（不含安全生产费）			A	1 633 760 296
设备费			B	8 919 360
总承包风险费			C	25 000 000
安全生产费			D	34 000 000
跨越高速公路和城市道路施工辅助费			E	1 000 000
投标报价总额＝$A＋B＋C＋D＋E$				1 702 679 656
按照一般计税方法标明报价中包含的增值税数额				168 734 020

注：跨越高速公路和城市道路施工辅助费(E)包含但不限于项目主体工程跨公路、铁路、河道等所需的安全评估费、施工许可费、协调费、保证金等全部费用，包干使用。

4. 工程量清单计价表（表 5.22）

投标人对招标人提供的工程量清单表中的"编码""名称"、"计量单位"、"工程数量"均应不作发动的填入工程量清单计价表相应的栏目。"综合单价"、"合价"自主决定填写。

表 5.22　工程量清单计价表

标段:CN-2 标

清单　第二章　路基

编　码	节号	名　称	计量单位	工程数量	金额(元)	
					综合单价	合价
02		路基	正线公里	29.32	25 657 169.88	752 268 221
020		其中:建筑工程费	正线公里	29.32	25 657 169.88	752 268 221
0202	2	区间路基土石方	断面方	5 297 392	44.42	235 325 143
02020		其中:建筑工程费	断面方	5 297 392	44.42	235 325 143
020201		Ⅰ.建筑工程费	施工方	5 296 581	44.43	235 325 143
02020101		一、土方	m³	798 939	11.43	9 133 130
0202010101		（一）挖土方	m³	798 699	11.43	9 131 678
020201010101		1. 挖土方(运距≤1 km)	m³	798 699	6.39	5 103 687
02020101010102		(2)机械施工	m³	798 699	6.39	5 103 687
020201010102		2. 增运土方(运距>1 km 的部分)	m³	732 362	5.50	4 027 991
0202010102		（二）利用土填方	m³	240	6.05	1 452
02020101010202		2. 机械施工	m³	240	6.05	1 452
02020102		二、石方	m³	3 485 295	30.68	106 942 511
0202010201		（一）挖石方	m³	3 484 724	30.69	106 937 927
020201020101		1. 挖石方(运距≤1 km)	m³	3 484 724	23.07	80 388 681
02020102010102		(2)机械施工	m³	3 484 724	23.07	80 388 681
0202010201010202		1)一般爆破施工	m³	3 222 115	20.53	66 150 021

清单　第二章　路基

编　码	节号	名　称	计量单位	工程数量	综合单价	合价
					金额(元)	
020201020101020201		①石方开挖	m³	3 222 115	11.31	36 442 121
020201020101020202		②装运 1 km	m³	3 222 115	9.22	29 707 900
0202010201010204		2)控制爆破施工	m³	262 609	54.22	14 238 660
020201020101020401		①控制爆破	m³	262 609	44.74	11 749 127
020201020101020402		②装运 1 km	m³	262 609	9.48	2 489 533
02020102102		2. 增运石方(运距>1 km 的部分)	m³	3 484 153	7.62	26 549 246
0202010202		(二)利用石填方	m³	571	8.03	4 584
020201020202		2. 机械施工	m³	571	6.05	3 455
020201020204		3. 填料破碎	m³	171	6.60	1 129
02020103		三、填渗水土	m³	110 705	122.38	13 548 078
0202010302		(二)增运(运距>1 km 的部分)	m³	110 705	37.86	4 191 291
0202010303		(三)价购	m³	110 705	84.52	9 356 787
02020104		四、填改良土	m³	113 635	38.60	4 386 311
0202010401		(一)利用方改良	m³	113 635	38.60	4 386 311
020201040101		1. 改良	m³	113 635	34.28	3 895 408
020201040103		3. 增运(运距>1 km 部分)	m³	113 635	4.32	490 903
02020105		五、级配碎石(砂砾石)	m³	261 614	154.15	40 328 155
0202010502		(一)基床表层	m³	185 937	144.95	26 951 568
0202010506		(二)过渡段	m³	75 677	176.76	13 376 587
020201050601		1. 路桥过渡段	m³	41 126	184.42	7 584 457
020201050602		2. 路涵过渡段	m³	34 551	167.64	5 792 130
02020110		九、AB组填料	m³	527 204	115.68	60 986 958
0202011002		2. 增运石方(运距>1 km 的部分)	m³	527 204	37.56	19 801 782
0202011004		4. 价购	m³	527 204	78.12	41 185 176
0203	3	站场土石方	断面方	3 377 644	39.00	131 737 344
02030		其中:建筑工程费	断面方	3 377 644	39.00	131 737 344
020301		Ⅰ.建筑工程费	施工方	3 082 744	42.73	131 737 344
02030101		一、土方	m³	263 429	10.39	2 737 027
0203010101		(一)挖土方	m³	263 429	10.39	2 737 027
020301010101		1. 挖土方(运距≤1 km)	m³	263 429	6.36	1 675 408
02030101010102		(2)机械施工	m³	263 429	6.36	1 675 408

续上表

清单　第二章　路基

编　码	节号	名　称	计量单位	工程数量	金额（元）	
					综合单价	合价
020301010102		2. 增运土方（运距＞1 km 部分）	m³	263 429	4.03	1 061 619
02030102		二、石方	m³	2 369 824	25.69	60 892 011
0203010201		（一）挖石方	m³	2 074 924	27.58	57 226 404
020301020101		1. 挖石方（运距≤1 km）	m³	2 074 924	20.69	42 930 178
0203010201010 2		（2）机械施工	m³	2 074 924	20.69	42 930 178
020301020101020 2		1）一般爆破施工	m³	2 074 924	20.69	42 930 178
020301020101020201		①石方开挖	m³	2 074 924	11.40	23 654 134
020301020101020202		②装运 1 km	m³	2 074 924	9.29	19 276 044
020301020102		2. 增运石方（运距＞1 km 部分）	m³	2 074 924	6.89	14 296 226
0203010202		（二）利用石填方	m³	294 900	12.43	3 665 607
020301020202		2. 机械施工	m³	294 900	6.05	1 784 145
020301020204		3. 填料破碎	m³	294 900	6.38	1 881 462
02030105		五、级配碎石	m³	118 009	153.57	18 122 931
0203010501		（一）基床表层	m³	87 472	143.54	12 555 731
0203010502		（二）过渡段	m³	30 537	182.31	5 567 200
020301050202		2. 路涵过渡段	m³	30 537	182.31	5 567 200
02030109		八、A 组填料	m³	30 652	116.73	3 578 008
0203010902		2. 增运石方（运距＞1 km 的部分）	m³	30 652	37.91	1 162 017
0203010904		4. 价购	m³	30 652	78.82	2 415 991
02030110		九、AB 组填料	m³	595 730	77.90	46 407 367
0203011004		4. 价购	m³	595 730	77.90	46 407 367
0204	4	路基附属工程	正线公里	29.32	13 137 985.47	385 205 734
02040		其中：建筑工程费	正线公里	29.32	13 137 985.47	385 205 734
020402		4.1 区间	元			341 295 467
02040203		Ⅰ. 建筑工程费	元			341 295 467
0204020301		一、附属土石方及加固防护	元			275 079 322
020402030101		（一）土石方	m³	92 857	21.56	2 002 245
02040203010101		1. 土方	m³	90 979	14.65	1 332 842
02040203010102		2. 石方	m³	1 878	47.58	89 355
02040203010103		3. 增运土石方（运距＞1 km 部分）	m³	94 011	6.17	580 048
020402030102		（二）混凝土及砌体	元			112 514 504

清单　第二章　路基

编　码	节号	名　称	计量单位	工程数量	金额(元)	
					综合单价	合价
02040203010202		2. 浆砌石	圬工方	2 210	320.91	709 211
02040203010203		3. 混凝土	圬工方	146 881	571.82	83 989 493
02040203010205		5. 钢筋混凝土	圬工方	15 564.6	648.47	10 093 176
02040203010206		6. 锚杆框架梁	圬工方	6 760	2 621.69	17 722 624
02040203010103		(三)绿色防护	正线公里	29.32	318 355.83	9 334 193
02040203010302		2. 播草籽	m²	748 325	1.79	1 339 502
02040203010305		5. 栽植乔木	株	13 627	64.50	878 942
02040203010306		6. 栽植灌木	株	146 063	4.42	645 598
02040203010308		8. 穴植容器苗	千穴	424.34	7 597.74	3 224 025
02040203010310		10. 种植土	m³	86 911	37.35	3 246 126
02040203010107		(七)金属防护网	m²	3 560	497.93	1 772 631
02040203010702		2. 高强金属柔性被动防护网	m²	3 560	497.93	1 772 631
02040203010108		(八)土工合成材料	m²	852 669.2	13.65	11 640 145
02040203010801		1. 土工布	m²	49 884.2	3.66	182 576
02040203010802		2. 复合土工膜	m²	245 731	7.41	1 820 867
02040203010804		4. 土工格栅	m²	463 516	4.83	2 238 782
02040203010807		7. 防水板	m²	93 538	79.09	7 397 920
02040203010109		(九)地基处理	元			44 518 986
02040203010902		2. 垫层	m³	46 372	157.45	7 301 113
0204020301090202		(2)填碎石	m³	41 862	162.75	6 813 041
0204020301090207		(7)填黏土	m³	4 510	108.22	488 072
02040203010904		4. 变截面挤密螺纹桩	m	12 591	103.71	1 305 813
02040203010908		8. 旋喷桩	m	8 847	96.61	854 709
02040203010909		9. 多向水泥搅拌桩	m	128 380	41.56	5 335 473
02040203010912		12. CFG 桩	m	27 927	165.47	4 621 081
02040203010914		14. 多向加芯水泥搅拌桩	m	43 400	105.36	4 572 624
02040203010920		20. 桩网结构	圬工方	9 282	2 092.33	19 421 007
02040203010921		21. 堆载预压	m³	55 386	19.99	1 107 166
02040203010111		(十一)取弃土(石)场处理	元			47 986 676
02040203011102		2. 浆砌石	圬工方	120 305	335.17	40 322 627
02040203011104		4. 场地平整、绿化、复垦	m²	967 683	7.92	7 664 049
02040203010112		(十二)地下排水设施	元			10 162 147

续上表

清单　第二章　　路基

编　　码	节号	名　　　称	计量单位	工程数量	金额(元) 综合单价	金额(元) 合价
02040203011203		3. 聚氯乙烯(UPVC)管	m	18 803	129.68	2 438 373
02040203011204		4. 检查井	圬工方	3 769	1 025.19	3 863 941
02040203011205		5. 盲沟	圬工方	3 177	1 214.93	3 859 833
02040203011303		(十三)降噪声工程	元			2 189 770
02040203011303		1. 路基声屏障	m²	790.6	744.08	588 270
02040203011304		2. 箱梁声屏障	m²	590	315.85	186 352
02040203011307		3. 隔声窗	m²	3 250	435.43	1 415 148
020402030114		(十四)线路防护栅栏	单侧公里	65.82	295 581.87	19 455 199
020402030116		(十六)路基地段电缆槽	km	29.35	239 052.71	7 016 197
020402030117		(十七)路基地段接触网支柱基础	个	675	4 605.04	3 108 402
020402030120		(十九)综合接地引入	元			1 019 669
02040203012001		1. 路基地段	处	595	109.42	65 105
02040203012002		2. 桥梁地段	处	5 328	179.16	954 564
020402030121		(二十)其他工程	元			2 096 769
02040203012107		7. 观测断面	个	532	349.19	185 769
02040203012110		9. 沉降监测系统	套	245	7 800.00	1 911 000
020402030122		(二十一)光电缆过路基防护	m	3 224	81.20	261 789
0204020302		二、支挡结构	元			66 216 145
020402030203		(三)挡土墙混凝土	圬工方	12 891.1	548.83	7 075 022
020402030207		(七)桩板挡土墙	圬工方	40 320	951.64	38 370 125
020402030210		(十)土钉	m	19 667	99.93	1 965 323
020402030211		(十一)抗滑桩	圬工方	21 721	815.01	17 702 832
020402030216		(十六)锚索框架梁	圬工方	610	1 807.94	1 102 843
020403		4.2 站场	元			43 910 267
02040303		Ⅰ. 建筑工程费	元			43 910 267
0204030301		一、附属土石方及加固防护	元			43 910 267
020403030101		(一)土石方	m³	23 252	13.74	319 482
02040303010101		1. 土方	m³	23 252	7.54	175 320
02040303010103		3. 增运土石方(运距>1 km部分)	m³	23 252	6.20	144 162
020403030102		(二)混凝土及砌体	元			25 107 763
02040303010203		3. 混凝土	圬工方	40 208	553.93	22 272 417

续上表

清单 第二章 路基

编　码	节号	名　称	计量单位	工程数量	金额(元)	
					综合单价	合价
02040303010205		5. 钢筋混凝土	圬工方	4 561	621.65	2 835 346
02040303010103		(三)绿色防护	元			2 728 262
02040303010302		2. 播草籽	m²	63 798	1.79	114 198
02040303010303		3. 喷播植草	m²	38 121	5.09	194 036
02040303010305		5. 栽植乔木	株	5 885	64.50	379 583
02040303010306		6. 栽植灌木	株	55 922	8.82	493 232
02040303010307		7. 栽植花草	m²	1 620	53.90	87 318
02040303010308		8. 穴植容器苗	千穴	115.39	7 598.01	876 734
02040303010310		10. 种植土	m³	12 170	46.76	569 069
02040303010311		11. 攀援植物	株	1 727	8.16	14 092
02040303010108		(八)土工合成材料	m²	319 681	15.35	4 907 939
02040303010801		1. 土工布	m²	6 286	3.66	23 007
02040303010802		2. 复合土工膜	m²	80 081	7.49	599 807
02040303010804		4. 土工格栅	m²	183 007	6.60	1 207 846
02040303010807		7. 防水板	m²	50 307	61.17	3 077 279
02040303010109		(九)地基处理	元			1 086 327
02040303010902		2. 垫层	m³	10 344	105.02	1 086 327
0204030301090201		(1)填砂	m³	10 344	105.02	1 086 327
02040303010112		(十二)地下排水设施	元			1 433 886
02040303011203		3. 聚氯乙烯(UPVC)管	m	7 159	44.73	320 222
02040303011204		4. 检查井	圬工方	634	834.89	529 320
02040303011205		5. 盲沟	圬工方	511	1 143.53	584 344
02040303010114		(十四)线路防护栅栏	单侧公里	1.31	347 314.50	454 982
02040303010116		(十六)路基地段电缆槽	km	17.08	198 418.09	3 388 981
02040303010117		(十七)路基地段接触网支柱基础	个	353	5 995.70	2 116 482
02040303010122		(十九)其他工程	元			136 467
02040303012201		1. 平交道路面	m²	35	3 021.06	105 737
02040303012207		5. 观测断面	个	88	349.20	30 730
02040303010123		(二十)光电缆过路基防护	m	25 280	88.20	2 229 696

第二章合计　　752 268 221.00 元

4. 工程量清单综合单价分析表(表 5.23)

表 5.23　工程量清单综合单价分析表

清单　第二章　路基

编码	节号	名　称	计量单位	综合单价组成(元)							综合单价(元)
				人工费	材料费	机械使用费	填料费	措施费	间接费	税金	
02		路基	正线公里	3 835 317.47	14 347 079.11	2 642 089.93		563 717.43	1 555 300.59	2 523 785.57	25 657 169.88
020		其中:建筑工程费	正线公里	3 835 317.47	14 347 079.11	2 642 089.93		563 717.43	1 555 300.59	2 523 785.57	25 657 169.88
0202		区间路基土石方	断面方	2.60	15.81	16.82		1.17	3.62	4.40	44.42
02020		其中:建筑工程费	断面方	2.60	15.81	16.82		1.17	3.62	4.40	44.42
020201	2	Ⅰ.建筑工程费	施工方	2.60	15.82	16.82		1.17	3.62	4.40	44.43
02020101		一.土方	m³	0.07		8.39		0.50	1.34	1.13	11.43
0202010101		(一)挖土方	m³	0.07		8.39		0.50	1.34	1.13	11.43
020201010101		1.挖土方(运距≤1 km)	m³	0.07		4.44		0.33	0.91	0.64	6.39
02020101010102		(2)机械施工	m³	0.07		4.44		0.33	0.91	0.64	6.39
020201010102		2.增运土方(运距>1 km 的部分)	m³			4.31		0.18	0.47	0.54	5.50
0202010102		(二)利用土填方	m³	0.25	0.18	4.11		0.24	0.67	0.60	6.05
02020101020102		2.机械施工	m³	0.25	0.18	4.11		0.24	0.67	0.60	6.05
02020102		二.石方	m³	3.58	3.35	15.33		1.26	4.12	3.04	30.68
0202010201		(一)挖石方	m³	3.58	3.35	15.33		1.26	4.12	3.04	30.68
020201020101		1.挖石方(运距≤1 km)	m³	3.58	3.35	9.37		1.01	3.48	2.28	23.07
02020102010102		(2)机械施工	m³	3.58	3.35	9.37		1.01	3.48	2.28	23.07
0202010201010202		1)一般爆破施工	m³	2.25	3.20	9.14		0.90	3.01	2.03	20.53
020201020101020201		①石方开挖	m³	2.14	3.20	2.72		0.42	1.71	1.12	11.31

续上表

清单　第二章　路基

编码	节号名称	计量单位	综合单价组成(元)							综合单价(元)
			人工费	材料费	机械使用费	填料费	措施费	间接费	税金	
02020102010102020202	②装运1km	m³	0.11		6.41		0.48	1.31	0.91	9.22
02020102010101020204	2)控制爆破施工	m³	19.83	5.17	12.19		2.43	9.23	5.37	54.22
02020102010102020401	①控制爆破	m³	19.72	5.18	5.60		1.93	7.88	4.43	44.74
02020102010102020402	②装运1km	m³	0.11		6.59		0.49	1.35	0.94	9.48
02020102010102	2.增运石方（运距>1km的部分）	m³			5.97		0.25	0.64	0.76	7.62
0202010202	（二）利用石填方	m³	0.44	0.18	5.40		0.32	0.88	0.80	8.02
0202010202	2.机械施工	m³	0.26	0.19	4.10		0.24	0.66	0.60	6.05
0202010202204	3.填料破碎	m³	0.61		4.33		0.27	0.73	0.66	6.60
0202010203	三.填渗水土	m³	0.16	72.91	32.18		1.39	3.61	12.13	122.38
0202010302	（二）增运（运距>1km的部分）	m³			29.67		1.24	3.20	3.75	37.86
0202010303	（三）价购	m³	0.16	72.91	2.51		0.15	0.41	8.38	84.52
0202010104	四.填改良土	m³	0.92	17.98	12.95		0.79	2.13	3.83	38.60
0202010401	（一）利用方改良	m³	0.92	17.98	12.95		0.79	2.13	3.83	38.60
02020104101	1.改良	m³	0.92	17.98	9.56		0.65	1.77	3.40	34.28
02020104103	3.增运（运距>1km部分）	m³			3.38		0.14	0.37	0.43	4.32
0202010105	五.级配碎石（砂砾石）	m³	3.72	107.38	22.45		1.43	3.89	15.28	154.15
0202010502	（一）基床表层	m³	2.29	103.74	19.94		1.24	3.38	14.36	144.95
0202010506	（二）过渡段	m³	7.24	116.32	28.63		1.89	5.16	17.52	176.76
02020105061	1.路桥过渡段	m³	8.51	118.76	31.11		2.08	5.68	18.28	184.42

续上表

编　码	节号	名　　称	计量单位	综合单价组成（元）							综合单价（元）
				人工费	材料费	机械使用费	填料费	措施费	间接费	税金	
0202010506002		2. 路涵过渡段	m³	5.73	113.42	25.66		1.67	4.55	16.61	167.64
0202010110		九.AB组填料	m³	0.27	64.26	34.24		1.51	3.94	11.46	115.68
0202011002		2. 增运石方（运距＞1 km 的部分）	m³			29.44		1.23	3.17	3.72	37.56
0202011004		4. 价购	m³	0.27	64.26	4.80		0.28	0.77	7.74	78.12
0203	3	站场土石方	断面方	1.53	18.47	11.65		0.85	2.64	3.87	39.01
02030		其中:建筑工程费	断面方	1.53	18.47	11.65		0.85	2.64	3.87	39.01
020301		I. 建筑工程费	施工方	1.68	20.24	12.76		0.93	2.89	4.24	42.74
0203010101		一.土方	m³	0.05		7.58		0.47	1.26	1.03	10.39
0203010101		（一）挖土方	m³	0.05		7.58		0.47	1.26	1.03	10.39
02030101010101		1. 挖土方（运距≤1 km）	m³	0.05		4.42		0.34	0.92	0.63	6.36
02030101010102		（2）机械施工	m³	0.05		4.42		0.34	0.92	0.63	6.36
02030101010102		2. 增运土方（运距＞1 km 部分）	m³			3.16		0.13	0.34	0.40	4.03
02030102		二.石方	m³	1.98	2.91	13.88		1.05	3.33	2.55	25.70
0203010201		（一）挖石方	m³	2.15	3.30	14.67		1.13	3.61	2.73	27.59
02030102010102		1. 挖石方（运距≤1 km）	m³	2.15	3.30	9.28		0.90	3.02	2.05	20.70
02030102010102		（2）机械施工	m³	2.15	3.30	9.28		0.90	3.02	2.05	20.70
0203010201020201		1)一般爆破施工	m³	2.15	3.30	9.28		0.90	3.02	2.05	20.70
02030102010201020101		①石方开挖	m³	2.03	3.30	2.81		0.42	1.71	1.13	11.40
02030102010201020102		②装运1 km	m³	0.11		6.47		0.48	1.31	0.92	9.29

续上表

清单·第二章　路基

编码	节号名称	计量单位	综合单价组成(元)							综合单价(元)
			人工费	材料费	机械使用费	填料费	措施费	间接费	税金	
0203010020102	2.增运石方(运距>1 km部分)	m³			5.40		0.23	0.58	0.68	6.89
0203010020202	(二)利用石填方	m³	0.85	0.19	8.29		0.50	1.37	1.23	12.43
0203010020202	2.机械施工	m³	0.26	0.18	4.10		0.24	0.67	0.60	6.05
0203010020204	3.填料破碎	m³	0.59		4.19		0.26	0.71	0.63	6.38
0203010105	五、级配碎石	m³	3.41	107.29	22.38		1.41	3.86	15.22	153.57
0203010501	(一)基床表层	m³	2.57	100.77	21.07		1.31	3.59	14.23	143.54
0203010502	(二)过渡段	m³	5.81	125.97	26.12		1.70	4.64	18.07	182.31
0203010050202	2.路涵过渡段	m³	5.81	125.97	26.12		1.70	4.64	18.07	182.31
0203010109	八、A组填料	m³	0.31	68.91	31.15		1.34	3.46	11.57	116.74
0203010902	2.增运石方(运距>1 km的部分)	m³			29.71		1.24	3.20	3.76	37.91
0203010904	4.价购	m³	0.32	68.91	1.43		0.09	0.26	7.81	78.82
0203010110	九、AB组填料	m³	0.08	68.36	1.43		0.08	0.23	7.72	77.90
0203011004	4.价购	m³	0.08	68.36	1.43		0.08	0.23	7.72	77.90
0204	4 路基附属工程	正线公里	1 963 935.47	7 346 650.65	1 352 924.28		288 660.50	796 416.47	1 292 344.65	13 138 162.99
02040	其中:建筑工程费	正线公里	1 963 935.47	7 346 650.65	1 352 924.28		288 660.50	796 416.47	1 292 344.65	13 138 162.99
020402	4.1 区间	元	50 725 278.00	189 636 678.00	36 336 527.00		7 615 547.00	20 956 349.00	33 579 744.00	341 299 674.00
02040203	Ⅰ.建筑工程费	元	50 725 278.00	189 636 678.00	36 336 527.00		7 615 547.00	20 956 349.00	33 579 744.00	341 299 674.00
0204020301	一附属土石方及加固防护	元	40 425 265.00	155 282 901.00	27 632 555.00		5 916 792.00	16 358 387.00	27 017 751.00	275 083 202.00
0204020301O1	(一)土石方	m³	5.60	0.12	10.67		0.82	2.21	2.14	21.56
0204020301O101	1.土方	m³	5.12	0.04	5.80		0.60	1.64	1.45	14.65

续上表

清单 第二章 路基

编码	节号 名称	计量单位	综合单价组成（元）							综合单价（元）
			人工费	材料费	机械使用费	填料费	措施费	间接费	税金	
02040203010102	2. 石方	m³	28.89	3.54	4.87		1.49	4.07	4.72	47.58
02040203010103	3. 增运土石方（运距>1 km部分）	m³			4.84		0.20	0.52	0.61	6.17
02040203010102	（二）混凝土及砌体	元	17 581 466.00	62 686 398.00	11 577 629.00		2 568 170.00	6 951 177.00	11 150 132.00	112 514 972.00
02040203010202	2. 浆砌石	坊工方	36.80	238.02	3.49		2.91	7.89	31.80	320.91
02040203010203	3. 混凝土	坊工方	90.09	337.28	43.81		11.86	32.11	56.67	571.82
02040203010205	5. 钢筋混凝土	坊工方	97.49	394.97	45.50		12.48	33.77	64.26	648.47
02040203010206	6. 锚杆框架梁	坊工方	406.88	957.47	654.96		92.42	250.15	259.81	2 621.69
02040203010103	（三）绿色防护	正线公里	105 977.93	129 256.82	8 173.74		8 566.44	34 925.55	31 559.07	318 459.55
02040203010302	2. 播草籽	m²	0.61	0.78			0.04	0.18	0.18	1.79
02040203010305	5. 栽植乔木	株	28.35	19.50			2.02	8.24	6.39	64.50
02040203010306	6. 栽植灌木	株	0.70	3.03			0.05	0.20	0.44	4.42
02040203010308	8. 穴植容器苗	千穴	3 198.90	2 488.38			227.99	929.54	752.93	7 597.74
02040203010310	10. 种植土	m³	9.22	16.59	2.76		1.00	4.08	3.70	37.35
02040203010107	（七）金属防护网	m²	96.91	309.71	11.81		8.13	22.02	49.35	497.93
02040203010702	2. 高强金属柔性被动防护网	m²	96.91	309.71	11.81		8.13	22.02	49.35	497.93
02040203010108	（八）土工合成材料	m²	0.89	11.18			0.06	0.17	1.35	13.65
02040203010801	1. 土工布	m²	0.35	2.86			0.02	0.07	0.36	3.66
02040203010802	2. 复合土工膜	m²	1.10	5.28			0.08	0.21	0.74	7.41
02040203010804	4. 土工格栅	m²	0.74	3.42			0.05	0.14	0.48	4.83
02040203010807	7. 防水板	m²	1.33	69.57			0.09	0.26	7.84	79.09

续上表

编码	节号 名称	计量单位	综合单价组成(元) 人工费	材料费	机械使用费	填料费	措施费	间接费	税金	综合单价(元)
0204020030109	(九)地基处理	元	3 506 038.00	19 386 660.00	11 510 254.00		1 538 989.00	4 165 527.00	4 411 823.00	44 519 291.00
0204020030902	2. 垫层	m³	3.23	133.08	3.50		0.55	1.49	15.60	157.45
0204020301090202	(2)填碎石	m³	0.70	142.47	2.38		0.29	0.78	16.13	162.75
0204020301090207	(7)填黏土	m³	26.69	45.91	13.85		2.98	8.07	10.72	108.22
0204020301090904	4. 变截面挤密螺纹桩	m	9.86	61.04	14.29		2.22	6.02	10.28	103.71
0204020301090908	8. 旋喷桩	m	11.00	34.68	26.81		3.93	10.62	9.57	96.61
0204020301090909	9. 多向水泥搅拌桩	m	4.89	17.58	9.78		1.40	3.79	4.12	41.56
0204020301090912	12. CFG桩	m	11.07	101.77	23.33		3.48	9.42	16.40	165.47
0204020301090914	14. 多向加芯水泥搅拌桩	m	18.62	46.08	18.03		3.29	8.90	10.44	105.36
0204020301090920	20. 桩网结构	圬工方	138.25	482.44	866.42		107.34	290.53	207.35	2 092.33
0204020301090921	21. 堆载预压	m³	1.92	10.18	3.58		0.63	1.70	1.98	19.99
02040200301011	(十一)取弃土(石)场处理	元	6 846 112.00	33 381 963.00	883 594.00		571 230.00	1 546 130.00	4 755 193.00	47 984 222.00
02040203011102	2. 浆砌石	圬工方	45.13	237.51	5.63		3.69	9.99	33.22	335.17
02040203011104	4. 场地平整、绿化、复垦	m²	1.46	4.97	0.21		0.13	0.36	0.79	7.92
02040200301012	(十二)地下排水设施	元	1 594 156.00	6 654 554.00	334 439.00		154 280.00	417 584.00	1 007 052.00	10 162 065.00
02040203011203	3. 聚氯乙烯(UPVC)管	m	4.02	111.75			0.29	0.77	12.85	129.68
02040203011204	4. 检查井	圬工方	271.76	503.66	52.92		25.70	69.56	101.59	1 025.19

清单　第二章　路基

续上表

编码	节号	名　称	计量单位	综合单价组成（元）							综合单价（元）
				人工费	材料费	机械使用费	填料费	措施费	间接费	税金	
02040203011205		5. 盲沟	坊工方	155.58	835.74	42.49		16.38	44.34	120.40	1 214.93
02040203011113		（十三）降噪声工程	元	122 117.00	1 542 149.00	190 254.00		31 745.00	86 504.00	217 004.00	2 189 773.00
02040203011303		1. 路基声屏障	m²	74.49	266.89	221.01		29.12	78.83	73.74	744.08
02040203011304		2. 箱梁声屏障	m²	46.38	172.09	26.31		10.46	29.31	31.30	315.85
02040203011307		3. 隔声窗	m²	11.04	378.34			0.78	2.12	43.15	435.43
02040203011114		（十四）线路防护栅栏	单侧公里	66 473.40	170 164.33	8 508.35		5 704.28	15 439.61	29 291.90	295 581.87
02040203011116		（十六）路基地段电缆槽	km	40 534.69	136 148.96	19 031.72		5 300.58	14 346.85	23 689.91	239 052.71
02040203011117		（十七）路基地段接触网支柱基础	个	478.55	1 386.28	1 037.40		142.36	385.31	377.29	4 605.04
02040203011120		（十九）综合接地引入	元	87 069.00	808 627.00			6 181.00	16 729.00	101 047.00	1 019 653.00
02040203012001		1. 路基地段	处		98.58					10.84	109.42
02040203012002		2. 桥梁地段	处	16.34	140.76			1.16	3.14	17.76	179.16
02040203011121		（二十）其他工程	元	51 246.00	100 590.00	1 425.00		3 803.00	10 295.00	18 409.00	2 096 768.00
02040203012107		7. 观测断面	个	96.33	189.08	2.68		7.15	19.35	34.60	349.19
02040203012110		9. 沉降监测系统	套								7 800.00
02040203011122		（二十一）光电电缆过路基防护	m	6.68	47.03	13.48		1.61	4.35	8.05	81.20
0204020302		二、支挡结构	元	10 300 013.00	34 353 777.00	8 703 972.00		1 698 755.00	4 597 962.00	6 561 993.00	66 216 472.00
02040203020203		（三）挡土墙混凝土	坊工方	60.97	344.75	49.94		10.46	28.32	54.39	548.83
02040203020207		（七）桩板式挡土墙	坊工方	155.30	482.94	126.40		25.01	67.68	94.31	951.64

续上表

清单　第二章　路基

编码	节号 名称	计量单位	综合单价组成（元）							综合单价（元）
			人工费	材料费	机械使用费	填料费	措施费	间接费	税金	
0204020030210	(十)土钉	m	13.59	48.48	17.74		2.76	7.46	9.90	99.93
0204020030211	(十一)抗滑桩	坊工方	129.91	414.95	109.72		21.49	58.17	80.77	815.01
0204020030216	(十六)锚索框架梁	坊工方	267.15	771.29	380.01		56.74	153.58	179.17	1 807.94
020040303	4.2站场	元	6 857 310.00	25 767 119.00	3 331 213.00		847 979.00	2 394 582.00	4 311 801.00	43 911 265.00
020040303	Ⅰ.建筑工程费	元	6 857 310.00	25 767 119.00	3 331 213.00		847 979.00	2 394 582.00	4 311 801.00	43 911 265.00
0204030301	一、附属土石方及加固防护	元	6 857 310.00	25 767 119.00	3 331 213.00		847 979.00	2 394 582.00	4 311 801.00	43 911 265.00
020040303030101	(一)土石方	m³	0.32		9.92		0.58	1.56	1.36	13.74
020040303010101	1.土方	m³	0.32		5.06		0.38	1.03	0.75	7.54
020040303010103	3.增运土石方（运距>1 km部分）	m³			4.86		0.20	0.52	0.62	6.20
020040303030102	(二)混凝土及砌体	元	4 330 245.00	14 460 809.00	1 879 693.00		525 750.00	1 423 029.00	2 488 148.00	25 107 674.00
020040303010203	3.混凝土	坊工方	95.94	318.02	41.81		11.67	31.59	54.90	553.93
020040303010205	5.钢筋混凝土	坊工方	103.61	367.02	43.55		12.37	33.49	61.61	621.65
020040303030103	(三)绿色防护	元	847 067.00	1 137 991.00	103 335.00		72 830.00	296 931.00	270 398.00	2 728 552.00
020040303010302	2.播草籽	m²	0.61	0.78			0.04	0.18	0.18	1.79
020040303010303	3.喷播植草	m²	0.30	2.45	1.09		0.15	0.60	0.50	5.09
020040303010305	5.栽植乔木	株	28.35	19.50			2.02	8.24	6.39	64.50
020040303010306	6.栽植灌木	株	2.11	5.07			0.15	0.61	0.88	8.82
020040303010307	7.栽植花草	m²	3.57	43.70			0.25	1.04	5.34	53.90
020040303010308	8.穴植容器苗	千穴	3 199.01	2 488.47			228.00	929.57	752.96	7 598.01
020040303010310	10.种植土	m³	11.00	18.85	5.09		1.42	5.77	4.63	46.76
020040303010311	11.攀接植物	株	1.47	5.35			0.10	0.43	0.81	8.16

续上表

清单　第二章　路基

编码	节号 名称	计量单位	综合单价组成（元）							综合单价（元）
			人工费	材料费	机械使用费	填料费	措施费	间接费	税金	
02040303030108	（八）土工合成材料	m²	0.94	12.65			0.07	0.18	1.52	15.36
02040303010801	1. 土工布	m²	0.35	2.86			0.02	0.07	0.36	3.66
02040303010802	2. 复合土工膜	m²	1.12	5.34			0.08	0.21	0.74	7.49
02040303010804	4. 土工格栅	m²	0.76	4.99			0.05	0.15	0.65	6.60
02040303010807	7. 防水板	m²	1.41	53.33			0.10	0.27	6.06	61.17
02040303030109	（九）地基处理	元	6 199.00	955 753.00	10 997.00		1 535.00	4 154.00	107 650.00	1 086 288.00
02040303010902	2. 垫层	m³	0.60	92.40	1.06		0.15	0.40	10.41	105.02
0204030301090201	（1）填砂	m³	0.60	92.40	1.06		0.15	0.40	10.41	105.02
02040303030112	（十二）地下排水设施	元	192 637.00	974 337.00	51 416.00		19 802.00	53 595.00	142 096.00	1 433 883.00
02040303011203	3. 聚氯乙烯（UPVC）管	m	2.73	36.85			0.19	0.53	4.43	44.73
02040303011204	4. 检查井	坊工方	146.54	500.65	46.62		15.74	42.60	82.74	834.89
02040303011205	5. 盲沟	坊工方	156.94	769.30	42.78		16.51	44.68	113.32	1 143.53
02040303030114	（十四）线路防护棚栏	单侧公里	77 949.62	200 174.81	9 977.10		6 689.31	18 105.34	34 418.32	347 314.50
02040303030116	（十六）路基地段电缆槽	km	28 820.96	120 433.02	15 088.70		3 888.23	10 524.12	19 663.06	198 418.09
02040303030117	（十七）路基地段接触网支柱基础	个	756.01	2 107.56	1 142.58		172.98	468.19	511.20	5 995.70
02040303030122	（十九）其他工程	元	8 477.00	16 640.00	236.00		629.00	1 703.00	3 045.00	136 467.00
0204030301222201	1. 平交道路面	m²	96.33	189.09	2.68		7.15	19.35	34.60	349.20
02040303012207	5. 观测断面	个								3 021.06
02040303030123	（二十一）光电缆过路基防护	m	11.98	44.17	15.06		2.23	6.02	8.74	88.20

5. 安全

安全生产费费用组成分析

1)安全生产费支出范围

根据铁道部《企业安全生产费用提取和使用管理办法》(铁建设〔2012〕245 号)及相关规定,安全生产费用按照以下规定范围使用:

(1)完善、改造和维护安全防护设施设备支出(不含"三同时"要求初期投入的安全设施);

(2)配备、维护、保养应急救援器材、设备支出和应急演练支出;

(3)开展重大危险源和事故隐患评估、监控和整改支出(含临近既有线或建(构)筑物施工所产生的影响等);

(4)安全生产检查、评价(不包括新建、改建、扩建项目安全评价)、咨询和标准化建设支出;

(5)配备和更新现场作业人员安全防护用品支出;

(6)安全生产宣传、教育、培训支出;

(7)安全生产适用的新技术、新标准、新工艺、新装备的推广应用支出;

(8)安全设施及特种设备检测检验支出;

(9)其他与安全生产直接相关的支出。

2)安全生产费使用项目及费用

本项目安全生产费总费用按照招标人公布的费用报价,为 34 000 000.00 元,不降造价,纳入报价,专款专用。费用列表见表 5.24。

表 5.24 安全生产费使用项目及费用列表

序 号	使用项目名称	费用(元)	备 注
1	完善、改造和维护安全防护设施设备支出(不含"三同时"要求初期投入的安全设施)	6 946 227.00	
2	配备、维护、保养应急救援器材、设备支出和应急演练支出	3 250 039.00	
3	开展重大危险源和事故隐患评估、监控和整改支出(含临近既有线或建(构)筑物施工所产生的影响等)	5 766 333.00	
4	安全生产检查、评价(不包括新建、改建、扩建项目安全评价)、咨询和标准化建设支出	3 617 796.00	
5	配备和更新现场作业人员安全防护用品支出	4 071 210.00	
6	安全生产宣传、教育、培训支出	2 124 239.00	
7	安全生产适用的新技术、新标准、新工艺、新装备的推广应用支出	1 053 409.00	
8	安全设施及特种设备检测检验支出	3 456 535.00	
9	其他与安全生产直接相关的支出	3 714 212.00	
10	合 计	34 000 000.00	

 项目小结

本项目着重介绍了工程量清单的含义及其基本构成、清单计量与计价的,阐述了铁路工程综合单价的组成及工程量清单计价的方法和程序;在工程量清单投标报价中对合同计价的分类、特点及实际应用过程中应注意的问题进行了详实的论述,特别是投标报价的策略在实际工作中的应用。通过本项目学习应从招投标的角度,理解工程量清单计价的特点;掌握工程量清单报价的关键是什么? 编制工程量清单的关键是什么? 从而对工程量清单计价有一个全面而深刻的理解和认识。

 **项目拓展**

2013 新版建设工程工程量清单计价规范最新变化

随着与国际市场的接轨,我国的工程造价管理模式也在不断演进,建设工程造价的计价方式也一共经历了三次重大的变革,从原先的定额计价方式转变为 2003 清单计价规范,又转换为 2008 清单计价规范。然后,2013 年由住房和城乡建设部发布的《建设工程工程量清单计价规范》(以下简称《2013 清单计价规范》)于 2013 年 7 月 1 日开始实施,这是工程造价的第四次革新。实行工程量清单进行招投标不仅是快速实现与国际通行惯例接轨的重要手段,更是政府加强宏观管理转变职能的有效途径,同时可以更好地营造公开、公平、公正的市场竞争环境。

1. 专业划分更加精细

《2013 清单计价规范》将原 2008 清单计价规范中的六个专业——建筑、装饰、安装、市政、园林、矿山重新进行了精细化调整调整后分为九个专业。其中将建筑与装饰专业进行合并为一个专业,将仿古从园林专业中分开,拆解为一个新专业,同时新增了构筑物、城市轨道交通、爆破工程三个专业。由此可见清单规范各个专业之间的划分更加清晰、更有针对性。

2. 责任划分会更加明确

《2013 清单计价规范》对原 2008 清单计价规范里诸多责任不够明确的内容做了明确的责任划分和补充。由于原 2008 清单计价规范中对一些定义区分较为模糊,《2013 清单计价规范》新增了对招标工程量清单和已标价工程量清单做了明确阐释。对发包人提供的甲供材料、暂估材料及承包人提供的材料等处理方式做了明确说明。原 2008 清单计价规范中对解决风险的方式的强制性不够,《2013 清单计价规范》对计价风险的说明由以前的适用性条文修改为了强制性条文——建筑工程施工发承包应在招标文件、合同中明确计价,其中的风险内容及其范围幅度不得采用无限风险、所有风险或类似语句规定计价中的风险内容及其范围幅度。并且新增了对风险的补充说明,综合单价中应包括招标文件中划分的应由投标人承担的风险范围及其费用招标文件中没有明确的应提请招标人明确。由于原 2008 清单计价规范中对招标控制价的错误未做复查说明,"新规范征求意见稿"新增了对招标控制价复查结果的更正说明——当招标控制价复查结论与原公布的招标控制价误差±5%的,应当责成招标人改正,对低投标报价的适用性也改为了强制性条文执行。诸多由适用性改为强制性的条文和新增的责任划分说明,都透露出随着计价的改革清单规范对责任划分原则更加清晰明确,对发承包双方应承担的责任尽可能的明确以减少后期出现的争议。这就要求我们发承包双方必须在各自的责任范围内认真仔细的做好工作尤其是可能引起争议的地方避免错误的发生。

3. 可执行性更加强化

《2013 清单计价规范》对一些不够明确的地方,做了精确的量化说明和修改补充。原清单规范里对工程量偏差的说明,只是给出了解决,但未明确给出调整的比例和计算过程。《2013 清单计价规范》给出了明确的计算说明。合同履行期间,若实际工程量与招标工程量清单出现偏差且超过 15% 时调整原则为:

1)工程量增加 15% 以上时,其增加部分的工程量的综合单价应予调低。

2)当工程量减少 15%以上时,减少后剩余部分的工程量的综合单价应予调高,并给出了详细的调整公式。

原清单规范里对工程变更引起综合单价的调整,只是给出了条文性说明,《2013 清单计价规范》明确给出了调整综合单价的计算方式。

总的来说《2013 清单计价规范》对工程造价管理的专业性要求会越来越高,同时对争议的处理也会越来越明确,可执行性更强。相信清单规范在工程造价领域的应用将会迈上一个新的台阶。

项目训练

1. 什么是工程量清单? 什么是工程量清单计量? 什么是工程量清单计价?
2. 什么是工程计量? 工程计量的依据有哪些?
3. 工程计量常用的方法有哪些?
4. 简述工程量清单计价的原理和依据。
5. 简述工程量清单计量的程序。
6. 简述铁路工程承包合同价格的分类。
7. 简述清单计价与定额计价的区别与联系。
8. 简述投标报价的策略与技巧。

项目 6　工程验工计价与价款结算

 项目描述

　　铁路工程验工计价是指对铁路建设项目工程施工合同（包括补充合同）中已完成的合格工程进行验工和计价活动的总称。验工计价是办理工程价款结算的依据，铁路建设项目工程承包合同范围内工程价款结算均应在验工计价后进行。

　　本项目学习的目的是使学生掌握验工计价的程序、掌握工程价款的结算及支付、明确工程变更程序及估价原则，从而满足学生现场管理实际工程的需要。

 拟实现的教学目标

知识目标

1. 了解验工计价的概念；
2. 熟悉验工计价的程序；
3. 掌握工程变更的原则及处理程序；
4. 掌握工程价款结算方式及计算方法（工程预付款、进度款、保证金及竣工结算）。

技能目标

1. 具备依据不同的工程情况，正确进行验工计价的能力；
2. 具备依据不同的工程情况，进行工程价款结算（工程预付款、进度款、保证金及竣工结算）的能力。

素质目标

1. 树立正确的学习态度，具有拓展学习的能力；
2. 具有很强的团队精神和协作意识；
3. 具备吃苦耐劳，严谨求实的工作作风；
4. 具备一定的协调、组织管理能力。

典型工作任务 1　铁路工程验工计价

6.1.1　工作任务

　　了解验工计价的概念，熟悉验工计价的作用和依据，掌握验工计价的方法和程序。

6.1.2　相关配套知识

　　1. 铁路工程验工计价的概念

工程验工计价，又称为工程计量与计价。

工程计量时项目监理机构根据设计文件及承包合同中关于工程计量的规定,对承包单位申报的已完成合格工程的工程量进行的核验。

工程计价是根据已核验的工程量及费用项目和承包合同工程量清单中的单价或费率计算的工程造价金额,此项工作以计量为基础,是工程价款支付的依据。

2. 验工计价的作用

验工计价工作是控制工程造价的核心环节,是进行质量控制的主要手段,是进度控制的基础,也是保证业主和承包人合法权益的重要途径。验工计价的主要作用有以下几点:

1)工程验工计价是项目工程款项支付的前提,通过计量可以控制项目投资的支出

合同条件中明确规定了工程量清单中开列的工程量是该工程的估算工程量,不能作为承包人应予完成的实际和确切工程量。因为工程量清单中的工程量是在编制招标文件时,在图纸和规范的基础上估算的工程量,不能作为计算工程价款的依据,因此必须通过项目监理结构对已完成的工程进行计量。经过项目监理机构计算所确定的数量是向承包人支付任何款项的凭证。

2)验工计价是约束承包人履行合同义务的手段

验工计价不仅是控制项目投资支出的管件环节,同时也是约束承包人履行合同义务、强化承包人合同意识的手段。FIDIC 合同条件规定,业主对承包人的付款,是以工程师批准的付款证书为凭据的,工程师对验工计价以及价款支付有充分的批准权和否决权。对于不合格的工作和工程,工程师可以拒绝计量。同时,工程师通过按时计量,可以及时掌握承包人工作的进展情况和工程进度。当工程师发现工程进度严重偏离计划目标时,可要求承包人及时分析原因、采取措施、加快进度。因此,在施工过程中,项目监理机构可以通过验工计价手段,控制工程按合同进行。

3)监理工程师通过验工计价可以及时掌握承包人工作的进展情况

监理工程师掌握了验工计价权,就掌握了控制施工活动和调控承包人施工行为最有效的基本手段。如果承包人的施工工艺不符合规范要求,监理工程师可要求其自费改正;如果所用材料不合格,监理可以对材料拒收;如果工程质量不符合要求,监理将不予验工计价,并要求承包人返工使其达到要求;如果承包人进度过慢,监理工程师将令其支付拖期违约损失赔偿金和延误罚款,如果进度严重落后,监理工程师还可以提议驱逐承包人,有效保证对工期的控制。验工计价使监理工程师可以有效地从经济上制约承包人,严格按合同要求办,确保工程的质量目标。

3. 验工计价的依据

验工计价的依据一般有工程承包合同、批准的开工报告、建设单位批准的施工组织设计、建设单位下达的计划、经审核合格的施工图及批准的变更设计、质量合格证明文件。也就是所计量时必须以这些资料为依据。

1)工程承包合同

铁路工程承包合同条款中,分别规定了单价子目和总价子目计量的程序。承包人和监理人应按照合同规定的计量方法、计量周期共同完成计量和计价工作。

合同中的工程量清单前言和技术规范是确定计量方法的依据。因为工程量清单前言和技术规范的"计量支付"条款规定了清单中每一项工程的计量方法,同时还规定了按规定的计量方法确定的单价所包括的工作内容和范围。

例如,铁路工程量清单计价指南中规定,路基地基处理中基底所设的垫层按清单项目单独

计算;挡土墙、护墙等砌体坞工的基础和墙背所设垫层不单独计算,其费用计入相应的清单项目。

2)批准的开工报告

3)建设单位批准的施工组织设计

承包人申请计量的项目除了应符合合同规范标准的要求,还必须符合建设单位批准的施工组织设计的规定。作为合同文件组成部分的施工组织设计(或施工组织计划、施工方案)、施工技术措施方案,是编制工程概预算等造价文件的主要依据之一,也是工程量计量的依据之一。例如便道、便桥、预制场、电力电信线路等临时工程、临时设施的数量、临时用地的数量、材料的运输距离等,就应按施工组织计划或施工技术措施方案来计算。

4)建设单位下达的计划

5)经审核合格的施工图及批准的变更设计

单价合同以实际完成的工程量进行结算,但被工程师计量的工程数量,并不一定是承包人实际施工的数量。计量的几何尺寸要以设计图纸为依据,工程师对承包人超出设计图纸要求增加的工程量和自身原因造成返工的工程量,不予计算。例如,在某铁路施工监理中,灌注桩的验工计价条款中规定:"按照设计图纸以米计量,其单价包括所有材料及施工的各项费用"。根据这个规定,如果承包人做了 35 m,而桩的设计长度为 30 m,则只计量 30 m,业主按 30 m 付款,承包人多做的 5 m 灌注桩所消耗的钢筋及混凝土材料,业主予不考虑。

6)质量合格证明文件

对于承包人已完的工程,并不是全部进行计量,而只是质量达到合同标准的已完工程才予以计量。所以工程计量必须与质量监理紧密配合,经过专业工程师检验,工程质量达到合同规定的标准后,由专业工程师签署报验申请表(质量合格证书),只有质量合格的工程才予以计量。所以说质量监理是计量监理的基础,计量又是质量监理的保障,通过计量支付,强化承包人的质量意识。

4. 工程计量的方法

监理工程师一般只对以下三个方面的工程项目进行计量:①工程量清单中的全部项目。合同文件规定,已标价工程量清单中没有填写单价和金额的项目,其费用已包括在清单的其他单价或金额中,因此,对于清单中没有填写单价和金额的项目仍需进行计算,以确认承包人是否按合同条件完成了该项工程。②合同文件中规定的项目。除了清单中的工程项目外,在合同条件中通常还规定了一些包干项目,对于这些项目也必须根据合同文件规定进行计算。③工程变更项目。工程变更一般附有变更清单,工程变更清单同工程量清单具有相同的性质。因此,对于工程变更清单项目亦必须按合同有关要求进行计算。

上述合同规定以外的项目,例如承包人为完成上述项目而进行的一些辅助工程,监理工程师没有进行计量的义务,因为这些辅助工程的费用已包括在上述的单价中。

根据 FIDIC 合同条件的规定,一般可按照以下方法进行计算:

1)均摊法

所谓均摊法,就是是对清单中某些项目的合同价款,按合同工期平均计量。如为监理工程师提供宿舍、保养测量设备、保养气象计记录设备、维护工地整洁和清洁等,这些项目都有一个共同的特点,即每月均有发生,所以可以采用均摊法进行计量支付。

例如:保养气象计记录设备,每月发生的费用是相同的,如本想合同款额为 2 000 元,合同工期为 20 个月,则每月计量、支付的款额为:2 000 元/20 月=100 元/月。

2)凭据法

所谓凭据法,就是按照承包人提供的凭证进行计量支付。如建筑工程保养费、第三方责任险保险费、履约保证金等项目,一般按凭据法进行计量支付。

3)估价法

所谓估价法,就是按合同文件的规定,根据工程师估算的已完成的工程价值支付。如为工程师提供办公设施和生活设施,为工程师提供用车,为工程师提供测量设备、天气记录设备、通信设备等项目。这类清单项目往往要购买几种仪器设备,当承包人对于某一项清单项目中规定购买的仪器设备不能一次购进是,则需要采用估价法进行计量支付。

当然,估价的款额与最终支付的款额无关,最终支付的款额总是合同清单中的款额。

4)断面法

断面法主要用于取土坑或填筑路堤土方的计量。对于填筑土方工程,一般规定计量的体积诶原地面线与设计断面所构成的体积。采用这种方法计量,在开工前承包人需测绘出原地形的断面,并需经工程师检查,作为计量的依据。

5)图纸法

在工程量清单中,许多项目采取按照设计图纸所示的尺寸进行计量,如混凝土构筑物的体积,钻孔桩的桩长等。

6)分解计量法

所谓分解计量法,就是讲一个项目,根据工序或部位分解为若干子项,对完成的各子项进行计量支付。这种计量方法主要是为了解决一些包干项目或较大的工程项目的支付时间过长,影响承包人的资金流动等问题。

5. 验工计价的程序

1)铁路工程施工合同约定的程序

为了兼顾单价承包合同和总价承包合同,铁路工程施工合同条款将工程验工计价分别进行阐述。

(1)单价子目验工计价

铁路建设项目施工实行单价承包的,采用工程量清单方式进行验工计价,根据合同约定的单价和审核合格的施工图确定并经监理单位验收合格的工程数量进行计价。具体程序如下:

①已标价工程量清单中的单价子目工程量为估算工程量。结算工程量是承包人实际完成的,并按合同约定计量周期、专用合同条款、工程量清单等中,确定的方法进行计量的工程量。铁路工程的计量周期为:已完工程量一般按月计量和支付,若有特殊要求,可在专用条款中约定。如:合同专用条款约定,工程进度款采用与预付、季度结算、竣工清算的方式。计量周期的起止日期可根据项目的有关财务拨付和计划统计的要求由当事人协商确定。

②承包人对已完成的工程进行计量,向监理人提交进度付款申请单、已完成工程量报表和有关计量资料。

③监理人对承包人提交的工程量报表进行复核,以确定其实际完成的工程量。对数量有异议的,监理人可要求承包人按照合同中约定的施工测量方法和程序,进行共同复核和抽样复测。承包人应协助监理人进行复核并按监理人要求提供补充计量资料。承包人未按监理人要求参加复核的,监理人复核或修正的工程量视为承包人实际完成的工程量。

④监理人认为有必要时,可通知承包人共同进行联合测量、计量、承包人应遵照执行。

⑤承包人完成工程量清单中每个子目的工程量后,监理人应要求承包人派员共同对每个

子目的历次计量报表进行汇总,以合适最终结算工程量。监理人可要求承包人提供补充计量资料,以确定最后一次进度付款的准确工程量。承包人未按监理人要求派员参加的,监理人最终核实的工程量视为承包人完成该子目的准确工程量。

⑥监理人应在收到承包人提交的工程量报表后的 7 天内进行复核,监理人未按时间内复核的,承包人提交的工程量报表中的工程量视为承包人实际完成的工程量,据此计算工程价款。

(2)总价子目的验工计价

总价合同一般指总价包干或总价不变合同,使用与规模不大、工序相对成熟、工期较短的工程施工项目。

铁路建设项目实行施工总承包的,采用合同总价下的工程量清单方式进行验工计价。

工程量清单范围内的工程,按合同约定的单价进行计价。

工程量清单范围外的工程,属于建设单位见建设方案、建设标准、建设规模和建设工期的重大调整,以及由于人力不可抗力造成重大损失补充合同的工程,按施工总承包合同约定的单价计价,在批准费用项下计费'其他工程由双方协商单价,按验工数量进行计价,但不得超过承包合同总价。

工程全部验收合格后,承包合同计价剩余费用(不包括质量保证金)一次拨付施工总承包单位。

①总价子目的计量和支付应以总价为基础,不因价格调整的因素而进行调整。承包人实际完成的工程量,是进行工程目标管理和控制进度支付的依据。

②承包人在合同约定的每个计量周期内,对已完成的工程进行计量,并向监理人提交进度付款申请书、专用合同条款约定的合同总价支付分解表所表示的阶段性或分项计量的支持性资料,以及所达到工程形象目标或分阶段需要完成的工程量和有关计量资料。

③监理人对承包人提交的上述资料进行复核,以确定分阶段实际完成的工程量和工程形象目标。对其有异议的,可要求承包人按合同中约定的施工测量方法和程序进行共同复核和抽样复测。

④除按照合同变更条款约定的变更外,总价子目的工程量是承包人用于结算的最终工程量。

(3)节点验工计价

为了包含和适应更广泛的工程量计量,或是进度付款不局限于进度付款,这里将总价子目的计量约定按批准的节点划分表确定,即承包人按合同约定及建设单位提供的节点表对工程项目分解。节点划分表应按发包人和监理人批准的施工进度计划要求,在合同工期内应完成各阶段形象面貌的目标及其相应的工程量来确定。

实行工程总承包的铁路建设项目,可采用合同总价下的节点式计价方式;计价节点一般按工程类别和工点设置,根据工点和工程累呗的工作内容和工作量将在那个费用分劈到各节点;具体节点的恒定和相应费用根据项目情况在总承包合同中约定。

建设单位对建设方案、建设编著、建设规模和建设工期进行重大调整,以及由于人力不可抗力造成重大损失的,应签订补充合同,在批准费用项下计费。补充合同验工计价纳入节点计价范围。

①承包人在发包人确定的工程节点完成后,统计已完合格工程数量并上报已完工程量表和所有变更资料。

②监理人对承包人提交的工程量报表进行复核,监理人可要求承包人提供补充计量资料,以确定实际完成的工程量。对数量有异议的,可要求承包人按有关规定进行共同复核和抽样复测。承包人应协助监理人进行复核并按监理人要求提供补充计量资料。承包人未按监理人要求参加复核,监理人复核或修正的工程量视为承包人实际完成的工程量。

③承包人完成所有工程节点(包括工程量清单中所有子目)的工程量后,监理人应要求承包人派员共同对每个节点工程的历次计量报表进行汇总,以合适最终结算工程量。承包人未按监理人要求派员参加的,监理人最终核实的工程量视为承包人完成该合同工程的准确工程量。

2)建设工程监理规范规定的程序

(1)承包单位统计经专业监理工程师质量验收合格的工程量,按施工合同的约定填报工程量清单和工程款支付申请表。

(2)专业监理工程师进项现场计量,按施工合同的约定审核工程量清单和工程款支付申请表,并报总监理工程师审定。

(3)总监理工程师签署工程款支付证书,并报建设单位。

3)FIDIC 施工合同约定的工程计量程序

按照 FIDIC 条款约定,当工程师要求测量工程的任何部分时,应向承包人代表发出合理通知,承包人代表应:①及时亲自或另派合格代表,协助工程师进行测量。②提供工程师要求的任何具体材料。如果承包人未能到场或派代表,工程师(或其代表)所作测量应作为准确工程量予以认可;如果承包人被要求检查记录 14 天内,没有发出此类通知,该记录应作为准确记录予以认可。

典型工作任务2　工程变更及其价款确定

6.2.1　工作任务

了解工程变更的概念及变更原则,熟悉变更的确认与处理程序,掌握变更后合同价款的确认。

6.2.2　相关配套知识

1. 工程变更概述

1)工程变更的概念

工程变更是在工程项目实施过程中,按照合同约定的程序对部分或全部工程在材料、工艺、功能、构造、尺寸、技术指标、工程数量及施工方法等方面做出的改变。

2)工程变更产生的原因

在工程项目实施过程中,由于建设周期长,涉及的经济关系和法律关系复杂,受自然条件和客观因素的影响大,导致项目的实际情况与项目招投标时的情况相比,会发生一些变化。如:发包人修改项目计划对项目有了新的要求;因设计错误而对图纸的修改;施工变化发生了不可预见的事故;政府对建设工程项目有了新的要求等等。

工程变更常常会导致工程量变化、施工进度变化等情况,这些都有可能使项目的实际造价超出原来的预算造价,因此,必须严格控制、密切注意其对工程造价的影响。

3)工程变更的内容

(1)更改工程有关部分的标高、基线、位置和尺寸。

(2)增减合同中约定的工程量。

(3)增减合同中约定的工程内容。

(4)改变工程质量、性质或工程类型。

(5)改变有关工程的施工顺序和时间安排。

(6)为使工程竣工而必须实施的任何种类的附加工作。

合同条款中"关于变更范围和内容的规定":

①取消合同中任何一项工作,但被取消的工作不能转由发包人或其他人实施;

②改变合同中任何一项工作的质量或其他特性;

③改变合同工程的基线、标高、位置或尺寸;

④改变合同中任何一项工作的施工时间或改变已批准的施工工艺或顺序;

⑤为完成工程需要追加的额外工作。

若工程项目工作内容的变动,不对工程的施工组织合约定的工期、单价产生实质性影响时,不能做变更处理。

在此所规定的变更必须是具有实质性影响的变化。

所谓实质性影响,是指合同工作内容发生变更后,由于原合同约定的工程材料和品种、建筑物的结构形式、施工工艺和方法,以及施工工期等的变动,影响了原定的单价或合价,必须变更(增加或减少)合同价款才能维护合同的公正原则的情形。

《铁路建设项目工程施工合同》示范文本(以下简称《示范文本》)中,"专用合同条款"对变更范围和内容的补充:

对建设单位审核合格的施工图进行设计变更的,变更管理、范围、程序、变更费用执行原铁道部变更设计管理相关规定。

4)工程变更原则

(1)设计文件是安排建设项目和组织施工的主要依据,设计一经批准,不得任意变更。只有当工程变更按本办法的审批权限得到批准后,才可组织施工。

(2)工程变更必须坚持高度负责的精神与严格的科学态度,在确保工程质量标准的前提下,对于降低工程造价、节约用地、加快施工进度等方面有显著效益时,应考虑工程变更。

(3)工程变更,事先应周密调查,备有图文资料,其要求与现设计相同,以满足施工需要,并填写"变更设计报告单",详细申述变更设计理由(软基处理类应附土样分析、弯沉检测或承载力试验数据)、变更方案(附上简图及现场图片)、与原设计的技术经济比较(无单价的填写估算费用),按照本办法的审批权限,报请审批,未经批准的不得按变更设计施工。

(4)工程变更的图纸设计要求和深度等同原设计文件。

5)工程变更分类

工程变更包括工程量变更、工程项目的变更、进度计划的变更、施工条件的变更等。这些变更最终表现为设计变更和其他变更两大类。

(1)设计变更:设计变更常常包括更改工程有关部分的高程、基线、位置、尺寸;增减合同中约定的工程量,改变有关工程的施工时间和顺序;其他有关工程变更需要的附加工作。在施工中如果发生设计变更,将对施工进度产生很大影响,容易造成投资失控,因此应尽量减少设计变更。对必须变更的,应先做工程量和造价的分析。国家严禁通过设计变更扩大建设规模,增加建设内容,提高建设标准。变更超过原设计标准建设规模时,发包人应经规划管理部门和其他有关部门重新审查批准,并由原设计单位提供变更的相应图纸和说明后,方可发出变更通知。由于发包人对原设计进行变更,以及经工程师同意的、承包人要求进行的设计变更,导致合同价款的增减及造成的承包人的损失,由发包人承担,延误的工期相应顺延。

(2)其他变更:合同履行中除设计变更外,其他的够导致合同内容变更的都用于其他变更。如:发包人要求变更工程质量标准、双方对工期要求的变化、施工条件和环境的变化导致施工机械和材料的变化等。

合同履行中发包人要求变更工程质量标准及发生其他实质性变更,由双方协商解决。

2. 工程变更的确认与处理程序

1)工程变更的确认

工程变更可能来源于许多方面,如:发包人原因、承包商原因、工程师原因等。不论任何一方提出的工程变更,均应由工程师确认,并签发工程变更指令。工程变更指令发出后,应当迅速落实变更。

工程师确认工程变更的步骤为:

提出工程变更→分析提出的工程变更对项目目标的影响→分析有关合同条款和会议纪要、通信记录→向业主提交变更评估报告(初步确定处理变更所需要的费用、时间范围和质量要求)→确认变更。

2)工程变更处理程序

(1)工程变更的处理要求

①如果出现了必需变更的情况,应当尽快变更。如果变更不可避免,无论是停止施工等待指令还是继续施工,无疑都会增加损失。

②工程变更后,应当尽快落实变更。

③对工程变更的影响应当做进一步分析。

(2)FIDIC合同条件下的工程变更程序

①工程师将计划变更事项通知承包商,并要求承包商实施变更建议书。

②承包商应尽快做出书面回应或提出不能照办的理由(如果情况如此),或提交依据工程师的指示递交实施变更的说明,包括对实施工作的计划以及说明、对进度计划做出修改的建议、对变更估价的建议、提出变更费用的要求。若承包商由于非自身原因无法执行此项变更,承包商应立刻通知工程师。

③工程师收到此类建议书后,应尽快给予批准、不批准或提出意见的回复。

④承包商在等待答复期间,不应延误任何工作,由工程师向承包商发出执行每项变更并附做好各项记录的任何要求的指示,承包商应确认收到该指示。

(3)《铁路建设项目工程施工合同》(以下简称《施工合同》)的变更程序

①变更的提出

a. 在合同履行过程中,可能发生《施工合同》第15.1款约定情形的,监理人可向承包人发出变更意向书。变更意向书应说明变更的具体内容和发包人对变更的时间要求,并附必要的图纸和相关资料。变更意向书应要求承包人提交包括拟实施变更工作的计划、措施和竣工时间等内容的实施方案。发包人同意承包人根据变更意向书要求提交的变更实施方案的,由监理人发出变更指示。

b. 在合同履行过程中,发生《施工合同》第 15.1 款约定情形的,监理人应向承包人发出变更指示。

c. 承包人收到监理人按合同约定发出的图纸和文件,经检查认为其中存在《施工合同》第 15.1 款约定情形的,可向监理人提出书面变更建议。变更建议应阐明要求变更的依据,并附必要的图纸和说明。监理人收到承包人书面建议后,应与发包人共同研究,确认存在变更的,应在收到承包人书面建议后的 14 天内作出变更指示。经研究后不同意作为变更的,应由监理人书面答复承包人。

d. 若承包人收到监理人的变更意向书后认为难以实施此项变更,应立即通知监理人,说明原因并附详细依据。监理人与承包人和发包人协商后确定撤销、改变或不改变原变更意向书。

②变更估价

a. 除专用合同条款对期限另有约定外,承包人应在收到变更指示或变更意向书后的 14 天内,向监理人提交变更报价书,报价内容应根据合同约定的估价原则,详细开列变更工作的价格组成及其依据,并附必要的施工方法说明和有关图纸。

b. 变更工作影响工期的,承包人应提出调整工期的具体细节。监理人认为有必要时,可要求承包人提交要求提前或延长工期的施工进度计划及相应施工措施等详细资料。

c. 除专用合同条款对期限另有约定外,监理人收到承包人变更报价书后的 14 天内,根据合同约定的估价原则,按照商定或确定变更价格。

③变更指示

a. 变更指示只能由监理人发出。

b. 变更指示应说明变更的目的、范围、变更内容以及变更的工程量及其进度和技术要求,并附有关图纸和文件。承包人收到变更指示后,应按变更指示进行变更工作。

④变更估价原则:

a. 已标价工程量清单中有适用于变更工作的子目的,采用该子目的单价。

b. 已标价工程量清单中无适用于变更工作的子目,但有类似子目的,可在合理范围内参照类似子目的单价,由监理人按《施工合同》第 3.5 款商定或确定变更工作的单价。

c. 已标价工程量清单中无适用或类似子目的单价,可按照成本加利润的原则,由监理人商定或确定变更工作的单价

d. Ⅰ类变更设计引起的费用增减,按照原初步设计批准单位批准概算和相应中标降造率计算费用。

e. 保险范围之外,由于不可抗力造成的损失,按照原初步设计批准单位批准费用计算。

f. 由工程量变化引起的单价调整,下列情况下,应对超过合同约定的变化部分采用新的单价:

a)该项工作测出的数量变化超过工作量表或其他资料表中所列数量的 10%;

b)此数量变化与该项工作单价的乘积,超过中标合同金额的 0.01%;

c)此数量变化直接改变该项工作的单位成本超过 1%;

d)合同中没有规定该项工作为固定费率项目。

【例 6.1】　某工程发包方提出的估计工程量为 1 500 m²,合同中规定工程单价为 16 元/m²,实际工程量超过 10% 时,调整单价,单价为 15 元/m²,结束时实际完成工程量 1 800 m²,则该项工程工程款为多少元?

【解】：$1\ 500×(1+10\%)=1\ 650(m^2)$

　　　　$1\ 650×16+(1\ 800-1\ 650)×15=28\ 650$（元）

3)工程设计变更处理程序

(1)施工中发包人需对原工程设计进行变更,应提前14天以书面形式向承包人发出变更通知。变更超过原设计标准或批准的建设规模时,发包人应报规划管理部门和其他有关部门重新审查批准．并由原设计单位提供变更的相应图纸和说明。承包人按照工程师发出的变更通知及有关要求,进行下列需要的变更：

①更改工程有关部分的高程、垂线、位置和尺寸；

②增减合同中约定的工程量；

③改变有关工程的施工时间和顺序；

④其他有关工程变更需要的附加工作。

因变更导致合同价款的增减及造成承包人损失,由发包人承担,延误的工期相应顺延。

(2)施工中承包人不得对原工程设计进行变更。因承包人擅自变更设计发生的费用和由此导致发包人的直接损失,由承包人承担,延误的工期不予顺延。

(3)承包人在施工中提出的合理化建议涉及到对设计图纸或施工组织设计的更改及对材料、设备的换用,须经工程师同意。未经同意擅自更改成换用时,承包人承担由此发生的费用,并赔偿发包人的有关损失,延误的工期不予顺延。

工程师同意采用承包人合理化建议,所发生的费用和获得的收益,发包人与承包人另行约定分担或分享。

4)其他变更处理程序

合同履行中发包人要求变更工程质量标准及发生其他实质性变更,由双方协商解决。双方协商一致签署补充协议后,方可变更。

【例6.2】 某工程基础底板的设计厚度为1m,承包商根据以往的施工经验,认为设计有问题,未报监理工程师,即按1.2m施工,多完成的工程量在计量时监理工程师(　　)。

A. 不予计量　　　　　　　　　B. 计量一半

C. 予以计量　　　　　　　　　D. 由业主与施工单位协商处理

分析：因施工方不得对工程设计进行变更,未经工程师同意擅自更改,发生的费用和由此导致发包人的直接损失,由承包人承担,故答案为A。

3. 工程变更合同价款的确定

1)工程变更后合同价款的确定程序

(1)在工程变更确定后14天内,工程变更涉及工程价款调整的,由承包人向发包人提出工程价款报告,经发包人审核同意后调整合同价款。

(2)工程变更确定后14天内,如承包人未提出变更工程价改报告,则发包人可根据所掌握的资料决定是否调整合同价款和调整的具体金额。重大工程变更涉及工程价款变更报告和确认的时限;由发、承包双方协商确定。

(3)收到变更工程价款报告一方,应在收到之日起14天内予以确认或提出协商意见,自变更工程价款报告送达之日起14天内,对方未确认也未提出协商意见时,视为变更工程价款报告已被确认。

(4)确认增(减)的工程变更价款作为追加(减)合同价款与工程进度款合同期支付。

(5)因承包人自身原因导致的工程变更,承包人无权要求追加合同价款。

工程变更后合同价款的确定程序如图 6.1 所示。

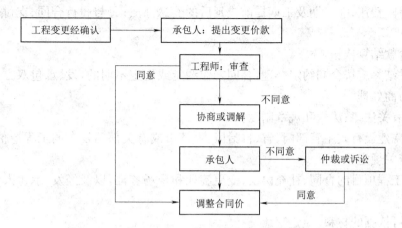

图 6.1　工程变更后合同价款的确定程序

2)变更后合同价款的确定方法

(1)合同中已有适用于变更工程的价格,按合同已有的价格变更合同价款。

(2)合同中只有类似于变更工程的价格,可以参照类似价格变更合同价款。

(3)合同中没有适用或类似于变更工程的价格,由承包人或发包人提出适当的变更价格,经对方确认后执行。如双方不能达成一致,双方可提请工程所在地工程造价管理机构进行咨询或按合同约定的争议或纠纷解决程序办理。

【例 6.3】　某工程项目原计划有土方量 13 000 m²,合同约定土方单价为 17 元/m²,在工程实施中,业主提出增加一项新的土方工程,土方量 5 000 m²,施工方提出 20 元/m²,增加工程价款:5 000×20＝100 000(元)。施工方的工程价款计算能否被监理工程师支持?

【解】不能被支持。因合同中已有土方单价,应按合同单价执行,正确的工程价款为:

5 000×17＝85 000(元)。

典型工作任务 3　工程价款的结算

6.3.1　工作任务

了解工程价款结算的依据与方式,熟悉工程进度款、预付款、质量保证金以及竣工结算的方式,竣工结算的争议处理,掌握工程进度款、预付款、质量保证金以及竣工结算的计算方法。

6.3.2　相关配套知识

工程价款结算是指承包商在工程实施过程中,依据承包合同中有关付款条款的规定和已经完成的工程量,并按照规定的程序向业主收取工程款的一项经济活动。

1. 工程价款结算依据和方式

发包人、承包人应当在合同条款中对涉及工程价款结算的下列事项进行约定:①预付工程款的数额、支付时限及抵扣方式;②工程进度款的支付方式、数额及时限;③工程施工中发生变更时工程价款的调整方法、索赔方式、时限要求及金额支付方式;④发生工程价款纠纷的解决方法;⑤约定承担风险的范围及幅度以及超出约定范围和幅度的调整办法;⑥工程竣工价款的结算与支付方式、数额及时限;⑦工程质量保证(保修)金的数额、预扣方式及时限;⑧安全措施和意外伤害保险费用;⑨工期及工期提前或延后的奖惩办法;⑩与履行合同、支付价款相关的担保事项。

1)工程价款结算依据

工程价款结算应按合同约定办理,合同末作约定或约定不明的,发、承包双方应依照下列规定与文件协商处理:

(1)国家有关法律、法规和规章制度。

(2)国务院建设行政主管部门、省、自治区、直辖市或有关部门发布的工程造价计价标准、计价办法等有关规定。

(3)建设工程项目的合同、补充协议、变更签证和现场签证,以及经发、承包人认可的其他有效文件。

(4)其他可依据的材料。

2)工程价款结算方式

我国现行工程价款结算根据不同情况,可采取多种方式。

(1)按月结算。实行旬末或月中预支,月中结算,竣工后清算。

(2)竣工后一次结算。建设工程项目或单项工程全部建筑安装工程建设期在 12 个月以内,或工程承包合同价在 100 万元以下的,可实行工程价款每月月中预支、竣工后一次结算。即合同完成后承包人与发包人进行合同价款结算,确认的工程价款为承发包双方结算的合同价款总额。

(3)分段结算。开工当年不能竣工的单项工程或单位工程,按照工程形象进度,划分不同阶段进行结算。分段标准由各部门、省、自治区、直辖市规定。

(4)目标结算方式。在工程合同中,将承包工程的内容分解成不同控制面(验收单元),当承包商完成单元工程内容并经工程师验收合格后,业主支付单元工程内容的工程价款。对于控制面的设定,合同中应有明确的描述。

目标结算方式下,承包商要想获得工程款,必须按照合同约定的质量标准完成控制面工程内容,要想尽快获得工程款,承包商必须充分发挥自己的组织实施能力,在保证质量前提下,加快施工进度。

(5)双方约定的其他结算方式。

2. 工程预付款及其计算

施工企业承包工程,一般实行包工包料,这就需要有一定数量的备料周转金。在工程承包合同款中,一般明文规定发包单位在开工前拨付给承包单位一定限额的工程预付款。预付款用于承包人为合同工程施工购置材料、工程设备、施工设备、修建临时设施以及组织施工队伍进场等。预付款必须专用于合同工程。

1)程预付款在支付过程中,应遵循下列规定:

(1)实行工程预付款的,双方应当在专用条款中约定发包方向承包方预付工程款的时间、数额及抵扣方式。

(2)开工前,在承包方向发包方提交金额等于预付款数额的银行保函后,发包方应按规定的时间和规定的金额向承包商支付预付款。

(3)当预付款被发包方在工程进度款中进行扣回时,银行保函数额相应递减。

(4)在发包方全部扣回预付款之前,该银行保函将一直有效。

(5)在颁发工程接收证书前,由于不可抗力或其他原因解除合同时,预付款尚未扣清的,尚未扣清的预付款余额应作为承包人的到期应付款。

(6)凡是没有签订合同或不具备施工条件的工程,发包人不得预付工程款,不得以预付款为名转移资金。

根据《建设工程价款结算暂行办法》(财政部建设部财建〔2004〕369号)规定:包工包料工程的预付款按合同约定拨付,原则上预付比例不低于合同金额的10%,不高于合同金额的30%,对重大工程项目,按年度工程计划逐年预付。计价执行《建设工程工程量清单计价规范》(GB 50500—2013)的工程,实体性消耗和非实体性消耗部分应在合同中分别约定预付款比例。在具备施工条件的前提下,发包人应在双方签订合同后的一个月内或不迟于约定的开工日期前的7天内预付工程款。发包人不按约定预付,承包人应在预付时间到期后10天内向发包人发出要求预付的通知,发包人收到通知后仍不按要求预付,承包人可在发出通知7天后停止施工,发包人应从约定应付之日起向承包人支付应付款的利息(利率按同期银行贷款利率计),并承担违约责任。

2)工程预付款的额度

工程预付款的额度主要由施工工期、工程造价、主要材料和构件费用占工程造价比重、材料储备周期等因素经测算来确定。

(1)施工单位常年应备的工程预付款限额

备料款限额=(年度承包工程总值×主要材料所占比重/年度施工日历天数)×材料储备
　　　　　　天数

【例6.4】　某工程合同总额350万,主要材料、构件所占比重为60%,年度施工天数为200天,材料储备天数80天,求预付备料款。

【解】:预付备料款=350×60%/200×80=84(万元)

(2)预付款数额

预付款数额=年度建筑安装工程合同价×预付款比例额度

预付款的比例额度根据工程类型、合同工期、承包方式、供应体制等不同而定。一般建筑工程不应超过当年建筑工作量(包括水、电、暖)的30%,安装工程按年安装工作量的10%计算,材料占比重较大的安装工程按年计划产值15%左右拨付。对于包定额工日的工程项目,可以不付备料款。

3)预付款的扣回

发包人拨付给承包商的预付款属于预支的性质,工程实施后,随着工程所需材料储备的逐步减少,应以抵充工程款的方式陆续扣回,即在承包商应得的工程进度款中扣回。扣回的时间称为起扣点,起扣点计算方法有两种。

(1)按公式计算。这种方法原则上是以未完工程所需材料的价值等于预付款时起扣。从每次结算的工程款中按材料比重抵扣工程价款,竣工前全部扣清。

未完工程材料款=预付款

未完工程材料款=未完工程价值×主材比重=(合同总价-已完工程价值)×主材比重

预付款=(合同总价-已完工程价值)×主材比重

已完工程价值(起扣点)=合同总价-预付款/主材比重

【例6.5】　某工程合同价总额200万元,工程预付款24万元,主要材料、构件所占比重60%,求起扣点。

【解】:200－24/60％＝160(万元)

即当工程完成 160 万元时,本项工程预付款开始起扣。

(2)在承包方完成金额累计达到合同总价一定比例(双方合同约定)后,由发包方从每次应付给承包方的工程款中扣回工程预付款,在合同规定的完工期前将预付款还清。

《示范文本》规定:按当年预计完成投资额为基数计算预付款,建筑工程预付比例为 20％,安装工程预付比例为 10％。

3. 工程进度款结算(中间结算)

工程进度款结算是指施工企业在施工过程中,根据合同所约定的结算方式,按月或形象进度或控制界面,按已经完成的工程量计算各项费用,向业主办理工程款结算的过程,叫工程进度款结算,也叫中间结算。

《示范文本》规定:工程进度款采用:月预付、季度结算、竣工清算的方式。①月份预支工程款:乙方应按甲方下达的施工计划和施工组织设计,提出月份用款计划;甲方审核后,按不高于下达的月施工计划的 70％预支工程款。②季度结算工程款:按批准的季度验工计价的 95％扣除月份预支的工程款和工程预付款(备料款)拨付。③竣工清算工程款:按批准的末次验工计价的 95％扣除已拨付的工程款(含工程预付款和季度结算工程款)拨付。

以按月预付为例,业主在月中向施工企业预支半月工程款,月末施工企业根据实际完成工程量,向业主提供已完工程月报表和工程价款结算账单,经业主和工程师确认,收取当月工程价款,并通过银行结算。即,承包商提交已完工程量报告→工程师确认→业主审批认可→支付工程进度款。

工程进度款的支付步骤如图 6.2 所示。

图 6.2　工程进度款的支付步骤

在工程进度款支付过程中,应遵循如下原则。

1)工程量的确认

(1)承包人应当按照合同约定的方法和时间,向发包人提交已完工程量的报告。发包人接到报告后 14 天内核实已完工程量,并在核实前 1 天通知承包人,承包人应提供条件并派人参加核实,承包人收到通知后不参加核实,以发包人核实的工程量作为工程价款支付的依据。发包人不按约定时间通知承包人,致使承包人未能参加核实,核实结果无效。

(2)发包人收到承包人报告后 14 天内未核实已完工程量,从第 15 天起,承包人报告的工程量即视为被确认,作为工程价款支付的依据。双方合同另有约定的,按合同执行。

(3)对承包人超出设计图纸(含设计变更)范围和因承包人原因造成返工的工程量,发包人不予计量。

2)工程进度款支付

(1)根据确定的工程计量结果,承包人应在每个付款周期末,按监理人批准的格式和专用合同条款约定的份数,向监理人提交进度付款申请单,并附相应的支持性证明文件。监理人在收到承包人进度付款申请单以及相应的支持性证明文件后的 14 天内完成核查,提出发包人到期应支付给承包人的金额以及相应的支持性材料,经发包人审查同意后,由监理人向承包人出具经发包人签认的进度付款证书。监理人有权扣发承包人未能按照合同要求履行任何工作或义务的相应金额。发包人应在监理人收到进度付款申请单后的 14 天内,将进度应付款按不低于工程价款的 60%,不高于工程价款的 90% 支付给承包人,按约定时间发包人应扣回的预付款,与工程进度款同期结算抵扣。其余 10% 尾款,在工程竣工结算时除保修金外一并清算。

除专用合同条款另有约定外,进度付款申请单应包括下列内容:

①截至本次付款周期末已实施工程的价款;

②应增加和扣减的变更金额;

③应增加和扣减的索赔金额;

④约定应支付的预付款和扣减的返还预付款;

⑤约定应扣减的质量保证金;

⑥根据合同应增加和扣减的其他金额。

(例如:a. 应扣减的发包人提供材料和工程设备的金额;b. 应扣减或奖励的项目约束激励机制考核费用。)

(2)发包人超过约定的支付时间不支付工程进度款,承包人应及时向发包人发出要求付款的通知,发包人收到承包人通知后仍不能按要求付款,可与承包人协商签订延期付款协议,经承包人同意后可延期支付,协议应明确延期支付的时间和从工程计量结果确认后第 15 天起计算应付款的利息(利率按同期银行贷款利率计)。

(3)发包人不按合同约定支付工程进度款,双方又未达成延期付款协议,导致施工无法进行,承包人可停止施工,由发包人承担违约责任。

4. 工程质量保证金结算

1)工程质量保证金的概念

按照《建设工程质量保证金管理暂行办法》的规定,建设工程项目质量保证金(保修金)是指发包人与承包人在建设工程项目承包合同中约定,从应付的工程款中预留,用以保证承包人在施工阶段或保修期内,对建设工程项目出现的缺陷未能履行合同义务,由业主指定他人完成应由承包人承担的工作所发生的费用。缺陷是指建设工程项目质量不符合工程建设强制性标准、设计文件以及承包合同的约定。

2)保修金的结算

保修金的限额一般为合同总价的 5%,待工程项目保修期结束后拨付。保修金扣除有两种方法:

(1)当工程进度款拨付累计额达到该建筑安装工程造价的一定比例时,停止支付。预留的一定比例的剩余尾款作为保修金。

(2)保修金的扣除也可以从发包方向承包方第一次支付的工程进度款开始,在每次承包商应得到的工程款中按专用合同条款的约定扣留质量保证金,直至扣留的质量保证金总额达到专用合同条款约定的金额或比例为止。

《示范文本》专用合同条款规定:每次工程进度款支付时,按进度款的 5% 预留工程质保金。预留质量保证金直至达到合同金额的 5%,待工程竣工验收(初验)交付使用一年后按规定返还。

例如某项目合同约定,保修金每月按进度款的 5% 扣留。若第一月完成产值 100 万元,则扣留 5% 的保修金后,实际支付:$100 - 100 \times 5\% = 95$(万元)。

注意:质量保证金的计算额度不包括预付款的支付、扣回以及价格调整的金额。

(3)保修金的返还

①在合同约定的缺陷责任期满时,承包人向发包人申请到期应返还承包人剩余的质量保证金金额,发包人应在14天内会同承包人按照合同约定的内容核实承包人是否完成缺陷责任。如无异议,发包人应当在核实后将剩余保证金返还承包人。

②在约定的缺陷责任期满时,承包人没有完成缺陷责任的,发包人有权扣留与未履行责任剩余工作所需金额相应的质量保证金余额,并有权根据合同约定要求延长缺陷责任期,直至完成剩余工作为止。

5. 工程竣工结算

工程竣工结算是指承包人完成合同规定的全部符合合同要求的所承包的工程内容,经验收质量合格并颁发接收证书后,向发包人进行的最终工程价款结算。结算双方应按照合同价款及合同价款调整内容以及索赔事项,进行工程竣工结算。

1)工程竣工结算方式

工程竣工结算分为单位工程竣工结算、单项工程竣工结算和建设工程项目竣工总结算。

2)工程竣工结算的程序

(1)竣工付款申请书

工程接收证书颁发后,承包人应按专用合同条款约定的份数和期限向监理人提交竣工付款申请单,并提供相关证明材料。除专用合同条款另有约定外,竣工付款申请单应包括下列内容:竣工结算合同总价、发包人已支付承包人的工程价款、应扣留的质量保证金、应支付的竣工付款金额。

监理人对竣工付款申请单有异议的,有权要求承包人进行修正和提供补充资料。经监理人和承包人协商后,由承包人向监理人提交修正后的竣工付款申请单。

(2)竣工付款证书

监理人在收到承包人提交的竣工付款申请单后的14天内完成核查,提出发包人到期应支付给承包人的价款送发包人审核并抄送承包人。发包人应在收到后14天内审核完毕,由监理人向承包人出具经发包人签认的竣工付款证书。

发包人应在监理人出具竣工付款证书后的14天内,将应支付款支付给承包人。发包人不按期支付的,按合同约定,将逾期付款违约金支付给承包人。

承包人对发包人签认的竣工付款证书有异议的,发包人可出具竣工付款申请单中承包人已同意部分的临时付款证书,并支付相应金额。有争议的部分可进一步协商或留待争议评审、仲裁或诉讼解决。

(3)最终结清

缺陷责任终止证书颁发后,承包人已完成全部承包工作,但合同的财务账目尚未结清,因此承包人应提交最终结清申请单,表明尚未结清的名目和金额,并附相关证明材料,由发包人审签后支付结清。

若发包人审签时有异议,可与承包人协商,若达不成协议,采取与竣工结算相同的办法解决。最终结清时,如果发包人扣留的质量保证金不足以抵减发包人损失的,按合同约定的争议解决程序办理

3)《建设工程合同示范文本》中关于竣工结算的程序如下:

(1)工程竣工验收报告经发包方认可后28天内,承包方向发包方递交竣工结算报告及完整的结算资料,双方按照协议书约定的合同价款及专用条款约定的合同价款调整内容,进行工

程竣工结算。

（2）发包方收到承包方递交的竣工结算资料后 28 天内核实,给予确认或者提出修改意见。承包方收到竣工结算价款后 14 天内将竣工工程交付发包方。

（3）发包方收到竣工结算报告及结算资料后 28 天内无正当理由不支付工程竣工结算价款的,从第 29 天起按承包方同期向银行贷款利率支付拖欠工程价款的利息,并承担违约责任。

（4）发包方收到竣工结算报告及结算资料后 28 天内不支付工程竣工结算价款的,承包方可以催告发包方支付结算价款。发包方在收到竣工结算报告及结算资料 56 天内仍不支付的,承包方可以与发包方协议将该工程折价,也可以由承包方申请法院将该工程拍卖,承包方就该工程折价或拍卖的价款中优先受偿。

（5）工程竣工验收报告经发包人认可 28 天后,承包人未向发包人递交竣工结算报告及完整的结算资料,造成工程竣工结算不能正常进行或工程竣工结算价款不能及时支付,发包人要求交付工程的,承包人应当交付;发包人不要求交付工程的,承包人承担保管责任。

4)工程竣工价款结算的基本计算公式

竣工结算工程价款＝合同价款＋施工过程中预算或合同价款调整数额－预付及结算工程价款－保修金

【例 6.6】　某工程合同价款总额为 300 万元,施工合同规定预付备料款为合同价款的 25%,主要材料为工程价款的 62.5%,在每月工程款中扣留 5%保修金,每月实际完成工作量如表 6.1 所示,求预付备料款、每月结算工程款。

表 6.1　某工程每月实际完成工作量　　　　　　　　　　万元

月份	1	2	3	4	5	6
完成工作量	20	50	70	75	60	25

【解】：预付备料款＝300×25%＝75(万元)

起扣点＝合同总价－预付备料款/主材比重＝300－75/62.5%＝180(万元)

1 月份:累计完成 20 万元,结算工程款 20－20×5%＝19(万元)

2 月份:累计完成 70 万元,结算工程款 50－50×5%＝47.5(万元)

3 月份:累计完成 140 万元,结算工程款 70×(1－5%)＝66.5(万元)

4 月份:累计完成 215 万元,超过起扣点(180 万元)

结算工程款＝75－(215－180)×62.5%－75×5%＝49.375(万元)

5 月份:累计完成 275(万元)

结算工程款 60－60×62.5%－60×5%＝19.5(万元)

6 月份:累计完成 300(万元)

结算工程款＝25×(1－62.5%)－25×5%＝8.125(万元)

在实际工作中,由于工程建设周期长,在整个建设期内会受到物价浮动等多种因素的影响,其中主要是人工、材料、施工机械等动态影响。因此,在工程造价结算时要充分考虑动态因素,把多种因素纳入结算过程,使工程价款结算能反映工程项目的实际消耗费用。动态调整的主要方法有实际价格结算法、工程造价指数调整法、调价文件计算法、调值公式法等。

6. 工程竣工价款结算争议处理

1)工程造价咨询机构接受发包人或承包人委托,编审工程竣工结算,应按合同约定和实际履约事项认真办理,出具的竣工结算报告经发、承包双方签字后生效。当事人一方对报告有异议的,可对工程结算中有异议部分,向有关部门申请咨询后协商处理。若不能达成一致的,双方可按合同约定的争议或纠纷解决程序办理。

2)发包人对工程质量有异议时,已竣工验收或已竣工未验收但实际投入使用的工程,其质量争议按该工程保修合同执行;已竣工未验收且未实际投入使用的工程以及停工、停建工程的质量争议,应当就有争议部分的竣工结算暂缓办理,双方可就有争议的工程委托有资质的检测鉴定机构进行检测,根据检测结果确定解决方案,或按工程质量监督机构的处理决定执行,其余部分的竣工结算依照约定办理。

3)当事人对工程造价发生合同纠纷时,可通过下列办法解决:

①双方协商确定。

②按合同条款约定的办法提请调解。

③向有关仲裁机构申请仲裁或向人民法院起诉。

7. 工程竣工价款结算管理

1)工程竣工后,发、承包双方应及时办清工程竣工结算。否则,工程不得交付使用,有关部门不予办理权属登记。

2)发包人与中标的承包人不按照招标文件和承包人的投标文件订立合同的,或者发包人、中标的承包人背离合同实质性内容另行订立协议,造成工程价款结算纠纷的,另行订立的协议无效,由建设行政主管部门责令改正,并按《中华人民共和国招标投标法》第五十九条进行处罚。

3)接受委托承接有关工程结算咨询业务的工程造价咨询机构应具有工程造价咨询单位资质,其出具的办理拨付工程价款和工程结算的文件,应当由造价工程师签字,并应加盖执业专用章和单位公章。

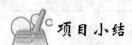 项目小结

本章着重介绍了验工计价和工程价款结算等方面的知识内容。

(1)验工计价方面:要熟知验工计价是办理工程价款结算的依据,是确定工程造价的基础,是项目工程款项支付的前提,是工程师掌握工程进展情况的主要途径,更是约束承包商履行合同义务的手段,铁路建设项目工程承包合同范围内工程价款结算均应在验工计价后进行。因此验工计价这部分知识内容要着重掌握验工计价的程序和方法。

(2)工程价款结算方面:要着重掌握工程变更的内容、工程变更处理的程序及其工程变更后价款确定的方法;掌握工程价款结算的方式及其预付款、工程进度款、工程质量保证金、竣工结算等价款确定的方法和程序,了解工程价款结算的依据。

 项目拓展

竣　工　决　算

1. 竣工决算的定义及作用

竣工决算是项目完工后的财务总报告。全面反映竣工项目的建设时间、生产能力、建设资金来源和使用、交付使用财产等情况;是工程项目从筹建、建设到竣工验收的实际投资及造价的最终计算文件;是按照国家有关规定,由建设单位报告项目建设成果和财务状况的总结性文

件,是考核其投资效果的依据,也是办理交付、动用、验收的依据。

竣工决算是以实物数量和货币指标为计量单位,综合反映竣工项目从筹建开始到项目竣工交付使用为止的全部建设费用、建设成果和财务情况的总结性文件,是竣工验收报告的重要组成部分。

竣工决算是建设工程经济效益的全面反映,是项目法人核定各类新增资产价值,办理其交付使用的依据。通过竣工决算,一方面能够正确反映建设工程的实际造价和投资结果;另一方面可以通过竣工决算与概算、预算的对比分析,考核投资控制的工作成效,总结经验教训,积累技术经济方面的基础资料,提高未来建设工程的投资效益。

竣工决算反映了竣工项目计划、实际的建设规模;建设工期以及设计和实际生产能力,反映了概算总投资和实际的建设成本,同时还反映了所达到的主要技术经济指标。通过对这些指标计划值、概算值与实际值进行对比分析,不仅可以全面掌握建设工程项目计划和概算执行情况,而且可以考核建设工程项目投资效果,为今后制订建设计划,降低建设成本,提高投资效益提供必要的资料。

2. 竣工决算的内容

竣工决算的内容包括竣工财务决算说明书、竣工财务决算报表、工程竣工图和工程造价对比分析等四个部分。其中竣工财务决算说明书和竣工财务决算报表又合称为竣工财务决算,它是竣工决算的核心内容。

3. 竣工决算的编制依据

竣工决算的编制依据 主要有:

1)经批准的可行性研究报告及其投资估算书;

2)经批准的初步设计或扩大初步设计及其概算书或修正概算书;

3)经批准的施工图设计及其施工图预算书;

4)设计交底或图纸会审会议纪要;

5)招投标的标底、承包合同、工程结算资料;

6)施工记录或施工签证单及其他施工发生的费用记录;

7)竣工图及各种竣工验收资料;

8)历年基建资料、财务决算及批复文件;

9)设备、材料等调价文件和调价记录;

10)有关财务核算制度、办法和其他有关资料、文件等。

4. 竣工决算编制时应该注意的问题

竣工财务决算表竣工财务决算表是竣工财务决算报表的一种,用来反映建设项目的全部资金来源和资金占用(支出)情况,是考核和分析投资效果的依据。其采用的是平衡表的形式,即资金来源合计等于资金占用合计。在编制竣工财务决算表时,主要应注意下面几个问题:

1)资金来源中的资本金与资本公积金的区别。资本金是项目投资者按照规定,筹集并投入项目的非负债资金,竣工后形成该项目(企业)在工商行政管理部分登记的注册资金;资本公积金是指投资者对该项目实际投入的资金超过其应投入的资本金的差额,项目竣工后这部分资金形成项目(企业)的资本公积金。

2)项目资本金与借入资金的区别。如前所述,资本金是非负债资金,属于项目的自有资金;而借入资金,无论是基建借款、投资借款,还是发行债券等,都属于项目的负债资金。这是两者根本性的区别。

3)资金占用中的交付使用资产与库存器材的区别。交付使用资产是指项目竣工后,交付使用的各项新增资产的价值;而库存器材是指没有用在项目建设过程中的、剩余的工器具及材料等,属于项目的节余,不形成新增资产。

5. 竣工结算与竣工决算的关系

建设工程项目竣工决算是以工程竣工结算为基础进行编制的,是在整个建设工程项目各单项工程竣工结算的基础上,加上从筹建开始到工程全部竣工有关基本建设的其他工程费用支出,而构成了建设工程项目竣工决算的主体。它们的主要区别见表6.2。

表 6.2　竣工结算与竣工决算的比较一览表

项目	竣 工 结 算	竣 工 决 算
含义	竣工结算是由施工单位根据合同价格和实际发生的费用的增减变化情况进行编制,并经发包方或委托方签字确认的,正确反映该项工程最终实际造价,并作为向发包单位进行最终结算工程款的经济文件	建设工程项目竣工决算是指所有建设工程项目竣工后,建设单位按照国家有关规定,由建设单位报告项目建设成果和财务状况的总结性文件
特点	属于工程款结算,因此是一项经济活动	反映竣工项目从筹建开始到项目竣工交付使用为止的全部建设费用、建设成果和财务情况的总结性文件
编制单位	施工单位	建设单位
编制范围	单位或单项工程竣工结算	整个建设工程项目全部竣工决算

项目训练

1. 什么叫验工计价,简述铁路工程验工计价的程序?

2. 简述工程变更后合同价款确定的程序及其确定的方法。

3. 什么是工程价款结算? 工程价款结算方式有几种?

4. 简述工程进度款如何支付?

5. 某项工程业主与承包商签订了施工合同,合同中含有两个子工程,估算工程量 A 项为 2 300 m^2,B 项为 3 200 m^2,经协商合同价 A 项为 180 元/m^2,B 项为 160 元/m^2。

承包合同规定:

1)工程进度款采用月度结算的方式;

2)开工前业主应向承包商支付合同价 20% 的预付款;

3)业主自第一个月起,从承包商的工程款中,按 5% 的比例扣留质量保证金;

4)当子项工程实际工程量超过估算工程量 10% 时,可进行调价,调整系数为 0.9;

5)根据合同约定,投标时投标人自主报价,物价波动引起的价格调整均已包括在合同价格中,不另行调整;

6)工程师签发月度付款最低金额为 25 万元;

7)预付款在最后两个月扣除,每月扣 50%;

8)承包商每月实际完成并经工程师签证确认的工程量如表 6.3 所示。

表 6.3　某工程每月实际完成并经工程师签证确认的工程量　　　　　　　　　　m

月　份	1	2	3	4
A项	500	800	800	600
B项	700	900	800	600

第一个月：

工程量价款为：$500 \times 180 + 700 \times 160 = 20.2$（万元）；

应签证的工程款为：$20.2 \times (1 - 5\%) = 19.19$（万元）。

由于合同规定工程师签发的最低金额为 25 万元，故本月工程师不予签发付款凭证。求预付款、从第二个月起每月工程量价款、工程师应签证的工程款、实际签发的付款凭证金额各是多少？

附录 A
设备与材料的划分标准

工程建设设备与材料的划分，直接关系到投资构成的合理划分、概预算的编制以及施工产值的计算等方面。为合理确定工程造价，加强对建设过程投资管理，统一概预算编制口径，现对交通工程中设备与材料的划分提出如下划分原则和规定。本规定如与国家主管部门新颁布的规定相抵触时，按国家规定执行。

1. 设备与材料的划分原则

1）凡是经过加工制造，由多种材料和部件按各自用途组成生产加工、动力、传送、储存、运输、科研等功能的机器、容器和其他机械、成套装置等均为设备。

设备分为标准设备和非标准设备。

（1）标准设备（包括通用设备和专用设备）：是指按国家规定的产品标准批量生产的、已进入设备系列的设备。

（2）非标准设备：是指国家未定型、非批量生产的，由设计单位提供制造图纸，委托承制单位或施工企业在工厂或施工现场制作的设备。

设备一般包括以下各项：

（1）各种设备的本体及随设备到货的配件、备件和附属于设备本体制作成型的梯子、平台、栏杆及管道等。

（2）各种计量器、仪表及自动化控制装置、试验的仪器及属于设备本体部分的仪器仪表等。

（3）附属于设备本体的油类、化学药品等设备的组成部分。

（4）无论用于生产或生活或附属于建筑物的水泵、锅炉及水处理设备，电气、通风设备等。

2）为完成建筑、安装工程所需的原料和经过工业加工在工艺生产过程中不起单元工艺生产用的设备本体以外的零配件、附件、成品、半成品等均为材料。

材料一般包括以下各项：

（1）设备本体以外的不属于设备配套供货，需由施工企业进行加工制作或委托加工的平台、梯子、栏杆及其他金属构件等，以及成品、半成品形式供货的管道、管件、阀门、法兰等。

（2）设备本体以外的各种行车轨道、滑触线、电梯的滑轨等。

2. 设备与材料的划分界限

1）设备

（1）通信系统。

市内、长途电话交换机，程控电话交换机，微波、载波通信设备，电报和传真设备，中、短波通信设备及中短波电视天馈线装置，移动通信设备，卫星地球站设备，通信电源设备，光纤通信数字设备，有线广播设备等各种生产及配套设备和随机附件等。

（2）监控和收费系统。

自动化控制装置，计算机及其终端，工业电视，检测控制装置，各种探测器，除尘设备，分析仪表，显示仪表，基地式仪表，单元组合仪表，变送器，传送器及调节阀，盘上安装器，压力、温度、流量、差压、物位仪表，成套供应的盘、箱、柜、屏（包括箱和已经安装就位的仪表、元件等）及随主机配套供应的仪表等。

(3)电气系统。

各种电力变压器、互感器、调压器、感应移相器、电抗器、高压断路器、高压熔断器、稳压器、电源调整器、高压隔离开关、装置式空气开关、电力电容器、蓄电池、磁力启动器、交直流报警器、成套箱式变电站、共箱母线、封密式母线槽,成套供应的箱、盘、柜、屏及其随设备带来的母线和支持瓷瓶等。

(4)通风及管道系统。

空气加热器、冷却器,各种空调机、风尘管、过滤器、制冷机组、空调机组、空调器,各类风机、除尘设备、风机盘管、净化工作台、风淋室、冷却塔,公称直径 300 m 以上的人工阀门和电动阀门等。

(5)房屋建筑。

电梯、成套或散装到货的锅炉及其附属设备、汽轮发电机及其附属设备、电动机、污水处理装置、电子秤、地中衡、开水炉、冷藏箱、热力系统的除氧器水箱和疏水箱、工业水系统的工业水箱、油冷却系统的油箱、酸碱系统的酸碱储存槽、循环水系统的旋转滤网、启闭装置的启闭机等。

(6)消防及安全系统。

隔膜式气压水罐(气压罐)、泡沫发生器、比例混合器、报警控制器、报警信号前端传输设备、无线报警发送设备、报警信号接收机、可视对讲主机、联动控制器、报警联动一体机、重复显示器、远程控制器、消防广播控制柜、广播功放、录音机、广播分配器、消防通信电话交换机、消防报警备用电源、X 射线安全检查设备、金属武器探测门、摄像设备、监视器、镜头、云台、控制台、监视器柜、支台控制器、视频切换器、全电脑视频切换设备、音频、视频、脉冲分配器、视频补偿器、视频传输设备、汉字发生设备、录像、录音设备、电源、CRT 显示终端、模拟盘等。

(7)炉窑砌筑。

装置在炉窑中的成品炉管、电机、鼓风机和炉窑传动、提升装置,属于炉窑本体的金属铸体、锻件、加工件及测温装置,仪器仪表,消烟、回收、除尘装置,随炉供应已安装就位的器具、耐火衬里、炉体金属预埋件等。

(8)各种机动车辆。

(9)各种工艺设备在试车时必须填充的一次性填充材料(如各种瓷环、钢环、塑料环、钢球等)、各种化学药品(如树脂、珠光砂、触媒、干燥剂、催化剂等)及变压器油等,不论是随设备带来的,还是单独订货购置的,均视为设备的组成部分。

2)材料

(1)各种管道、管件、配件、公称直径 300 m 以内的人工阀门、水表、防腐保温及绝缘材料、油漆、支架、消火栓、空气泡沫枪、泡沫炮、灭火器、灭火机、灭火剂、泡沫液、水泵接合器、可曲橡胶接头、消防喷头、卫生器具、钢制排水漏斗、水箱、分气缸、疏水器、减压器、压力表、温度计、调压板、散热器、供暖器具、凝结水箱、膨胀水箱、冷热水混合器、除污器分水缸(器)、各种风管及其附件和各种调节阀、风口、风帽、罩类、消声器及其部(构)件、散流器、保护壳、风机减振台座、减振器、凝结水收集器、单双人焊接装置、煤气灶、煤气表、烘箱灶、火管式沸水器、水型热水器、开关、引火棒、防雨帽、放散管拉紧装置等。

(2)各种电线、母线、绞线、电缆、电缆终端头、电缆中间头、吊车滑触线、接地母线,接地极、避雷线、避雷装置(包括各种避雷器、避雷针等)高低压绝缘子、线夹、穿墙套管、灯具、开关、灯头盒、开关盒、接线盒、插座、闸盒保险器、电杆、横担、铁塔、各种支架、仪表插座、桥架、梯架、立柱、托臂、人孔手孔、挂墙照明配电箱、局部照明变压器、按钮、行程开关、刀闸开关、组合开关、转换开关、铁壳开关、电扇、电铃、电表、蜂鸣器、电笛、信号灯、低音扬声器、电话单机、熔断器等。

(3)循环水系统的钢板闸门及拦污栅、启闭构架等。

(4)现场制作与安装的炉管及其他所需的材料或填料,现场砌筑用的耐火、耐酸、保温、防腐、捣打料,绝热纤维,天然白泡石,玄武岩,器具,炉门及窥视孔,预埋件等。

(5)所有随管线(路)同时组合安装的一次性仪表、配件、部件及元件(包括就地安装的温度计、压力表)等。

(6)制造厂以散件或分段分片供货的塔、器、罐等,在现场拼接、组装、焊接,安装内件或改制时所消耗的物料均为材料。

(7)各种金属材料、金属制品、焊接材料、非金属材料、化工辅助材料、其他材料等。

3. 对于一些在制造厂未整体制作完成的设备,或分片压制成型,或分段散装供货的设备,需要建筑安装工人在施工现场加工、拼装、焊接的,按上述划分原则和其投资构成应属于设备购置费。为合理反映建筑安装工人付出的劳动和创造的价值,可按其在现场加工组装焊接的工作量,将其分片或组装件按其设备价值的一部分以加工费的形式计入安装工程费内。

4. 供应原材料,在施工现场制作安装或施工企业附属生产单位为本单元承包工程制作并安装的非标准设备,除配套的电机、减速机外,其加工制作消耗的工、料(包括主材)、机等均应计入安装工程费内。

5. 凡是制造厂未制造完成的设备;已分片压制成型、散装或分段供货,需要建筑安装工人在施工现场拼装、组装、焊接及安装内件的,其制作、安装所需的物料为材料,内件、塔盘为设备。

附录 B
铁路工程概(预)算示例

南京某货物专用线,设计为Ⅲ级铁路,全长 1.75 km,不含车站工程,采用 12 号单开道岔与车站接轨,主要工程包括拆迁工程、路基、桥梁、涵洞、轨道等工程。

1. 主要技术标准

线路类别:中型;轨枕:钢筋混凝土枕,1 760 根/km;扣件:W 弹条扣件;道床:双层道床(20 cm/20 cm,边坡 1:1.75);正线数目:单线;最小曲线半径:450 m;限制坡度:10‰;机车类型:东风 4 型内燃机车。

2. 主要工程数量情况

线路长度 1.75 km;大桥 1 座计 237.7 延长米;涵洞 1 座,计 71.45 横延米;路基土石方32 630 m³,其中挖方 9 230 m³,填方 23 400 m³,具体详见表附 B.1 工程数量表。

3. 施工组织方案

区间路基土石方工程,挖方(天然密实断面方)9 230 m³,全部利用,挖掘机配合自卸汽车运输 3 km。填方(压实后断面方)23 400 m³,缺口土需外运,挖掘机配合自卸汽车运输 8 km。在土石方调配时首先考虑移挖作填,假设路基挖方和借土挖方均为普通土,则路基挖方作为填料压实后的数量为 9 230/1.064=8 674.81 m³,需外借土方 23 400~8 674.81=14 725.19 m³(压实后断面方)。

桥梁工程:拟从桥梁厂购买桥梁,运距为 230 km,用架桥机架设,桥涵基础施工采用机械与人工混合式开挖。

隧道工程:采用预留核心土分部开挖法,锚喷支护。

轨道工程:采用机械化铺轨与养道。

材料供应方案:外来料由项目经理总部材料库供应(运距 45 km);当地料就地采购,其中石场距北站 15 km;砂场距北站 10 km。

4. 有关设计或协议标准

(1)本段拆迁工程,房屋按 1 850 元/m³ 补贴,水井 2 100 元/个,坟墓 2 000 元/座。

(2)简易公路为车道采用泥结石路面,按综合价 30 元/m³ 标准修建。

(3)征用土地按 21 000 元/亩标准补偿,用地勘界费按 300 元/亩考虑。

(4)设计定员按 6 人考虑。

5. 火车运梁运杂费计算

营业线火车运价(元/t)=K_1×(基价$_1$+基价$_2$×运行进程)+附加费运价

其中:附加费运价= K_2×(电气化附加费费率×电气化里程+新路新价均摊运价率×运价里程+铁路建设基金费率×运价里程)

查相关资料得:铁路建设基金费率为 0.099 元/(轴·km),新路新价均摊运价率为0.003 3 元/(轴·km),电气化附加费费率为 0.036 元/(轴·km),基价$_1$=10.20 元/(t·km),基价$_2$=0.049 1 元/(t·km),K_1=3.48 K_2=1.64。假设采用 4 轴车运输,则有

营业线火车运价(元/t)=3.48×(10.2+0.049 1×230)+1.64×(0.036×4×230+

0.003 3×4×230＋0.099×4×230)＝283.46(元/t)

6. 主要参考文献

(1)铁建设〔2006〕113 号文《铁路基本建设工程设计概(预)算编制办法》；

(2)铁道部,铁建〔2004〕28 号文《铁路工程建设材料预算价格》(2004 年度)；

(3)《铁路工程施工机台班费用定额》(修改版)(2016 年度)；

(4)建技〔1997〕43 号文《关于调整铁路设计概算工程用水、电基价标准的通知》；

(5)路基工程预算定额(2011 年度)；

(6)桥涵工程预算定额(2011 年度)；

(7)隧道工程预算定额(2011 年度)；

(8)轨道工程预算定额(2011 年度)；

(9)2016 年度材料价差系数表。

附表 B.1　南京某货物专用线工程数量表

序号	工程项目	计量单位	数量	备　注
一	拆迁与征地			
(一)	改移公路	km	0.5	
(二)	征用土地	亩	35	
(三)	拆迁工程			
1	民房	m²	100	
2	水井	个	2	
3	坟基	座	10	
二	区间路基土石方	断面方	33 230	
(一)	土方	断面方	32 630	
1	机械挖土方	断面方	9 230	
2	机械填土方	断面方	23 400	
3	机械借土方	断面方	14 725.19	
(二)	石方	断面方	600	
1	抛填片石	断面方	600	
(三)	附属土石方	断面方		
1	侧沟挖土方	断面方	1 080	
2	天沟挖土方	断面方	500	
3	干砌石	断面方	100	
4	浆砌石	断面方	500	
(四)	路基加固及防护	断面方		
	干砌石	断面方	100	
	浆砌石	断面方	150	M7.5
	铺草皮或种草籽	m²	4 500	

续上表

序号	工程项目	计量单位	数量	备 注
三	桥梁工程	延长米	237.7	
(一)	基坑开挖	m³		
1	挖土方(软石)	m³	5 472	坑深 3 m 以上无水,无挡土板
2	基坑回填	m³	4 033	
(二)	基础			
1	C20 钢筋混凝土钻孔桩		72/48	硬土 φ100 桩身有/无坞工
2	C20 钢筋混凝土钻孔桩		393/24	风化石 φ100 桩身有/无坞工
3	钢护筒/凿除桩头混凝土	个	24/24	制作、埋设、拆除 δ＝4 mm
4	C20 钢筋混凝土	m³	324	承台
5	钻孔桩钢筋	kg	10 504	A3
6	承台钢筋	kg	3 953	A3
7	C15 混凝土	m³	616	基础
(三)	墩台身			
1	C20 混凝土	m³	1 073	墩台身
2	C30 混凝土	m³	120.5	托盘
3	C30 钢筋混凝土	m³	58	顶帽、垫石
4	C30 钢筋混凝土	m³	6.7/5.4	耳墙/道砟槽
5	顶帽、垫石钢筋	kg	2 494/411	Q235 钢/HRB335
6	耳墙钢筋	kg	179/25	Q235 钢/HRB335
7	道砟槽	kg	109	Q235
(四)	梁部及桥面			
1	后张法预应力混凝土梁	孔	7	跨度 32 m,直线梁
2	盆式橡胶支座	个	14/14	2 000 kN,固定,活动
3	双侧人行道及栏杆	延米	237.7	梁上及台上、人行道宽 1.05 m
(五)	附属工程			
1	护轮轨	延米	259.03	
2	避车台带检查梯	个	3/3	钢立柱、钢栏杆左/右
3	墩台检查设备	座	7	围栏、吊篮、检查梯
4	电缆槽(通信、信号)	延米	243	宽×深＝250 mm×200 mm
5	填渗水土	m³	445	锥体及台后
6	填普通土	m³	209	
7	M5 浆砌片石	m³	66.8	锥体铺砌厚 0.35 m,台后路堤台阶
8	碎石垫层	m³	17	厚 0.1 m

序号	工程项目	计量单位	数量	备　注
9	填碎石土	m³	56	台后及锥体
10	路堑挖方	m³	227	软石
四	涵洞	横延米	71.45	盖板箱涵
1	基坑挖土	m³	2 644.8	3 m 以上、无水
2	基坑回填	m³	881.6	
3	围堰	m³	1 520	
4	C15 混凝土	m³	334.9	涵身基础、出入口基础
5	C15 混凝土	m³	191.5	涵身边墙、出入口边翼墙
6	C15 混凝土	m³	39.4	涵身边墙、出入口边墙、上部帽石
7	C25 混凝土	m³	48.3	预制及安装盖板
8	钢筋	kg	4 899/456	盖板铁 HRB335/Q235 钢
9	沉降缝	个	18	
10	防水层	m²	226	丙种
11	碎石垫层	m³	96.8	出入口沟床、边坡、锥体
12	干砌片石	m³		出入口沟床、边坡、锥体
13	M5 浆砌片石	m³	387	出入口沟床、边坡、锥体垂裙
14	M5 浆砌片石	m³	11.7	检查台阶
15	沟床开挖	m³	2 150	土方
五	轨道	km	1.75	
1	区间铺新轨	km	1.75	
2	人工铺 50 kg 25 m 轨	km	1.75	
3	12 号单开道岔	组	1	
4	人工铺底砟	m³	1 300	
5	人工铺面砟	m³	2 620	

　　本例题只编列"拆迁及征地费用和区间路基土石方两个单项工程概（预）算表、综合概（预）算表、总概（预）算汇总表"，对于其他单项工程概（预）算及其表格如主要材料平均运杂费单价分析表、补充单价分析汇总表、补充单价分析表、补充材料单价表、主要材料预算价格表、设备单价汇总表、技术经济指标统计表等请读者按要求参照编制办法或相关资料予以完善。另外，本例在计算过程中，还略去人工费及机械使用费价差调整，各基价仍以参考文献所列定额中基价为依据，材料费则以 2016 年材料价差系数对部分材料进行调差，请读者在实际计算时按编制办法进行严格调差。

　　概算和预算虽然编制方法相似，却是不同的计价文件，本例未对其进行区别，实际编制中应根据使用需要，明确是概算或是预算，采用不同的表格。

　　概（预）算计算，见附表 B.2、附表 B.3、附表 B.4。

附表 B.2　总概(预)算表

建设名称	南京某货物专用线			编　号			
编制范围	站前工程			概(预)算总额		1 132.19(万元)	
工程总量	1.75 km			技术经济指标		646.96 (万元)	

章别	各章名称	概算价值(万元)					技术经济指标(万元)	费用比例(%)
		I 建筑工程费	II 安装工程费	III 设备购置费	IV 其他费	合计		
	第一部分静态投资					1 085.62	620.35	95.89
	拆迁工程	7.50			144.71	152.21	86.98	13.44
	路基	101.63				101.63	58.07	8.98
	桥涵	454.09				454.09	259.48	40.11
四	隧道及明洞							
五	轨道	191.92				191.92	109.67	16.95
六	通信及信号							
七	电力及电力牵引供电							
八	房屋							
九	其他运营生产设备及建筑物							
十	大型临时设施和过渡工程							
十一	其他费用				154.14	154.14	88.08	13.61
	以上各章合计					1 054.00	602.28	93.09
十二	基本预备费					31.62	18.07	2.79
	第二部分动态投资					32.57	18.61	2.88
十三	工程造价增涨预留费					32.57	18.61	2.88
十四	建设期投资货款利息							
	第三部分 机车车辆购置费							
十五	机车车辆购置费							
	第四部分铺底流动资金					14.00	8.00	1.24
十六	铺底流动资金					14.00	8.00	1.37
	概算总额					1 132.19	646.96	100.00

编制:　　　　年　月　日　　　　　　　　复核:　　　　年　月　日

附表 B.3　综合概(预)算(汇总)表

建设名称	南京某货物专用线	工程总量		1.75 km	编　号		
编制范围	站前工程	概(预)算总额(元)		11 321 860.45	技术经济指标		6 469 635(元)

章别	节号	工程及费用名称	单位	数量	概(预)算价值(元)				指标(元)
					I 建筑工程费	II 安装工程费	III 设备工器具费	IV 其他费	合计	
		第一部分:静态投资	元						10 856 175	

章别	节号	工程及费用名称	单位	数量	概(预)算价值(元)					指标(元)
					Ⅰ建筑工程费	Ⅱ安装工程费	Ⅲ设备工器具费	Ⅳ其他费	合计	
		第一章拆迁及征地费用	正线公里	1.75	75 000.00			1 447 123.60	1 522 124	869 784.91
		第1节拆迁及征地用	正线公里	1.75	75 000.00				75 000	42 857.14
		Ⅰ.建筑工程费	正线公里	1.75	75 000.00				75 000	42 857.14
		一、改移道路	元		75 000.00				75 000	
		(二)泥结碎石路	m²	2 500.00	75 000.00				75 000	30.00
		Ⅳ其他费	元					1 447 123.60	1 447 124	
一	1	一、土地征用及拆迁补偿费	正线公里	1.75				1 447 123.60	1 447 124	826 927.77
		(一)土地征用补偿费	亩	35.00				735 000.00	735 000	21 000.00
		(二)拆迁补偿费	元					695 900.00	695 900	
		(三)土地征用、拆迁建筑物手续费	元					5 723.60	5 724	
		(四)用地勘界费	元					10 500.00	10 500	
		第二章路基	正线公里	1.75	1 016 290.29				1 016 290	580 737.31
		第2节区间路基土方	m³	33 230.00	777 304.47				777 304	23.39
		Ⅰ.建筑工程	m³	33 230.00	777 304.47				777 304	23.39
		一、土方	m³	33 230.00	777 304.47				777 304	23.39
二	2	(一)挖土方	m³	9 230.00	87 835.69				87 836	9.52
		(二)利用土填方	m³	8 674.81	166 430.33				166 430	19.19
		(三)借土填方	m³	14 725.19	523 038.46				523 038	35.52
		第4节路基附属工程	正线公里	1.75	238 985.81				238 986	136 563.32

续上表

章别	节号	工程及费用名称	单位	数量	概（预）算价值（元）					指标（元）
					Ⅰ建筑工程费	Ⅱ安装工程费	Ⅲ设备工器具费	Ⅳ其他费	合计	
二	4	Ⅰ.建筑工程	m³		238 985.81				238 986	
		一、附属土石方及加固防护	m³		238 985.81				238 986	
		（一）土石方	m³	1 080.00	12 032.27				12 032	11.14
		（二）混凝土及砌体	m³	850.00	125 369.21				125 369	147.49
		（三）绿色防护	元		60 069.66				60 070	
		1.铺草皮	m²	4 500.00	60 069.66				60 070	13.35
		（九）地基处理	元		41 514.67				41 515	
		1.抛填石（片石）	m³	600.00	41 514.67				41 515	69.19
三	6	第三章桥涵	延长米	237.70	4 540 939.48				4 540 939	19 103.66
		第6节大桥（1座）	延长米	237.70	4 152 626.92				4 152 627	17 470.03
		Ⅰ.建筑工程	延长米	237.70	4 152 626.92				4 152 627	17 470.03
		甲、新建C1座）	延长米	237.70	4 152 626.92				4 152 627	17 470.03
		二、一般大桥C1座）	延长米	237.70	4 152 626.92				4 152 627	17 470.03
		（一）基础	圬工方	1 874.00	1 331 409.25				1 331 409	710.46
		1.明挖	圬工方	616.00	348 355.17				348 355	565.51
		2.承台	圬工方	324.00	97 146.87				97 147	299.84
		4.钻孔桩	圬工方	120.00	885 907.22				885 907	7 382.56
		（二）墩台	圬工方	1 263.60	418 358.77				418 359	331.08
		（五）购架后张法预应力混凝土梁	孔	7.00	1 698 982.28				1 698 982	242 711.75
		（十二）支座	元		204 691.95				204 692	
		（十三）桥面系	延长米	237.70	343 915.01				343 915	1 446.84
		（十四）附属工程	元		50 579.66				50 580	

章别	节号	工程及费用名称	单位	数量	概(预)算价值(元)					指标(元)
					Ⅰ建筑工程费	Ⅱ安装工程费	Ⅲ设备工器具费	Ⅳ其他费	合计	
	6	(十五)基础施工辅助设施	元		104 690.00				104 690	
三	9	第9节涵洞(1座)	横延米	71.45	388 312.56				388 313	5 434.75
		Ⅰ.建筑工程	横延米	71.45	388 312.56				388 313	5 434.75
		甲、新建(1座)	横延米	71.45	388 312.56				388 313	5 434.75
		三、盖板箱涵(1座)	横延米	71.45	388 312.56				388 313	5 434.75
		(一)明挖(1座)	横延米	71.45	388 312.56				388 313	5 434.75
		1.单孔(1座)	横延米	71.45	388 312.56				388 313	5 434.75
		(1)涵身及附属	横延米	71.45	207 638.98				207 639	2 906.07
		(2)明挖基础(含承台)	圬工方	334.90	180 673.57				180 674	539.49
五	12	第五章轨道	正线公里	1.75	1 919 183.96				1 919 184	1 096 676.55
		第12节正线	铺轨公里	1.75	1 791 236.12				1 791 236	1 023 563.50
		甲、新建	铺轨公里	1.75	1 791 236.12				1 791 236	1 023 563.50
		Ⅰ.建筑工程	铺轨公里	1.75	1 791 236.12				1 791 236	1 023 563.50
		一、铺新轨	铺轨公里	1.75	1 489 060.12				1 489 060	850 891.50
		(二)钢筋混凝土枕	铺轨公里	1.75	1 489 060.12				1 489 060	850 891.50
		三、铺道床	铺轨公里	1.75	302 176.00				302 176	172 672.00
		(一)粒料道床	m³	3 920.00	302 176.00				302 176	77.09

章别	节号	工程及费用名称	单位	数量	概(预)算价值(元)					指标(元)
					Ⅰ建筑工程费	Ⅱ安装工程费	Ⅲ设备工器具费	Ⅳ其他费	合计	
五	13	第13节站线	铺轨公里	1.75	113 155.96				113 156	64 660.55
		甲、新建	铺轨公里	1.75	113 155.96				113 156	64 660.55
		Ⅰ.建筑工程	铺轨公里	1.75	113 155.96				113 156	64 660.55
		三、铺新岔	组	1.00	113 155.96				113 156	113 155.96
		(一)单开道岔	组	1.00	113 155.96				113 156	113 155.96
	14	第14节线路有关工程	铺轨公里	1.75	14 791.88				14 792	8 452.50
		Ⅰ.建筑工程	铺轨公里	1.75	14 791.88				14 792	8 452.50
		一、附属工程	元		4 151.87				4 152	
		二、线路备料	正线公里	1.75	10 640.01				10 640	6 080.01
十一	29	第十一章其他费用	正线公里	1.75				1 541 438.60	1 541 439	
		第29节其他费用	元					1 541 438.60	1 541 439	
		Ⅳ.其他费	元					1 541 438.60	1 541 439	
		一、建设项目管理费	元					1 360 313.60	1 360 314	
		(一)建设单位管理费(累法)[8.7(747.641 4−500)×1.64%]×10 000	元					127 613.19	127 613	
		(二)建设管理其他费3×300 000＋7 476 414×0.05%	元					903 738.21	903 738	

章别	节号	工程及费用名称	单位	数量	概(预)算价值(元)					指标(元)
					Ⅰ建筑工程费	Ⅱ安装工程费	Ⅲ设备工器具费	Ⅳ其他费	合计	
十一	29	(三)建设项目管理信息系统购建费	元							
		(四)工程监理与咨询服务费	元					164 481.10	164 481	
		1. 招投标监理与咨询费	元							
		2. 勘察监理与咨询费	元							
		3. 设计监理与咨询费	元							
		4. 施工监理与咨询费 7 476 414× 2.2%	元					164 481.10	164 481	
		5. 设备采购监造监理与咨询费	元							
		(五)工程质量检测费	元							
		(六)工程质量安全监督费 7 476 414 ×0.05%	元					3 738.21	3 738	
		(七)工程定额测定费 7 476 414 ×0.03%	元					2 242.92	2 243	
		(八)施工图审查费	元							
		(九)环境保护专项监理费	元							
		(十)营业线施工配合费	元							

章别	节号	工程及费用名称	单位	数量	概(预)算价值(元)					指标(元)
					Ⅰ建筑工程费	Ⅱ安装工程费	Ⅲ设备工器具费	Ⅳ其他费	合计	
十一	29	二、建设项目前期工作费	元					84 000.00	84 000	
		(一)项目筹融资费	元							
		(二)可行性研究费	元							
		(三)环境影响报告编制与评估费	元							
		(四)水土保持方案报告编制与评估费	元							
		(五)地质灾害危险性评估费	元							
		(六)地震安全性评估费	元							
		(七)洪水影响评价报告编制费	元							
		(八)压覆矿藏评估费	元							
		(九)文物保护费	元							
		(十)森林植被恢复费	元							
		(十一)勘察设计费	元						84 000.00	84 000	
		1. 勘察费 2.46×1.75 ×10 000	元						43 050.00	43 050	
		2. 设计费 2.34× 1.751 000 0	元						40 950.00	40 950	

章别	节号	工程及费用名称	单位	数量	概(预)算价值(元)					指标(元)
					Ⅰ建筑工程费	Ⅱ安装工程费	Ⅲ设备工器具费	Ⅳ其他费	合计	
		3. 标准设计费	元							
		三、研究试验费	元							
		四、计算机软件开发与购置费	km							
		五、配合辅助工程费	元							
		六、联合试运转及工程动态检测费 30 000×1.75	元					52 500.00	52 500	
		七、生产准备费	正线公里	1.75				44 625.00	44 625	
		(一)生产职工培训费 7 500×1.75	正线公里	1.75				13 125.00	13 125	
十一	29	(二)办公和生活家具购置费 6 000×1.75	正线公里	1.75				10 500.00	10 500	
		(三)工器具及生产家具购置费12 000×1.75	正线公里	1.75				21 000.00	21 000	
		八、其他	元							
		以上各章合计	正线公里	1.75	7 551 413.72			2 988 562.20	10 539 976	
		其中:Ⅰ.建筑工程费	正线公里	1.75	7 551 413.72				7 551 414	
		Ⅱ.安装工程费	正线公里	1.75						
		Ⅲ.设备购置费	正线公里	1.75						
		Ⅳ.其他费	正线公里	1.75				2 988 562.20	2 988 562	

续上表

章别	节号	工程及费用名称	单位	数量	概(预)算价值(元)					指标(元)
					Ⅰ建筑工程费	Ⅱ安装工程费	Ⅲ设备工器具费	Ⅳ其他费	合计	
十	30	基本预备费(按3%计)	正线公里	1.75					316 199	
		以上总计	正线公里	1.75					10 856 175	
		第二部分:动态投资	正线公里	1.75					325 685	
十三	31	工程造价增涨预留费 10 856 175 ×3%	正线公里	1.75					325 685	
十四	32	建设期投资贷款利息	正线公里	1.75						
		第三部分:机车车辆购置费	正线公里	1.75						
十五	33	机车车辆购置费	正线公里	1.75						
		第四部分:铺底流动资金	正线公里	1.75					140 000	
十六	34	铺底流动资金 8×1.75 ×10 000	正线公里	1.75					140 000	
		概(预)算总额	正线公里	1.75					11 321 860	

编制:　　　　　年 月 日　　　　　　　　　　复核:　　　　　年 月 日

附表 B. 4　单项概(预)算概算表

建设名称	南京某货物专用线	概(预)算编号	GS-01			
工程名称	拆迁及征地费用	工程总量	1.75 km			
工程地点	南京北站	概(预)算价值	1 522 124(元)			
所属章节	第一章　第1节	概(预)算指标	869 784.91(元)			
单价编号	工程项目或费用名称	单位	数量	费用(元)		重量(t)	
				单价	合价	单重	合重
	第一章拆迁及征地费用	km	1.75		1 522 124		
	第1节拆迁及征地费用	km	1.75		1 522 124		
	1. 建筑工程费	km	1.75		75 000		

单价编号	工程项目或费用名称	单位	数量	费用(元)		重量(t)	
				单价	合价	单重	合重
	一、改移道路	元			75 000		
	(二)泥结碎石路	m²	2 500.0	30.00	75 000		
	单项概(预)算合计	元			75 000		
	Ⅳ. 其他费	元			1 447 124		
	一、土地征用及拆迁补偿费	km			1 447 124		
	(一)土地征用补偿费	亩	35	21 000	735 000		
	(二)拆迁补偿费	元			695 900		
	1. 建筑物	元			671 700		
	(1)民房	m²	350	1 850	647 500		
	(2)其他建筑物	元			24 200		
	2. 拆迁水井	个	2	2 100	4 200		
	3. 拆迁坟墓	座	10	2 000	20 000		
	(三)土地征用、拆迁建筑物手续费	‰	1 430 900	0.40	5 724		
	(四)用地勘界费	元	35	300	10 500		
	单项概(预)算合计	元			1 447 124		
	第2节区间路基土石方	km	1.75		777 304		
	Ⅰ. 建筑工程费	m	33 230		777 304		
	一、土方	m³	33 230		777 304		
	(一)挖土方	m³	9 230		87 836		
	1. 挖土方(运距≤1 km)	m³	9 230		63 921		
LY-35	挖掘机装车≤2 m³ 挖掘机普通土	100 m³	92.30	103.33	9 537		
LY-142	≤8 t自卸汽车运土运距≤1 km	100 m³	92.30	414.19	38 230		
	定额直接工程费	元			47 767		
	其中:基期人工费	元			526		
	基期材料费	元					
	基期机械费	元			47 241		
	运杂费	t					
	材料费价差	元					
	填料费	100 m³					
	直接工程费	元			47 767		
	施工措施费	‰	47 767	9.98	4 767		
	直接费	元			52 534		
	间接费	‰	47 767	19.50	9 315		
	税金	‰	61 849	3.35	2 072		
	单项概(预)算合计	元			63 921		

续上表

单价编号	工程项目或费用名称	单位	数量	费用(元)		重量(t)	
				单价	合价	单重	合重
	2. 增运土方(运距注≥km的部分)	m³	9 230		23 915		
LY-143×2	≤8 t 自卸汽车运土增运 1 km	100 m³	92.3	218.40	20 158		
	定额直接工程费	元			20 158		
	其中:基期人工费	元					
	基期材料费	元					
	基期机械费	元			20 158		
	运杂费	t					
	材料费价差	元					
	填料费	100 m³					
	直接工程费	元			20 158		
	施工措施费	%	20 158	4.99	1 006		
	直接费	元			21 164		
	间接费	%	20 158	9.80	1 976		
	税金	%	23 140	3.35	775		
	单项概(预)算合计	元			23 915		
	(二)利用土填方	m³	8 675		166 430		
LY-431	压路机压实	100 m³	86.75	291.59	25 295		
LY-432	洒水取水距离≤1 km	10 m³	867.5	115.11	99 858		
	定额直接工程费	元			125 153		
	其中:基期人工费	元			7 166		
	基期材料费	元			3 434		
	基期机械费	元			114 554		
	运杂费	t					
	材料费价差	元	3 434				
	填料费	100 m³					
	直接工程费	元			125 153		
	施工措施费	%	121 719	9.98	12 148		
	直接费	元			137 300		
	间接费	%	121 719	19.50	23 735		
	税金	%	161 036	3.35	5 395		
	单项概(预)算合计	元			166 430		
	(三)借土填方	m³	15 668		523 038		
	1. 挖填土方(运距≤1 km)	m³	15 668				
LY-35×1.064	挖掘机装车≤2 m³ 挖掘机普通土	100 m³	156.68	109.94	17 225		

续上表

单价编号	工程项目或费用名称	单位	数量	费用(元)		重量(t)	
				单价	合价	单重	合重
LY-142×1.064	≤8 t自卸汽车运土,运距≤1 km	100 m³	156.68	440.70	69 047		
LY-431×1.064	压路机压实	100 m³	156.68	310.25	48 609		
LY-432×1.064	洒水取水距离运1 km	10 m³	1 567	122.48	191 897		
	定额直接工程费	元			326 778		
	其中:基期人工费	元			14 720		
	基期材料费	元			6 598		
	基期机械费	元			305 460		
	运杂费	t					
	材料费价差	元	6 598				
	填料费	100 m³	156.68	8.50	1 332		
	直接工程费	元			328 110		
	施工措施费	%	320 180	9.98	31 954		
	直接费	元			360 064		
	间接费	%	320 180	19.50	62 435		
	税金	%	422 499	3.35	14 154		
	单项概(预)算合计	元			436 653		
	2. 增运土方(运距≥1 km的部分)	m³	15 668				
LY-143×4×1.064	≤8 t自卸汽车运土,增运4 km	100 m³	156.68	464.76	72 816		
	定额直接工程费	元			72 816		
	其中:基期人工费	元					
	基期材料费	元					
	基期机械费	元			72 816		
	运杂费	t					
	材料费价差	元					
	填料费	100 m³					
	直接工程费	元			72 816		
	施工措施费	%	72 816	4.99	3 634		
	直接费	元			76 450		
	间接费	%	72 816	9.80	7 136		
	税金	%	83 585	3.35	2 800		
	单项概(预)算合计	元			86 386		

编制: 年 月 日　　　　　　　复核: 年 月 日

附录 C
冬期、雨期、风沙地区划分表

附表 C.1　全国冬期施工气温区划分表

省、自治区、直辖市	地区、市、自治州、盟(县)	气温区	
北京	全境	冬二	Ⅰ
天津	全境	冬二	Ⅰ
河北	石家庄、邢台、邯郸、衡水市(冀州市、枣强县、故城县)	冬一	Ⅱ
	廊房、保定(涞源县及以北除外)、衡水(冀州市、枣强县、故城县除外)、沧州市	冬二	Ⅰ
	唐山、秦皇岛市		Ⅱ
	承德(围场县除外)、张家口(沽源县、张北县、尚义县、康保县除外)、保定市(涞源县及以北)	冬三	
	承德(围场县)、张家口市(沽源县、张北县、尚义县、康保县)	冬四	
山西	运城市(万荣县、夏县、绛县、新绛县、稷山县、闻喜县除外)	冬一	Ⅱ
	运城(万荣县、夏县、绛县、新绛县、稷山县、闻喜县)、临汾(尧都区、侯马市、曲沃县、翼城县、襄汾县、洪洞县)、阳泉(孟县除外)、长治(黎城县)、晋城市(城区、泽州县、沁水县、阳城县)	冬二	Ⅰ
	太原(娄烦县除外)、阳泉(孟县)、长治(黎城县除外)、晋城(城区、泽州县、沁水县、阳城县除外)、晋中(寿阳县、和顺县、左权县除外)、临汾(尧都区、侯马市、曲沃县、翼城县、襄汾县、洪洞县除外)、吕梁市(孝义市、汾阳市、文水县、交城县、柳林县、石楼县、交口县、中阳县)		Ⅱ
	太原(娄烦县)、大同(左云县除外)、朔州(右玉县除外)、晋中(寿阳县、和顺县、左权县)、忻州、吕梁市(离石区、临县、岚县、方山县、兴县)	冬三	
	大同(左云县)、朔州市(右玉县)	冬四	
内蒙古	乌海市、阿拉善盟(阿拉善左旗、阿拉善右旗)	冬二	Ⅰ
	呼和浩特(武川县除外)、包头(固阳县除外)、赤峰、鄂尔多斯、巴彦淖尔、乌兰察布市(察哈尔右翼中旗除外)、阿拉善盟(额济纳旗)	冬三	
	呼和浩特(武川县)、包头(固阳县)、通辽、乌兰察布市(察哈尔右翼中旗)、锡林郭勒(苏尼特右旗、多伦县)、兴安盟(阿尔山市除外)	冬四	
	呼伦贝尔市(海拉尔区、新巴尔虎右旗、阿荣旗)、兴安(阿尔山市)、锡林郭勒盟(冬四区以外各地)	冬五	
	呼伦贝尔市(冬五区以外各地)	冬六	
辽宁	大连市(瓦房店市、普兰店市、庄河市除外)、葫芦岛市(绥中县)	冬二	Ⅰ
	沈阳(康平县、法库县除外)、大连(瓦房店市、普兰店市、庄河市)、鞍山、本溪(桓仁县除外)、丹东、锦州、阜新、营口、辽阳、朝阳(建平县除外)、葫芦岛(绥中县除外)、盘锦市	冬三	
	沈阳(康平县、法库县)、抚顺、本溪(桓仁县)、朝阳(建平县)、铁岭市	冬四	

省、自治区、直辖市	地区、市、自治州、盟(县)	气温区	
吉林	长春(榆树市除外)、四平、通化(辉南县除外)、辽源、白山(靖宇县、抚松县、长白县除外)、松原(长岭县)、白城市(通榆县)、延边自治州(敦化市、汪清县、安图县除外)	冬四	
	长春(榆树市)、吉林、通化(辉南县)、白山(靖宇县、抚松县、长白县)、白城(通榆县除外)、松原市(长岭县除外)、延边自治州(敦化市、汪清县、安图县)	冬五	
黑龙江	牡丹江市(绥芬河市、东宁县)	冬四	
	哈尔滨(依兰县除外)、齐齐哈尔(讷河市、依安县、富裕县、克山县、克东县、拜泉县除外)、绥化(安达市、肇东市、兰西县)、牡丹江(绥芬河市、东宁县除外)、双鸭山(宝清县)、佳木斯(桦南县)、鸡西、七台河、大庆市	冬五	
	哈尔滨(依兰县)、佳木斯(桦南县除外)、双鸭山(宝清县除外)、绥化(安达市、肇东市、兰西县除外)、齐齐哈尔(讷河市、依安县、富裕县、克山县、克东县、拜泉县)、黑河、鹤岗、伊春市、大兴安岭地区	冬六	
上海	全境	准二	
江苏	徐州、连云港市	冬一	I
	南京、无锡、常州、淮安、盐城、宿迁、扬州、泰州、南通、镇江、苏州市	准二	
浙江	杭州、嘉兴、绍兴、宁波、湖州、衢州、舟山、金华、温州、台州、丽水市	准二	
安徽	亳州市	冬一	I
	阜阳、蚌埠、淮南、滁州、合肥、六安、马鞍山、巢湖、芜湖、铜陵、池州、宣城、黄山市	准一	
	淮北、宿州市	准二	
福建	宁德(寿宁县、周宁县、屏南县)、三明市	准一	
江西	南昌、萍乡、景德镇、九江、新余、上饶、抚州、宜春市	准一	
山东	全境	冬一	I
河南	安阳、商丘、周口(西华县、淮阳县、鹿邑县、扶沟县、太康县)、新乡、三门峡、洛阳、郑州、开封、鹤壁、焦作、济源、濮阳、许昌市	冬一	I
	驻马店、信阳、南阳、周口(西华县、淮阳县、鹿邑县、扶沟县、太康县除外)、平顶山、漯河市	准二	
湖北	武汉、黄石、荆州、荆门、鄂州、宜昌、咸宁、黄岗、天门、潜江、仙桃市、恩施自治州	准一	
	孝感、十堰、襄樊、随州市、神农架林区	准二	
湖南	全境	准一	
四川	阿坝(黑水县)、甘孜自治州(新龙县、道浮县、泸定县)	冬一	II
	甘孜自治州(甘孜县、康定县、白玉县、炉霍县)	冬二	I
	阿坝(壤塘县、红原县、松潘县)、甘孜自治州(德格县)		II
	阿坝(阿坝县、若尔盖县、九寨沟县)、甘孜自治州(石渠县、色达县)	冬三	
	广元市(青川县)、阿坝(汶川县、小金县、茂县、理县)、甘孜(巴塘县、雅江县、得荣县、九龙县、理塘县、乡城县、稻城县)、凉山自治州(盐源县、木里县)	准一	
	阿坝(马尔康县、金川县)、甘孜自治州(丹巴县)	准二	

续上表

省、自治区、直辖市	地区、市、自治州、盟（县）	气温区	
贵州	贵阳、遵义（赤水市除外）、安顺市、黔东南、黔南、黔西南自治州	准一	
	六盘水市、毕节地区	准二	
云南	迪庆自治州（德钦县、香格里拉县）	冬一	II
	曲靖（宣威市、会泽县）、丽江（玉龙县、宁蒗县）、昭通市（昭阳区、大关县、威信县、彝良县、镇雄县、鲁甸县）、迪庆（维西县）、怒江（兰坪县）、大理自治州（剑川县）	准一	
西藏	拉萨市（当雄县除外）、日喀则（拉孜县）、山南（浪卡子县、错那县、隆子县除外）、昌都（芒康县、左贡县、类乌齐县、丁青县、洛隆县除外）、林芝地区	冬一	I
	山南（隆子县）、日喀则地区（定日县、聂拉木县、亚东县、拉孜县除外）		II
	昌都地区（洛隆县）		I
	昌都（芒康县、左贡县、类乌齐县、丁青县）、山南（浪卡子县）、日喀则（定日县、聂拉木县）、阿里地区（普兰县）	冬二	II
	拉萨市（当雄县）、那曲（安多县除外）、山南（错那县）、日喀则（亚东县）、阿里地区（普兰县除外）	冬三	
	那曲地区（安多县）	冬四	
陕西	西安、宝鸡、渭南、咸阳（彬县、旬邑县、长武县除外）、汉中（留坝县、佛坪县）、铜川市（耀州区）	冬一	I
	铜川（印台区、王益区）、咸阳市（彬县、旬邑县、长武县）		II
	延安（吴起县除外）、榆林（清涧县）、铜川市（宜君县）	冬二	II
	延安（吴起县）、榆林市（清涧县除外）	冬三	
	商洛、安康、汉中市（留坝县、佛坪县除外）	准二	
甘肃	陇南市（两当县、徽县）	冬一	II
	兰州、天水、白银（会宁县、靖远县）、定西、平凉、庆阳、陇南市（西和县、礼县、宕昌县）、临夏、甘南自治州（舟曲县）	冬二	II
	嘉峪关、金昌、白银（白银区、平川区、景泰县）、酒泉、张掖、武威市、甘南自治州（舟曲县除外）	冬三	
	陇南市（武都区、文县）	准一	
	陇南市（成县、康县）	准二	
青海	海东地区（民和县）	冬二	II
	西宁市、海东地区（民和县除外）、黄南（泽库县除外）、海南、果洛（班玛县、达日县、久治县）、玉树（囊谦县、杂多县、称多县、玉树县）、海西自治州（德令哈市、格尔木市、都兰县、乌兰县）	冬三	
	海北（野牛沟、托勒除外）、黄南（泽库县）、果洛（玛沁县、甘德县、玛多县）、玉树（曲麻莱县、治多县）、海西自治州（冷湖、茫崖、大柴旦、天峻县）	冬四	
	海北（野牛沟、托勒）、玉树（清水河）、海西自治州（唐古拉山区）	冬五	
宁夏	全境	冬二	II

省、自治区、直辖市	地区、市、自治州、盟(县)	气温区	
新疆	阿拉尔市、喀什(喀什市、伽师县、巴楚县、英吉沙县、麦盖提县、莎车县、叶城县、泽普县)、哈密(哈密市泌城镇)、阿克苏(沙雅县、阿瓦提县)、和田地区、伊犁(伊宁市、新源县、霍城县霍尔果斯镇)、巴音郭楞(库尔勒市、若羌县、且末县、尉犁县铁干里可)、克孜勒苏自治州(阿图什市、阿克陶县)	冬二	Ⅰ
	喀什地区(岳普湖县)		Ⅱ
	乌鲁木齐市(牧业气象试验站、达坂城区、乌鲁木齐县小渠子乡)、塔城(乌苏市、沙湾县、额敏县除外)、阿克苏(沙雅县、阿瓦提县除外)、哈密(哈密布十三间房、哈密市红柳河、伊吾县淖毛湖)、喀什(塔什库尔干县)、吐鲁番地区、克孜勒苏(乌恰县、阿合奇县)、巴音郭楞(和静县、焉耆县、和硕县、轮台县、尉犁县、且末县搭中)、伊犁自治州(伊宁市、霍城县、察布查尔县、尼勒克县、巩留县、昭苏县、特克斯县)	冬三	
	乌鲁木齐市(冬三区以外各地区)、塔城(额敏县、乌苏县)、阿勒泰(阿勒泰市、哈巴河县、吉木乃县)、哈密地区(巴里坤县)、昌吉(昌吉市、米泉市、木垒县、奇台县北塔山镇、阜康市天池)、博尔塔拉(温泉县、精河县、阿拉山口口岸)、克孜勒苏自治州(乌恰县吐尔尕特口岸)	冬四	
	克拉玛依、石河子市、塔城(沙湾县)、阿勒泰地区(布尔津县、福海县、富蕴县、青河县)、博尔塔拉(博乐市)、昌吉(阜康市、玛纳斯县、呼图壁县、吉林萨尔县、奇台县、米泉市蔡家湖)、巴音郭楞自治州(和静县巴音布鲁克乡)	冬五	

注:表中行政区划以 2006 年地图出版社出版的《中华人民共和国行政区划简册》为准。为避免繁冗,各民族自治州名称予以简化,如青海省的"海西蒙古族藏族自治州"简化为"海西自治州",台湾、香港、澳门此处资料暂缺。

附表 C.2　全国雨期施工雨量区及雨期划分表

省、自治区、直辖市	地区、市、自治州、盟(县)	雨量区	雨期(月数)
北京	全境	Ⅱ	2
天津	全境	Ⅰ	2
河北	张家口、承德地区(围场县)	Ⅰ	1.5
	承德(围场县除外)、保定、沧州、石家庄、廊坊、邢台、衡水、邯郸、唐山、秦皇岛市	Ⅱ	2
山西	全境	Ⅰ	1.5
内蒙古	呼和浩特、通辽、呼伦贝尔(海拉尔区、满洲里市、陈巴尔虎旗、鄂温克旗)、鄂尔多斯(东胜区、准格尔旗、伊金霍洛旗、达拉特旗、乌审旗)、赤峰、包头、乌兰察布市(集宁区、化德县、商都县、兴和县、四子王旗、察哈尔右翼中旗、察哈尔右翼后旗、卓资县及以南)、锡林郭勒盟(锡林浩特市、多伦县、太仆寺旗、西乌珠穆沁旗、正兰旗、正镶白旗)	Ⅰ	1
	呼伦贝尔市(牙克石市、额尔古纳市、鄂伦春旗、扎兰屯市及以东)、兴安盟		2

续上表

省、自治区、直辖市	地区、市、自治州、盟(县)	雨量区	雨期(月数)
辽宁	大连(长海县、瓦房店市、普兰店市、庄河市除外)、朝阳市(建平县)	1	2
	沈阳(康平县)、大连(长海县)、锦州(北宁市除外)、营口(盖州市)、朝阳市(凌原市、建平县除外)		2.5
	沈阳(康平县、辽中县除外)、大连(瓦房店市)、鞍山(海城市、台安县、岫岩县除外)、锦州(北宁市)、阜新、朝阳(凌原市)、盘锦、葫芦岛(建昌县)、铁岭市		3
	抚顺(新宾县)、辽阳市		3.5
	沈阳(辽中县)、鞍山(海城市、台安县)、营口(盖州市除外)、葫芦岛市(兴城市)	II	2.5
	大连(普兰店市)、葫芦岛市(兴城市、建昌县除外)		3
	大连(庄河市)、鞍山(岫岩县)、抚顺(新宾县除外)、丹东(凤城市、宽甸县除外)、本溪市		3.5
	丹东市(凤城市、宽甸县)		4
吉林	辽源、四平(双辽市)、白城、松原市	I	2
	吉林、长春、四平(双辽除外)、白山市、延边自治州	II	2
	通化市		3
黑龙江	哈尔滨(市区、呼兰区、五常市、阿城市、双城市)、佳木斯(抚远县)、双鸭山(市区、集贤县除外)、齐齐哈尔(拜泉县、克东县除外)、黑河(五大连池市、嫩江县)、绥化(北林区、海伦市、望奎县、绥棱县、庆安县除外)、牡丹江、大庆、鸡西、七台河市,大兴安岭地区(呼玛县除外)	I	2
	哈尔滨(市区、呼兰区、五常市、阿城市、双城市除外)、佳木斯(抚远县除外)、双鸭山(市区、集贤县)、齐齐哈尔(拜泉县、克东县)、黑河(五大连池市、嫩江县除外)、绥化(北林区、海伦市、望奎县、绥棱县、庆安县)、鹤岗、伊春市、大兴安岭地区(呼玛县)	II	2
上海	全境	II	4
江苏	徐州、连云港市	II	2
	盐城市		3
	南京、镇江、淮安、南通、宿迁、扬州、常州、泰州市		4
	无锡、苏州市		4.5
浙江	舟山市	II	4
	嘉兴、湖州市		4.5
	宁波、绍兴市		6
	杭州、金华、温州、衢州、台州、丽水市		7
安徽	亳州、淮北、宿州、蚌埠、淮南、六安、合肥市	II	1
	阜阳市		2
	滁州、巢湖、马鞍山、芜湖、铜陵、宜城市		3
	池州市		4
	安庆、黄山市		5

省、自治区、直辖市	地区、市、自治州、盟(县)	雨量区	雨期(月数)
福建	泉州市(惠安县崇武)	Ⅰ	4
	福州(平潭县)、泉州(晋江市)、厦门(同安区除外)、漳州市(东山县)		5
	三明(永安市)、福州(市区、长乐市)、莆田市(仙游县除外)		6
	南平(顺昌县除外)、宁德(福鼎市、霞浦县)、三明(永安市、龙溪县、大田县除外)、福州(市区、长乐市、平潭县除外)、龙岩(长汀县、连城县)、泉州(晋江市、惠安县崇武、德化县除外)、莆田(仙游县)、厦门(同安区)、漳州市(东山县除外)	Ⅱ	7
	南平(顺昌县)、宁德(福鼎市、霞浦县除外)、三明(龙溪县、大田县)、龙岩(长汀县、连城县除外)、泉州市(德化县)		8
江西	南昌、九江、吉安市	Ⅱ	6
	萍乡、景德镇、新余、鹰潭、上饶、抚州、宜春、赣州市		7
山东	济南、潍坊、聊城市		3
	淄博、东营、烟台、济宁、威海、德州、滨洲市	Ⅰ	4
	枣庄、泰安、莱芜、临沂、菏泽市		5
	青岛市	Ⅱ	3
	日照市		4
河南	郑州、许昌、洛阳、济源、新乡、焦作、三门峡、开封、濮阳、鹤壁市		2
	周口、驻马店、漯河、平顶山、安阳、商丘市		3
	南阳市		4
	信阳市	Ⅱ	2
湖北	十堰、襄樊、随州市、神农架林区	Ⅰ	3
	宜昌(姊归县、远安县、兴山县)、荆门市(钟祥市、京山县)		2
	武汉、黄石、荆州、孝感、黄冈、咸宁、荆门(钟祥市、京山县除外)、天门、潜江、仙桃、鄂州、宜昌市(姊归县、远安县、兴山县除外)、恩施自治州	Ⅱ	6
湖南	全境	Ⅱ	6
广东	茂名、中山、汕头、潮州市	Ⅰ	5
	广州、江门、肇庆、顺德、湛江、东莞市		6
	珠海市		5
	深圳、阳江、汕尾、佛山、河源、梅州、揭阳、惠州、云浮、韶关市	Ⅱ	6
	清远市		7
广西	百色、河池、南宁、崇左市	Ⅱ	5
	桂林、玉林、梧州、北海、贵港、钦州、防城港、贺州、柳州、来宾市		6
海南	全境	Ⅱ	6
重庆	全境	Ⅱ	4
四川	甘孜自治州(巴塘县)		1
	阿坝(若尔盖县)、甘孜自治州(石渠县)	Ⅰ	2
	乐山(峨边县)、雅安市(汉源县),甘孜自治州(甘孜县、色达县)		3

续上表

省、自治区、直辖市	地区、市、自治州、盟(县)	雨量区	雨期(月数)
四川	雅安(石棉县)、绵阳(平武县)、泸州(古蔺县)、遂宁市、阿坝(若尔盖县、汶川县除外)、甘孜自治州(巴塘县、石渠县、甘孜县、色达县、九龙县、得荣县除外)	I	4
	南充(高坪区)、资阳市(安岳县)		5
	宜宾市(高县)、凉山自治州(雷波县)		3
	成都、乐山(峨边县、马边县除外)、德阳、南充(南部县)、绵阳(平武县除外)、资阳(安岳县除外)、广元、自贡、攀枝花、眉山市、凉山(雷波县除外)、甘孜自治州(九龙县)	II	4
	乐山(马边县)、南充(高坪区、南部县除外)、雅安(汉源县、石棉县除外)、广安(邻水县除外)、巴中、宜宾(高县除外)、泸州(古蔺县除外)、内江市		5
	广安(邻水县)、达州市		6
贵州	贵阳、遵义市、毕节地区	II	4
	安顺市、铜仁地区、黔东南自治州		5
	黔西南自治州		6
	黔南自治州		7
云南	昆明(市区、嵩明县除外)、玉溪、曲靖(富源县、师宗县、罗平县除外)、丽江(宁蒗县、永胜县)、思茅(墨江县)、昭通市、怒江(兰坪县、泸水县六库镇)、大理(大理市、漾鼻县除外)、红河(个旧市、开远市、蒙自县、红河县、石屏县、建水县、弥勒县、泸西县)、迪庆、楚雄自治州	I	5
	保山(腾冲县、龙陵县除外)、临沧市(凤庆县、云县、永德县、镇康县)、怒江(福贡县、泸水县)、红河自治州(元阳县)		6
	昆明(市区、嵩明县)、曲靖(富源县、师宗县、罗平县)、丽江(古城区、华坪县)、思茅市(翠云区、景东县、镇沅县、普洱县、景谷县)、大理(大理市、漾鼻县)、文山自治州	II	5
	保山(腾冲县、龙陵县)、临沧(临祥区、双江县、耿马县、沧源县)、思茅市(西盟县、澜沧县、孟连县、江城县)怒江(贡山县)、德宏、红河(绿春县、金平县、屏边县、河口县)、西双版纳自治州		6
西藏	那曲(索县除外)、山南(加查县除外)、日喀则(定日县)、阿里地区	I	1
	拉萨市、那曲(索县)、昌都(类乌齐县、丁青县、芒康县除外)日喀则(拉孜县)、林芝地区(察隅县)		2
	昌都(类乌齐县)、林芝地区(米林县)		3
	昌都(丁青县)、林芝地区(米林县、波密县、察隅县除外)		4
	林芝地区(波密县)		5
	山南(加查县)、日喀则地区(定日县、拉孜县除外)	II	1
	昌都地区(芒康县)		2
陕西	榆林、延安市	I	1.5
	铜川、西安、宝鸡、咸阳、渭南市、杨凌区		2
	商洛、安康、汉中市		3

续上表

省、自治区、直辖市	地区、市、自治州、盟(县)	雨量区	雨期(月数)
甘肃	天水(甘谷县、武山县)、陇南县(武都区、文县、礼县)、临夏(康乐县、广河县、永靖县)、甘南自治州(夏河县)	I	1
	天水(北道区、秦城区)、定西(渭源县)、庆阳(西蜂区)、陇南市(西和县)、临夏(临夏市)、甘南自治州(临潭县、卓尼县)		1.5
	天水(秦安县)、定西(临洮县、岷县)、平凉(崆峒区)、庆阳(华池县、宁县、环县)、陇南市(宕昌县)、临夏(临夏县、东乡县、积石山县)、甘南自治州(合作市)	I	2
	天水(张家川县)、平凉(静宁县、庄浪县)、庆阳(镇原县)、陇南市(两当县)、临夏(和政县)、甘南自治州(玛曲县)		2.5
	天水(清水县)、平凉(泾川县、灵台县、华亭县、崇信县)、庆阳(西峰区、合水县、正宁县)、陇南市((徽县、成县、康县)、甘南自治州(碌曲县、迭部县)		3
青海	西宁市(湟源县)、海东地区(平安县、乐都县、民和县、化隆县)、海北(海晏县、祁东县、刚察县、拖勒)、海南(同德县、贵南县)、黄南(泽库县、同仁县)、海西自治州(天峻县)	I	1
	西宁市(湟源县除外)、海东地区(互助县)、海北(门源县)、果洛(达日县、、久治县、班玛县)、玉树自治州(称多县、杂多县、囊谦县、玉树县)、河南自治县		1.5
宁夏	固原地区(隆德县、泾源县)	I	2
新疆	乌鲁木齐市(小渠子乡、牧业气象试验站、大西沟乡)、昌吉地区(阜康市天池)、克孜勒苏(吐尔尕特、托云、巴音库鲁提)、伊犁自治州(昭苏县、霍城县二台、松树头)	I	1

注:1. 表中未列的地区除西藏林芝地区墨脱县因无资料未划分外,其余地区均因降雨天数或平均日降雨量未达到计算雨季施工增加费的标准,故未划分雨量区及雨期。

2. 行政区划依据资料及自治州、市的名称列法同冬期施工气温区划分说明。

3. 台湾、香港、澳门此处资料暂缺。

附表 C.3　全国风沙地区公路施工区划表

区划	沙漠(地)名称	地理位置	自然特征
风沙一区	呼伦贝尔沙地、嫩江沙地	呼伦贝尔沙地位于内蒙古呼伦贝尔平原,嫩江沙地位于东北平原西北部嫩江下游	属半干旱、半湿润严寒区,年降水量 280~400 mm,年蒸发量 1 400~1 900 mm,干燥度 1.2~1.5
	科尔沁沙地	散布于东北平原西辽河中、下游主干及支流沿岸的冲积平原上	属半湿润温冷区,年降水量 300~450 mm,年蒸发量 1 700~2 400 mm,干燥度 1.2~2.0
	浑善达克沙地	位于内蒙古锡林郭勒盟南部和昭乌达盟西北部	属半湿润温冷区,年降水量 100~400 mm,年蒸发量 2 200~2 700 mm,干燥度 1.2~2.0,年平均风速 3.5~5 m/s,年大风日数 50~80 d

续上表

区划	沙漠(地)名称	地理位置	自然特征
风沙一区	毛乌素沙地	位于内蒙古鄂尔多斯中南部和陕西北部	属半干旱温热区,年降水量东部 400～440 mm,西部仅 250～320 mm,年蒸发量 2 100～2 600 mm,干燥度 1.6～2.0
风沙一区	库布齐沙漠	位于内蒙古鄂尔多斯北部、黄河河套平原以南	属半干旱温热区,年降水量 150～400 mm,年蒸发量 2 100～2 700 mm,干燥度 2.0～4.0,平平均风速 3～4 m/s
风沙二区	乌兰布和沙漠	位于内蒙古阿拉善东北部、黄河河套平原西南部	属干旱温热区,年降水量 100～145 mm,年蒸发量 2 400～2 900 mm,干燥度 8.0～16.0,地下水相当丰富,埋深一般为 1.5～3 m
风沙二区	腾格里沙漠	位于内蒙古阿拉善东南部及甘肃武威部分地区	属干旱温热区,沙丘、湖盆、山地、残丘及平原交错分布,年降水量 116～148 mm,年蒸发量 3 000～3 600 mm,干燥度 4.0～12.0
风沙二区	巴丹吉林沙漠	位于内蒙古阿拉善西南边缘及甘肃酒泉部分地区	属干旱温热区,沙山高大密集,形态复杂,起伏悬殊,一般高在 200～300 m,最高可达 420 m,年降水量 40～80 mm,年蒸发量 1 720～3 320 mm,干燥度 7.0～16.0
风沙二区	柴达木沙漠	位于青海柴达木盆地	属极干旱寒冷区,风蚀地、沙丘、戈壁、盐湖和盐土平原相互交错分布,盆地东部年均气温 2～4 ℃,西部为 1.5～2.5 ℃,年降水量东部为 50～170 mm,西部为 10～25 mm,年蒸发量 2 500～3 000 mm,干燥度 16.0～32.0
风沙二区	古尔班通古特沙漠	位于新疆北部准噶尔盆地	属干旱温冷区,其中固定、半固定沙丘面积占沙漠面积的 97%,年降水量 70～150 mm,年蒸发量 1 700～2 200 mm,干燥度 2.0～10.0
风沙三区	塔克拉玛干沙漠	位于新疆南部塔里木盆地	属极干旱炎热区,年降水量东部为 20 mm 左右,南部为 30 mm 左右,西部 40 mm 左右,北部 50 mm 以上,年蒸发量 1 500～3 700 mm,中部达高限,干燥度>32.0
风沙三区	库姆达格沙漠	位于新疆东部、甘肃西部、罗布泊低地南部和阿而金山北部	属极干旱炎热区,全部为流动沙丘,风蚀严重,年降水量 10～20 mm,年蒸发量 2 800～3 000 mm,干燥度>32.0,8 级以上大风天数在 100 d 以上

注:台湾、香港、澳门此处资料暂缺。

附录 D

公路工程预算编制算例

某乡村三级公路地处平原微丘区，自然环境为冬二（Ⅰ），雨Ⅱ（2），人工沿路拌合石灰、粉煤灰稳定土基层，厚度 12 cm，长 8.6 km，宽 10 m，筛办法施工，石灰：粉煤灰＝20：80 已知人工单价：50 元/工日，水：0.5 元/t；生石灰：105 元/t；粉煤灰：20.97 元/m³；柴油：4.9 元/kg。工地转移距离 100 km，主副食综合里程为 5 km，规费综合费率 20%，计算该分项工程的建筑安装工程费（保留两位小数）。计算过程见附表 D.1～附表 D.4。

建设项目名称：某三级公路

编制范围：K0＋000～K8＋600

第 1 页 共 1 页 03 表

附表 D.1 建筑安装工程费计算表

序号	工程名称	单位	工程量	直接费（元）						间接费（元）	利润（元）费率 7.0%	税金（元）综合税率 3.22%	建筑安装工程费	
				直接工程费				其他工程费	合计				合计（元）	单价（元）
				人工费	材料费	机械使用费	合计							
1	2	3	4	5	6	7	8	9	10	11	12	13	14	15
1	石灰稳定类基层	m²	86 000	347 440.00	541 581.29	50 919.43	939 940.73	44 741.18	984 681.91	108 973.75	71 691.74	37 524.19	1 202 871.59	139.83

编制： 复核：

附表 D.2　其他工程费及间接费综合费率计算表

建设项目名称:某三级公路

编制范围:K0+000～K8+600　　　　　　　　　　第 1 页　共 1 页　03 表

序号	工程类别	其他工程费费率(%)											综合费率		间接费费率(%)											
															规费						企业管理费					
		冬季施工增加费	雨季施工增加费	夜间施工增加费	高原地区施工增加费	风沙地区施工增加费	沿海地区施工增加费	行车干扰工程施工增加费	安全及文明施工措施费	临时设施费	施工辅助费	工地转移费	I	II	养老保险费	失业保险费	医疗保险费	住房公积金	工伤保险费	综合费率	基本费用	主副食运费补贴	职工探亲路费	职工取暖补贴	财务费用	综合费率
1	2	3	4	5	6	7	8	9	10	11	12	13	14	15	16	17	18	19	20	21	22	23	24	25	26	27
1	人工土方																									
2	机械土方																									
3	汽车运输																									
4	人工石方																									
5	机械石方																									
6	高级路面																									
7	其他路面	0.29	0.09						1.02	1.87	0.74	0.75	4.76							20	3.28	0.15	0.16	0.12	0.30	4.01
8	构造物 I																									
9	构造物 II																									
10	构造物 III																									
11	技术复杂大桥																									
12	隧道																									
13	钢材及钢结构																									

编制:　　　　　　　　　　　　　　　　　　　　复核:

附表 D.3 分项工程预算表

编制范围:K0+000～K8+600
工程名称:石灰稳定类基层

第 1 页 共 1 页 08-2 表

工程项目	工程细目	定额单位	工程数量	定额表号
	压实厚度 12 cm 石灰:粉煤灰 20:80	1 000 m²	86	2-1-4-1-2×3

人工沿路拌合

序号	工料机名称	单位	单价	定额	数量	金额(元)	定额	数量	金额	定额	数量	金额	数量	金额(元) 合计
1	人工	工日	50.00	80.00	6 948.80	347 440.00							6 948.80	347 440.00
866	水	m³	0.50	51.00	4 386.00	2 193.00							4 386.00	2 193.00
891	生石灰	t	105.00	28.923	2 487.39	261 174.69							2 487.39	261 174.69
945	粉煤灰	m³	20.97	154.270	13 267.22	278 213.603							13 267.22	278 213.60
1075	6～8 t 光轮压路机	台班	252.29	0.27	23.22	5 858.10							23.22	5 982.17
1078	12～15 t 光轮压路机	台班	412.57	1.27	109.22	45 061.33							109.22	64 522.26
1999	基价	元	1	10 865.00	934 390	934 390.00							934 390	934 390.00
	直接工程费	元				939 940.73								939 940.73
	其他工程费 Ⅰ	元		4.76%		44 741.18								44 741.18
	其他工程费 Ⅱ	元												
	间接费 规费	元		20%		69 488.00								69 488.00
	间接费 企业管理费	元		4.01%		39 485.75								39 485.75
	利润	元		7%		71 691.74								71 691.74
	税金	元		3.22%		37 524.19								37 524.19
	建筑安装工程费	元				1 202 871.59								1 202 871.59

编制: 复核:

附表 D.4 机械台班价格计算表

编制范围：K0+000～K8+600　　　　　　　　第 1 页　共 1 页　11 表

序号	定额号	机械规格名称	台班单价(元)	不变费用(元)　调整系数:1.0		可变费用(元)															合计
				定额	调整值	人工 50.00 元/工日		汽油 元/kg		柴油 4.90 元/kg		煤 元/t		电 元/kW.h		水 元/m³		木柴 元/kg		养路费及车船税	
						定额	费用	定额	费用	定额	费用	定额	费用	定额	费用	定额	费用	定额	费用		
1	1075	6～8 t 光轮压路机	252.29	107.57	107.57	1	50			19.33	94.92										144.72
2	1078	12～15 t 光轮压路机	412.57	164.32	164.32	1	50			40.46	198.25										248.25

编制：　　　　　　　　　　　　　　　　　　　　　　　复核：

参考文献

[1]《公路工程施工现场管理快速培训教材》编委会. 公路工程施工现场管理快速培训教材. 北京:北京理工大学出版社,2009.

[2] 赵志缙,应惠清. 建筑施工. 上海:同济大学出版社,2004.

[3] 朱凤兰,韩军峰. 土木工程施工组织. 北京:人民交通出版社,2011.

[4] 侯洪涛,南振江. 建筑施工组织. 北京:人民交通出版社,2010.

[5] 吴安保. 铁路工程施工组织. 北京:人民交通出版社,2010.

[6] 张立. 铁路施工企业管理. 北京:中国铁道出版社,2009.

[7] 中国建设监理协会. 建设工程进度控制. 北京:知识产权出版社,2010.

[8] 李明华. 铁路及公路工程施工组织与概预算. 北京:中国铁道出版社,2009.

[9] 中华人民共和国交通部. JTG B06—2007 公路工程基本建设项目概算预算编制办法. 北京:人民交通出版社,2007.

[10] 中华人民共和国铁道部. 铁建〔2006〕113号 铁路工程概预算编制办法. 北京:中国铁道出版社,2006.